国家自然科学基金项目（编号：40972019，41572322）成果

藏北地区侏罗纪生物礁及含油性研究

Study on Jurassic Reefs and Oil Geology of Northern Tibet

肖传桃 等 著

科学出版社

北京

内 容 简 介

本书在简要介绍产礁地区的岩石地层与生物地层特征基础上，阐述了造礁生物类型、个体古生态和群落古生态学特征。按照三级生物礁分类体系详细论述了侏罗纪生物礁的类型、特征及其演替过程。在岩性岩相、沉积构造、古生态和地球化学标志分析基础上，论述了侏罗纪含礁地区的沉积体系与沉积相特征。最后分析了藏北地区侏罗纪生物礁的形成条件，并阐述了含礁地区的含油性特征。

本书适用于地质类高等院校和科研院所的教师、研究人员和高年级学生使用，且可作为生物礁研究领域的参考书。

图书在版编目(CIP)数据

藏北地区侏罗纪生物礁及含油性研究 = Study on Jurassic Reefs and Oil Geology of Northern Tibet / 肖传桃等著. —北京：科学出版社，2020.1

ISBN 978-7-03-062394-2

Ⅰ. ①藏… Ⅱ. ①肖… Ⅲ. ①侏罗纪-生物礁-含油气性-研究-藏北地区 Ⅳ. ①P618.130.2

中国版本图书馆CIP数据核字(2019)第208845号

责任编辑：万群霞　冯晓利 / 责任校对：王萌萌
责任印制：吴兆东 / 封面设计：无极书装

科学出版社 出版
北京东黄城根北街 16 号
邮政编码: 100717
http://www.sciencep.com

北京中石油彩色印刷有限责任公司 印刷
科学出版社发行　各地新华书店经销

*

2020 年 1 月第　一　版　开本：720 × 1000　1/16
2020 年 1 月第一次印刷　印张：12 3/4
字数：253 000

定价：128.00 元

(如有印装质量问题，我社负责调换)

本书作者名单

肖传桃　肖云鹏　胡明毅　龚文平
文志刚　李　梦　夷晓伟　梁文君

前　言

生物礁是由大量固着生物原地生长及其作用所形成的一种碳酸盐有机沉积建造，它具有抗浪格架及凸起的外部形态，成岩厚度大于四周同期沉积物厚度，并因此使其本身和围岩产生不同的相带。生物礁及造礁生物内部孔隙和体腔孔比较发育，因此，生物礁能为石油天然气和多种矿藏资源提供有利的富集场所。对生物礁的研究始于18世纪末到19世纪初，直到20世纪初期在生物礁中发现了大量的油气资源，对生物礁的研究得到广大地质工作者的重视，其成果也越来越多。

礁(reef)最早是被航海家命名的，定义为海洋中由珊瑚和红藻组成的狭窄的岩石，它们位于海面附近，可能被海水淹没或露出水面。早在1837年，达尔文就对珊瑚岛的成因进行了科学研究，认为在岛屿的周围先形成岸礁；随着岛屿的下沉，生物礁的背后成为潟湖，此时称为堡礁；后来岛屿完全沉入水中，则成为环形礁。该学说较好地论述了海平面与礁体生长的相互关系，同时也把岸礁、堡礁和环形礁有机地联系到了一起。

关于生物礁的定义，许多学者都提出了自己的观点。Stanton(1967)首先提出了岩隆的概念，他指出：①岩隆是由有骨骼的生物形成的原地碳酸盐堆积；②在沉积期间，它生长于地貌高地之上；③包括“礁”“生物丘”“生物礁”“丘”等术语。Dunham(1970)提出了礁的双重概念：地层礁和生态礁。Heckel(1974)对礁的定义作了如下的解释：①它具有抗浪能力，能在动荡海水中生长发育；②对周围的沉积环境有一定的影响，使周围环境发生分化成不同的相带。这些观点都描述了生物礁的重要特征。范嘉松(1996)认为，生物礁是碳酸盐沉积的一种重要类型，它是生物密集堆积，并由大量各种各样的生物堆积而成。他以“堆积”一词概括了造架作用、各种胶结方式组成的生物礁构造，而且强调了生物个体的密集程度和生物种类的富集程度。Riding(2002)表示生物礁是由固着生物建造的，而且是原地沉积的碳酸盐建造。他也认可了生物骨架碎屑胶结形成的这种生物礁。因此他的观点还是以原地沉积并且生物骨架组成的礁为主。综上所述，在生物礁研究的过程中，研究者的每一个观点都是一个里程碑，为后来的研究提供了很多重要的帮助，同时揭示出生物礁的许多特性，我们应该综合前人的观点和实际情形来判断生物礁和定义生物礁。

世界范围内侏罗纪生物礁主要生存于晚侏罗世，广泛发育于特提斯地区，其分布由东到西经日本、苏门答腊、中东、高加索直至西欧地区。这些地区的生物礁研究比较详细，发表了较多相关的论文及专著。其研究内容包括：①在生物学方面，造礁生物的系统分类和古生态学研究；②在岩石学方面，生物礁的岩石学特征研究；③在沉积相方面，生物礁的微相划分、礁体的特征、类型和成因等方面的研究。其中，以造礁生物系统分类研究最为详细，已研究和描述的造礁生物有珊瑚、层孔虫、海绵和藻类等共百余种。在国内，除了晚侏罗世地层中发现生物礁之外，在中侏罗世地层中也发现了生物礁。晚侏罗世的造礁生物种类和生物礁类型与国外较为相似，不同的是六射珊瑚相对较少。而中侏罗世的造礁生物与生物礁类型则在国外未曾报道(肖传桃等，2000a；2000b；2000c)，目前，已对造礁生物种类、生物礁类型、礁的沉积相、古生态特征及含油性等方面进行了研究。

比较国内外的研究现状可知，一方面，国外侏罗纪生物礁的研究起步于20世纪20年代，以日本最早，比我国早70余年，且以西欧研究得最为深入、详细。他们对礁的研究特别是在造礁生物系统分类、礁的特征、成因及礁模式等方面的成果值得我们借鉴，而我们对侏罗纪生物礁的研究基本处于起步阶段，仍需进行大量的研究。另一方面，与我们发现的藏北侏罗纪生物礁研究相比，国外在礁的类型、系统古生态学、形成机制和演化及与大地构造关系等方面显得较为薄弱，而对我们发现的中侏罗世双壳类 *Liostrea* 生物礁以构成藏北地区特色和优势的造礁生物 *Liostrea* 则未曾报道。此外，对不同类型生物礁与海平面变化的细微关系、特别是生物礁内部群落生态退化和复苏特征、造礁生物的演化事件，如迁移、革新、辐射和灭绝等及礁的储集性能和生烃潜力涉及较少。

由于藏北地区地处高原，气候严寒、环境恶劣，获取第一手资料非常困难。目前，有关藏北地区侏罗纪生物礁的课题存在很多待研究的内容和待解决问题。首先，对侏罗纪生物礁形成的岩相古地理、古大地构造条件仍不清楚，存在许多难以解释的问题，而学者们对班公–怒江缝合带原型盆地的性质认识更是仁者见仁、智者见智。对该区侏罗纪生物礁形成的岩相古地理、古大地构造条件的深入研究将有望有新的和突破性的认识。其次，对该区造礁生物特别是层孔虫的古生物学的研究，如绝大多数层孔虫在泥盆纪晚期灭绝之后是如何在侏罗纪复苏且再次形成生物礁，以及层孔虫的迁移和演化等内容仍需要做大量深入的工作。再者，藏北地区是我国最后一块后备油气的远景区，生物礁层序是油气发育和储集的良好场所。因此，对该区侏罗纪生物礁的含油性研究对下一步藏北地区油气勘探与评价具有重要的实际意义。

本书撰写分工如下：前言、第一章至第三章由肖传桃撰写；第四章由李梦和肖传桃撰写；第五章由肖传桃和胡明毅撰写；第六章由肖云鹏和梁文君撰写；第七章由龚文平和夷晓伟撰写；第八章由文志刚和胡明毅撰写；英文摘要由肖云鹏撰写。初稿完成之后，肖云鹏对全书进行了认真校对和编辑工作。肖传桃对全书进行了认真审阅、修改并最终定稿。

本书是国家自然科学基金(编号：40972019，41572322)及中国石油天然气集团公司新区勘探项目成果。在项目实施过程中，参与项目野外地质调查工作的还有李艺斌、林克湘、肖安成、张存善、张尚峰、姚政道等同志。研究生李苓伟、孙浩程、胡雪莹、李静霞、高广宇绘制了本书多幅图件，对部分文字进行了编辑，对他们的辛勤付出在此一并表示感谢。

鉴于作者水平有限，书中难免存在不足之处，敬请读者批评指正。

作　者

2019年2月

目　　录

前言
第一章　区域地质背景……1
第一节　区域地层及沉积古地理背景……2
第二节　区域构造背景……4
第二章　地层划分与对比……6
第一节　地层剖面简介……6
一、比如-洛隆-班戈分区……6
二、羌中南地层分区及类乌齐-左贡分区……8
三、木嘎岗日分区……21
第二节　岩石地层……23
一、比如-洛隆-班戈地层分区……23
二、羌中南与类乌齐-左贡地层分区……26
三、木嘎岗日地层分区……31
第三节　生物地层……32
一、双壳类生物地层……32
二、腕足类生物地层……35
三、层孔虫生物地层……35
四、菊石生物地层……36
五、孢粉生物地层……36
六、介形虫生物地层……38
七、放射虫生物地层……38
第三章　造礁生物及群落古生态特征……39
第一节　造礁生物类型和个体生态特征……39
一、层孔虫……39
二、六射珊瑚……40
三、双壳类……41
第二节　造礁群落古生态学……42
一、造礁群落的划分……42
二、造礁群落的演化……49
第三节　造礁生物的生物学特征……52
一、层孔虫……52

二、六射珊瑚……55
第四章　生物礁类型及其演替……57
第一节　生物礁分类概况……57
第二节　生物礁分类方案……60
一、生物礁一级分类方案……60
二、生物礁二级分类方案……61
三、生物礁三级分类方案……62
第三节　生物礁类型及特征……63
一、岸礁(裙礁)……63
二、台内礁……64
三、台地边缘礁……66
第四节　生物礁的演替……67
一、中侏罗世生物礁演替阶段……67
二、晚侏罗世台内礁的演替阶段……68
第五章　沉积体系与沉积相……70
第一节　沉积相标志……70
一、岩性岩相标志……70
二、沉积构造标志……79
三、化石生态标志……80
四、地球化学标志……83
第二节　沉积体系与沉积相特征……85
一、陆相沉积体系……86
二、海陆过渡沉积体系……86
三、滨岸沉积体系……87
四、镶边碳酸盐台地沉积体系……88
五、大陆架沉积体系……90
六、大陆斜坡-盆地沉积体系……90
第三节　沉积环境演化……92
一、羌中南与类乌齐-左贡分区侏罗纪海侵-海退沉积序列……92
二、比如-洛隆-班戈地层分区侏罗纪海侵沉积序列……92
三、木嘎岗日地层分区侏罗纪海退沉积序列……94
第六章　含礁层系古环境与古气候……97
第一节　样品选择与测试结果……97
一、微量元素测试结果……99
二、碳氧同位素测试结果……99

第二节　微量元素分析结果与讨论……100
一、微量元素与海平面变化关系……100
二、微量元素指示的古环境、古气候特征……103
第三节　碳氧同位素分析结果与讨论……106
一、数据原始性检验……106
二、碳同位素演化分析……107
三、氧同位素演化分析……108
四、Z值分析……108
第七章　生物礁形成条件分析……110
第一节　岩相古地理条件……110
一、硬底的存在是生物礁发育的基础……110
二、基底地形的形态控制了礁体的横向延伸规模……110
三、相对海平面变化控制了生物礁的厚度和纵向上的连续性……111
第二节　古气候条件……111
第三节　大地构造条件……111
第四节　班公-怒江缝合带中段地质演化浅析……112
一、班公-怒江缝合带中段中生代沉积充填过程……112
二、生物礁的发现在班公-怒江缝合带演化中作用……115
三、班公-怒江缝合带中段二叠纪—白垩纪构造演化浅析……116
四、关于班公-怒江缝合带构造演化模式探讨……123
第八章　含油性研究……125
第一节　烃源岩……125
一、有机质丰度……125
二、有机质类型……127
三、有机质演化程度……133
第二节　储集层……136
一、储层分类……136
二、储层评价……137
参考文献……140
Study on Jurassic Reefs and Oil Geology of Northern Tibet (Abstract)……144
图版说明……176
图版……183

第一章　区域地质背景

西藏自治区(简称西藏)构造位置上位于南、北大陆之间的阿尔卑斯—喜马拉雅巨型山链东段，是著名的特提斯域的组成部分。该区地层出露齐全、岩石类型繁多、构造复杂。西藏构成了青藏高原的主体，其北部为藏北高原，中部为藏南谷地，南部为喜马拉雅山地，各时代地层发育齐全，沉积类型多样，化石丰富。其中，侏罗系发育了丰富的生物礁，主要分布西藏索县—巴青地区及安多东巧地区，在地理上，研究区大部分属于藏北地区(图 1-1)。索县—巴青地区崇山峻岭，平均海拔为 4700 余米，周缘的山峰平均高达 5600 余米。东巧地区较为平坦，其中湖泊众多，沼泽发育。青藏高原上最大的湖泊——美丽的纳木错即在研究区的南端。区内海拔较高，一般在 4700m 左右，山峰海拔大都超过 5000m，局部高达 7000 余米。

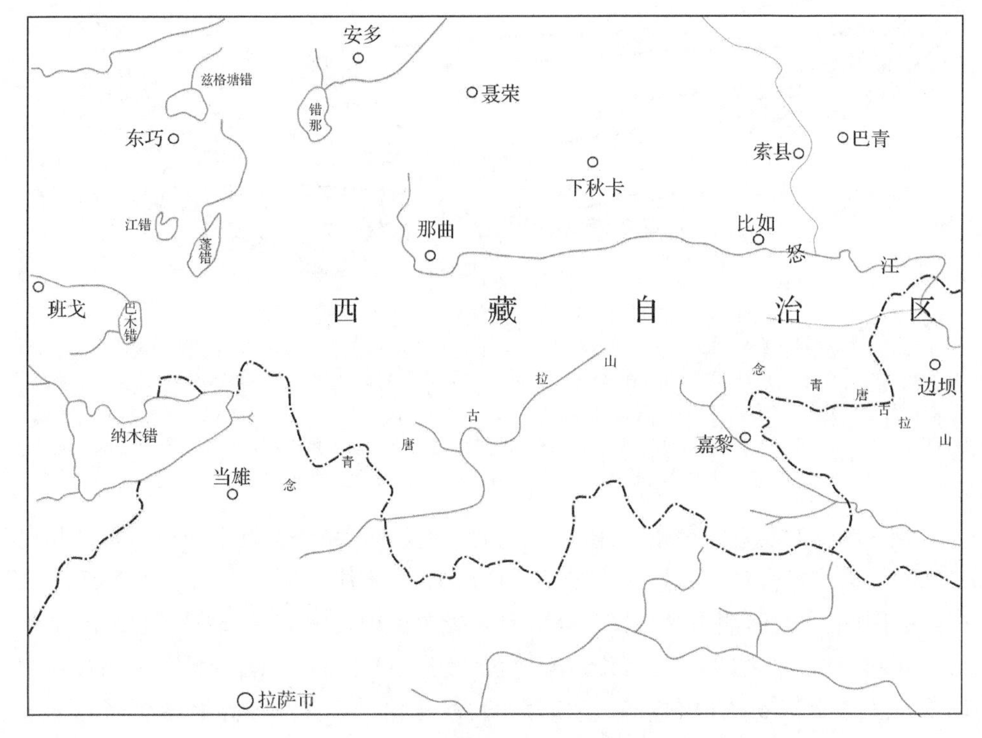

图 1-1　研究区交通位置示意图

第一节 区域地层及沉积古地理背景

研究区侏罗纪生物礁主要分布索县—巴青地区及安多东巧地区，产礁地层分布于班公-怒江缝合带或其南北两侧的藏北地区。在地层分区上，索县中侏罗统生物礁分布于冈底斯-念青唐古拉地层区比如-洛隆-班戈分区(图 1-2)，巴青县马如乡中侏罗世生物礁分布于羌塘-昌都地层区羌南分区，安多县东巧区晚侏罗世生物礁见于冈底斯-念青唐古拉地层区木嘎岗日分区。上述三个含礁地层分区的侏罗系以发育一套的浅海相碳酸盐沉积为特征，其生物礁的层系和层位具有由东向西逐渐变新(由中侏罗世向晚侏罗世演变)的特点(肖传桃等，2000a，2000b，2000c，2011，2014)。

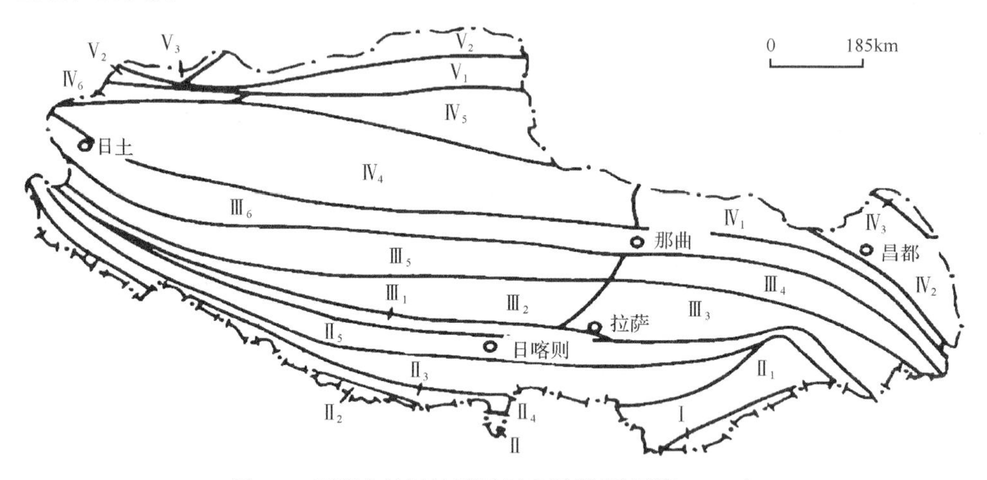

图 1-2 西藏自治区地层区划略图(据马冠卿，1998)

Ⅰ-锡伐利克区；Ⅱ-喜马拉雅区：Ⅱ$_1$-低喜马拉雅分区；Ⅱ$_2$-高喜马拉雅分区；Ⅱ$_3$-北喜马拉雅分区；Ⅱ$_4$-拉轨岗日分区；Ⅱ$_5$-雅鲁藏布江分区；Ⅲ-冈底斯-念青唐古拉区：Ⅲ$_1$-昂仁-日喀则分区；Ⅲ$_2$-措勤-申扎分区；Ⅲ$_3$-拉萨-波密分区；Ⅲ$_4$-比如-洛隆-班戈分区；Ⅲ$_5$-班戈分区；Ⅲ$_6$-木嘎岗日分区；Ⅳ-羌塘-昌都区：Ⅳ$_1$-类乌齐-左贡分区；Ⅳ$_2$-昌都分区；Ⅳ$_3$-江达分区；Ⅳ$_4$-羌中南分区；Ⅳ$_5$-羌北分区；Ⅳ$_6$-喀喇昆仑分区；Ⅴ-昆仑-巴颜喀拉区：Ⅴ$_1$-若拉岗日分区；Ⅴ$_2$-涌波湖-向阳湖分区；Ⅴ$_3$-西昆仑分区

研究区内的发育三叠系、侏罗系、白垩系及古近系—新近系和第四系，其中以侏罗系最为发育(表 1-1)。它们分布于冈底斯-念青唐古拉区和羌塘-昌都地层区中。在冈底斯-念青唐古拉区比如-洛隆-班戈分区中，中侏罗统马里组(J_2m)主要为一套潮坪相碎屑岩夹灰岩沉积，桑卡拉佣组(J_2s)主要为一套开阔台地相及生物礁相沉积，上侏罗统拉贡塘组(J_3l)为一套浅海相至半深海相碎屑岩沉积。木嘎岗日分区下—中侏罗统东巧蛇绿岩群以海底超基性火山岩为特征，上侏罗统沙木罗组(J_3s)主要为潮坪相碎屑岩至开阔台地及生物礁相沉积。

表 1-1　藏北侏罗纪区域地层表

<table>
<tr><td colspan="3" rowspan="2">地层系统</td><td colspan="2">冈底斯-念青唐古拉区</td><td>羌塘-昌都区</td></tr>
<tr><td>比如-洛隆-班戈分区</td><td>木嘎岗日分区</td><td>羌中南塘分区-类乌齐-左贡分区</td></tr>
<tr><td rowspan="9">侏罗系</td><td rowspan="4">上统</td><td>提塘阶</td><td rowspan="4">拉贡塘组</td><td rowspan="3">沙木罗组</td><td rowspan="2">雪山组</td></tr>
<tr><td>基末利阶</td></tr>
<tr><td rowspan="2">牛津阶</td><td rowspan="3">索瓦组</td></tr>
<tr><td rowspan="6">东巧蛇绿岩群</td></tr>
<tr><td rowspan="4">中统</td><td rowspan="2">卡洛阶</td><td rowspan="3">桑卡拉佣组</td></tr>
<tr><td>夏里组</td></tr>
<tr><td>巴通阶</td><td>布曲组</td></tr>
<tr><td>巴柔阶</td><td>马里组</td><td>雀莫错组</td></tr>
<tr><td>下统</td><td></td><td></td><td>曲色组</td></tr>
</table>

在羌塘-昌都地层区中，三叠系发育较差，仅出露有下三叠统康鲁组和上三叠统肖茶卡组，康鲁组分布很局限，主要为一套滨岸相浅灰色中层岩屑砂岩、石英砂岩夹紫红色泥质粉砂岩。肖茶卡组下段为裂谷相基性火山岩沉积，中段属台地相碳酸盐沉积，上段为滨岸相含煤碎屑岩沉积。而侏罗系发育较好，除下侏罗统曲色组(J_1q)外，中—上统出露较好，包括雀莫错组(J_2q)、布曲组(J_2b)、夏里组(J_2x)、索瓦组($J_{2-3}s$)和雪山组(J_3x)，其中，雀莫错组(J_2q)分布最广，在羌塘地层分区中均有分布，其下段和上段为潮坪相碎屑岩，局部夹灰岩，中段属局限台地相碳酸盐沉积。布曲组(J_2b)分布较局限，主要的一套开阔台地-台地浅滩相碳酸盐沉积。夏里组(J_2x)在南、北羌塘地层分布区均有分布，主要为台地相灰岩沉积。索瓦组($J_{2-3}s$)主要分布于羌塘地区分区，为台地-浅海陆棚相碳酸盐沉积，其中发育双壳类生物礁。雪山组主要见于羌北分区的巴斯康根雪峰一带。

研究区在侏罗纪总体表现为北浅南深的岩相古地理格局(图 1-3)，在雁石坪至唐古拉兵站以潮坪沉积为主，研究区中部即东巧、琼达玛日、索县及巴青马如等地为开阔台地相环境，主要发育碳酸盐沉积物，南侧东巧-索县以南地区台地前缘斜坡相环境。就产礁地层而言，索县的桑卡拉佣组为一套开阔台地相碳酸盐沉积，巴青马如乡的布曲组也属于一套开阔台地相颗粒灰岩及生物灰岩沉积。安多东巧沙木罗组下部为一套潮坪相碎屑岩沉积，中—上部为一套开阔台地相碳酸盐沉积。

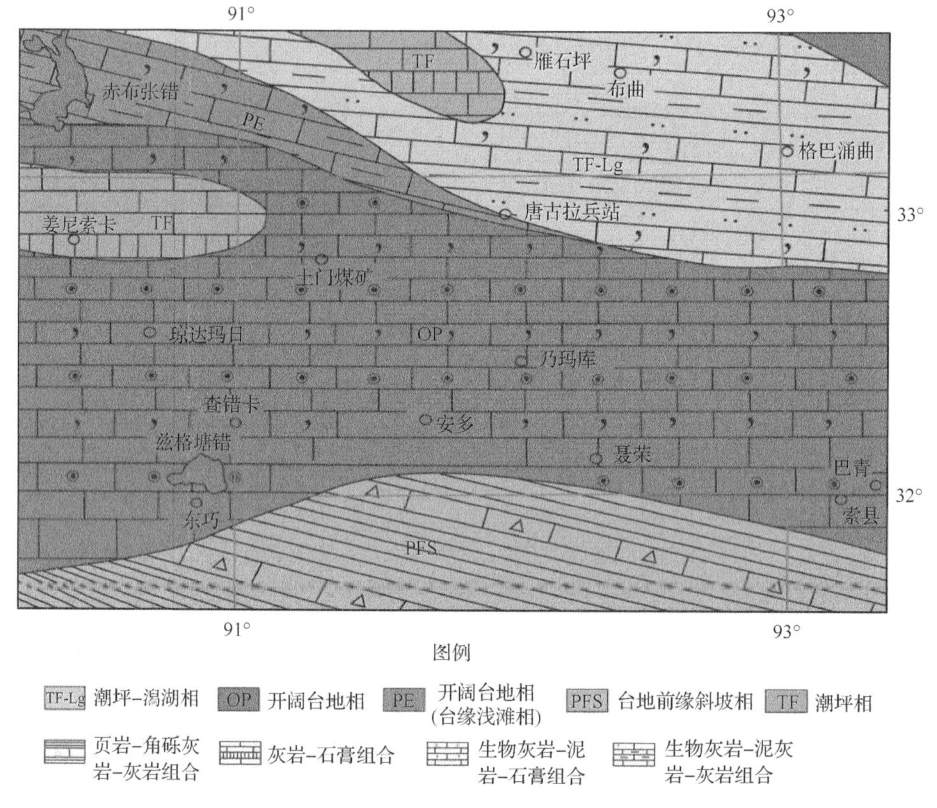

图 1-3　藏北地区中东部侏罗系岩相古地理略图

第二节　区域构造背景

研究区生物礁发育于班公-怒江缝合带的南北两侧的冈底斯-念青唐古拉区北部和羌塘-昌都区南部地区侏罗纪地层中。班公-怒江缝合带是青藏高原三条重要的缝合带之一，它西起班公湖，经改则、班戈、安多、索县、丁青、左贡、碧土，转而向南与昌宁-孟连一带相接，横贯整个青藏高原中东部地区。其大地构造位置位于特提斯构造域东端，为羌塘地体和拉萨地体所夹持(图 1-4)。

班公-怒江缝合带是拉萨和羌塘地块的构造分界线，显示了明显的地球物理标志(赵文津等，2004)，代表了位于其南侧拉萨地块和其北侧西羌塘地块之间的特提斯洋的遗迹(Yin and Harrision，2000；Pan et al.，2012；Zhu et al.，2015)，记录了班公-怒江特提斯洋的俯冲过程和之后的中生代拉萨-羌塘碰撞事件，很早就得到了国内和国际的关注(常承法和郑锡澜，1973；潘桂棠等，2006)。这条缝合带宽度变化很大，在班公湖地区、改则地区和白拉-安多地区有较好的出露，其中白拉-安多地区面积最大，南北向可达 130km(潘桂棠等，2006)。这条缝合带由蛇

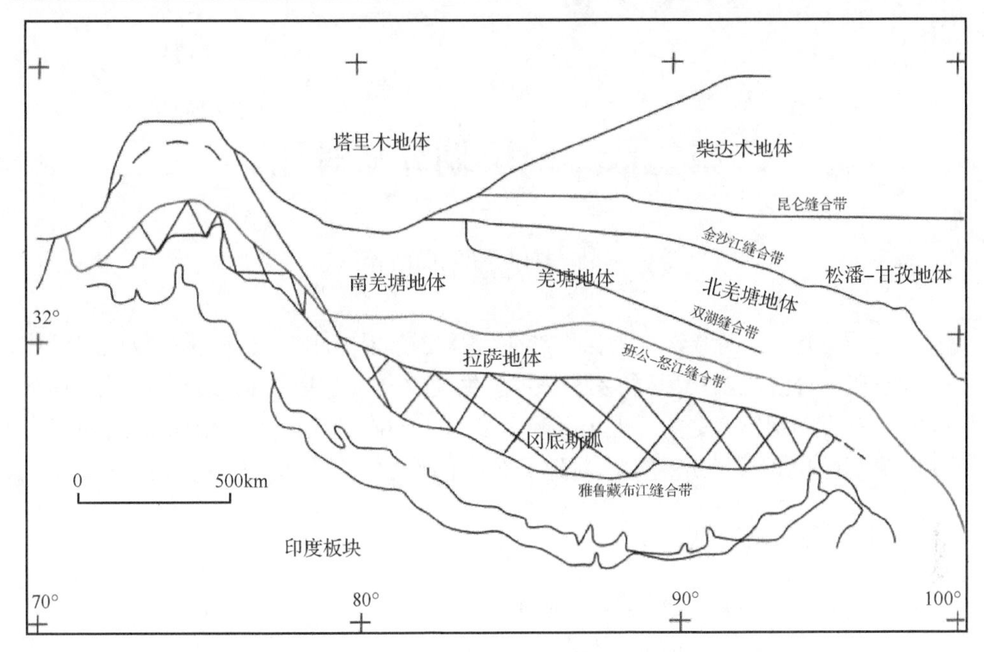

图 1-4　藏北地区大地构造位置图(据张国伟，2016，有修改)

绿岩和巨厚的浊积岩与混杂岩组成(Shi et al.，2008)。班公-怒江缝合带中发育两期岩浆作用：第一期为晚侏罗世(165～163Ma)(Zeng et al.，2015)，表现为接奴群中的火山岩夹层和侵位在混杂岩中的花岗岩体；第二期为早白垩世(118～113Ma)(Hu et al.，2017)，表现为花岗岩侵入体侵位在混杂岩中及去申拉组火山岩不整合覆盖在混杂岩之上。缝合带内发育大量晚侏罗世岩浆(166～154Ma)，以及混杂岩上覆的不整合事件(169～153Ma)，表明混杂岩增生一直持续到晚侏罗世(约 148Ma)。该缝合带的演化也从根本上控制了研究区侏罗纪大地构造与沉积背景及生物礁发育的条件。

第二章　地层划分与对比

第一节　地层剖面简介

在地层分区上，西藏索县中侏罗统生物礁分布于冈底斯-念青唐古拉地层区比如-洛隆-班戈分区，巴青县马如乡中侏罗世生物礁分布于羌塘-昌都地层区羌中南分区-类乌齐-左贡分区，安多县东巧区晚侏罗世生物礁见于冈底斯-念青唐古拉地层区木嘎岗日分区。以下分别对上述地层分区的侏罗纪地层剖面进行介绍。

一、比如-洛隆-班戈分区

（一）索县城东中侏罗统桑卡拉佣组剖面

上侏罗统拉贡塘组

——————————整合接触——————————

桑卡拉佣组(J_2s)　147.7m

4. 灰色中至厚层状亮晶砂屑灰岩　15m

3. 灰色薄至中层状泥晶灰岩，产腕足类：*Holcothyris selliprica*, *Futchiyris lingularis*　0.5m

2. 灰色块状生物障积岩，产六射珊瑚：*Schizosmilia rollieri*, *S.* sp.；层孔虫：*Parastromatopora memoria naumarmi*, *P. compacta*，*P.* sp.　4.5m

1. 灰黄色中层亮晶砂屑灰岩，产腕足类：*Tubithyris globata*, *T. Whathyensis*, *Kutchithyris pinque*　15.2m

0. 灰色中至厚层泥晶灰岩，产双壳类：*Lopha solitaria*, *Chlamys baimaensis*　112.5m

本组未见底

（二）班戈县赛龙乡日昂布给上侏罗统拉贡塘组剖面

上侏罗统拉贡塘组(J_3l)　1642.71m

本组未见顶

44. 浅灰色中层状细砂岩，单层厚 15～30m，砂岩主要成分为石英，含量为80%～85%，胶结物成分为石英、长石，砂岩中间有平行层理　67.74m

43. 黄灰色至绿灰色中厚层状砂岩夹浅灰色中层状含砾粗砂岩，风化面呈黄褐色，单层厚度为 40～100cm　66.78m

42. 深灰色至灰黑色中层状粉砂岩，风化面呈黄褐色，单层厚度为 15～40cm　64.48m

41. 浅灰至黄灰色中层状中砂岩，单层厚度为 10～30cm，砂岩的主要成分为石英，含量为 80%～85%，长石含量为 8%～10%，胶结物为石英、长石　57.58m

40. 浅灰色厚层至块状细砂岩　17.06m

39. 浅灰至灰白色中层状中砂岩，砂岩的主要成分为石英，含量为 90%～95%，胶结物成分为石英，砂岩中见平行层理　24.62m

38. 灰黑色中层状粉砂质板岩，产孢粉：*Leiotoroisporis* sp.，*Cibotiumsporajuncta*，*Classopollis annulatus*　18.28m

37. 灰色中层状含砾细砂岩　9.29m

36. 浅灰色中层状中砾岩，砾岩呈透镜状分布　7.69m

35. 深灰至灰黑色薄层粉砂质板岩　14.36m

34. 浅灰至灰白色中层中砂岩，砂岩主要成分为石英，含量为 85%～90%，长石含量为 8%～10%，胶结物成分为石英，砂岩中见平行层理　42.91m

33. 浅灰色中层状含砾粗砂岩　4.71m

32. 浅灰至灰白色中层状中砂岩　37.62m

31. 浅灰色中层状细砂岩夹绿灰色薄层粉砂质板岩　43.8m

30. 黄灰色中层状中至细砂岩，其中见平行层理　34.09m

29. 浅灰至灰白色中层状细砂岩，砂岩主要成分为石英，含量为 90%～95%，胶结物成分为石英　50.39m

28. 浅灰至灰白色中层状细砂岩，砂岩主要成分为石英，含量为 90%～95%，胶结物成分为石英，砂岩中见平行层理　76.69m

27. 浅灰色中层状细砂岩　55.19m

26. 灰黑色中层状含砾粗粉砂岩　12.18m

25. 灰色中层状细砂岩，砂岩主要成分为石英，含量为 70%～75%，岩屑为 25%　39.61m

24. 灰黑色中层状含砾粉砂岩，砾石大小一般为 2～6mm，含量为 5%～7%　52.02m

23. 浅灰色中层状细砂岩，其中发育小型楔状及槽状交错层理　5.15m

22. 灰黑色中层状含砾粉砂岩　8m

21. 浅灰色中层状粉砂岩，见有斜交层理的遗迹化石　26.84m

20. 灰黑色中层状含砾细砂岩　23.65m

19. 浅灰色中层粗粉砂至细砂岩，其中见有平行层理　29.6m

18. 深灰至灰黑色薄至中层状粉砂质板岩，板岩中见有透镜状层理，透镜体大小为 0.2cm×1.5cm～0.4cm×3cm，此外见有包卷层理　49.63m

17. 浅灰至黄灰色厚层至中层状砂岩，砂岩中见有大型板状和楔状交错层理　50.37m

16. 浅灰色中至厚层状中至细砂岩，砂岩主要成分为石英，含量为 85%～90%，长石含量为 8%～10%，胶结物为石英、长石　35.91m

15. 绿灰色中层状细砂岩　32.71m

14. 浅灰色中层状粗粉砂至细砂岩　66.74m

13. 浅灰色中层状中至细砂岩　8.08m

12. 灰黑色薄层至中层状粉砂岩，其中见有斜交层面虫迹　18.82m

11. 灰色中层状粉砂质板岩，该层见有许多斜交层面分布的遗迹化石　38.99m

10. 浅灰色中层状中至细砂岩　24.21m

9. 黑色页岩夹深灰色薄层粉砂岩，见有透镜状层理，透镜体大小为厚 0.5～0.6cm，长 6～8cm　52.93m

8. 浅灰色中层状细砂岩　102.59m

7. 绿灰色中层状细砂岩，砂岩主要成分为石英，含量为 55%～60%，岩屑含量为 25%～30%，长石含量为 10%，胶结物成分为长石　50.55m

6. 灰色中层状粗粉砂至细砂岩，砂岩中见水平层理　54.17m

5. 灰黑色薄层中层状板岩，板岩中见水平层理　45.97m

4. 灰黑色中层状粉砂质板岩，板岩中发育水平层理，同时见透镜状层理　61.95m

3. 浅灰色中层状细砂岩　5.29m

2. 浅灰色中层状粗粉砂岩　13.8m

1. 深灰至灰黑色中层状板岩，该层未见底。产孢粉：*Leiotoroisporis* sp.（光面三缝孢），*Chasmatosporites* sp.（宽缝孢），*Aagiopteridaspora* sp.（座莲孢），*Megamonosporities* sp.（大口粉）　39.67m

本组未见底

二、羌中南地层分区及类乌齐–左贡分区

（一）双湖县当么乡下侏罗统曲色组—中侏罗统雀莫错组实测剖面

本组未见顶

中侏罗统雀莫错组一段（J_2q_1）　428.89m

24. 灰色页岩夹浅灰色薄层状细粒石英砂岩，其中页理构造发育。砂岩夹层厚 5～10cm　37.59m

23. 浅灰-绿灰色薄层状细粒石英砂岩，单层厚 5～10cm，砂岩中见平行层理和楔状交错层理 25.55m

22. 灰色页岩夹绿灰色薄层状细粒石英砂岩，其中页理构造发育 39.8m

21. 灰色页岩，页岩风化后呈浅灰色，其中页理构造发育 42.82m

20. 灰色页岩为主夹浅灰色薄层状细粒石英砂岩，其中页理构造发育 44.33m

19. 浅灰色薄层状细粒石英砂岩，砂岩单层厚 5～10cm 37.14m

18. 浅灰色薄层细粒石英砂岩与灰色页岩互层，砂页岩互层比为 1∶2～1∶3。砂岩单层厚 5～10cm，页岩中页理构造发育 31.73m

17. 下部为浅灰色中层状细粒石英砂岩，上部为深灰色薄层状生物屑砂屑灰岩，灰岩具粒屑结构，主要颗粒为砂屑，其次为生物屑，填隙物为亮晶。其中壳类化石：*Isocyprina*？sp. 10.12m

16. 以浅灰色页岩为主，灰色薄层状细粒石英砂岩，其中页理构造发育 44.07m

15. 浅灰色薄层状中粒长石砂岩与灰色页岩互层，砂岩单层厚小于 10cm，胶结物以钙质为主。该层中产有双壳类：*Quenstedtia*？*Dingriensis* 26.8m

14. 灰色页岩夹浅灰色薄层粉砂岩，页岩中页理构造发育，粉砂岩单层厚 5～10cm 19.44m

13. 灰色页岩。页岩风化面呈绿灰色-黑灰色，新鲜为呈灰色，其中页理构造发育 21.21m

12. 绿灰色-浅灰色薄-中层状中粒长石砂岩与页岩互层，互层比为 2∶1～3∶1，砂岩单层厚 5～15cm。该层中产有孢粉化石：*Pseudowalchilla* cf. *croea*, *Cedripites minilatulus*, *C* cf. *Libaniformis*, *C*. sp.，*Pinuspollenites*. sp, *Inaperturopollenites fossus*，*Neoraistrickia clavula*, *N*. sp., *Osmundacidites* sp.等 13.89m

11. 灰色页岩夹绿灰色薄层状细粒长石砂岩，砂岩单层厚 5～10cm，胶结物成分以钙质为主 34.4m

——————整合接触——————

下侏罗统曲色组上段(J_1q_2) 143.52m

10. 灰色薄-中层状含生物屑泥晶灰岩，生物屑以双壳类为主，含量为 10%～12% 4.67m

9. 绿灰色中层状细粒石英砂岩与灰色页岩互层，互层比为 1∶2，砂岩单层厚 10～20cm，页岩中页理构造发育 13.31m

8. 灰色页岩。岩层风化为黄灰色-绿灰色，新鲜面为灰色，其中页理构造发育 16.86m

7. 灰色-深灰色中层状含生物屑泥晶灰岩，生物屑以珊瑚为主，含量为 5%～8% 7.45m

6. 灰色页岩。岩层风化面呈黄灰色-绿灰色，其中页理构造发育 7.25m

5. 灰色页岩夹黄灰色薄层细粒长石砂岩，砂岩单层厚小于 10cm，其中见不明显交错层理 7.17m

4. 灰色页岩。岩层风化面呈绿灰色，新鲜面为灰色，其中页理构造发育 17.52m

3. 灰色页岩夹黄灰色薄层钙质粉砂岩，其中页理构造发育，粉砂岩夹层风化面呈黄褐色，单层厚 4～8cm，为钙质胶结 29.31m

2. 灰色页岩夹浅灰色薄层钙质粉砂岩，其中页理构造发育，粉砂岩夹层风化面呈褐色，单层厚小于 1cm，均质胶结 31.41m

1. 灰色页岩，其中页理构造发育 8.57m

本组未见底

该剖面位于双湖县当幺乡嘎尔傲包，剖面起点坐标为 N89°19′52″、E32°29′5″，终点坐标为 N89°19′47″、E32°29′42″，共分 24 层。

(二) 双湖县莫巴拉卡吐中侏罗统雀莫错组实测剖面

本组未见顶

中侏罗统雀莫错组二段(J_2q_2) 146.92m

9. 浅灰色页岩。岩层风化面呈绿灰色，单层厚小于 1cm，页理构造发育 43.41m

8. 灰色中层状砂屑灰岩。岩层风化面呈灰褐色，单层厚 30～35cm，具粒屑结构，颗粒类型为砂屑，含量为 60%～65%，填隙物为泥晶，含量为 35%～40% 0.91m

7. 浅灰色页岩夹灰色中层状泥晶灰岩。页岩风化面呈灰-灰黄色，页理构造发育，灰岩夹层单层厚小于 50cm，具泥晶结构 18.06m

6. 浅灰色页岩夹灰色薄层钙质粉砂岩。页岩风化为呈灰白色，页理构造发育。粉砂岩夹层风化为呈黄褐色，单层厚 5～8cm 14.65m

5. 浅灰色薄层至页片状钙质页岩。岩层风化为呈绿灰色至黄灰色，单层厚小于 1cm，其中页理构造发育。该层中产有菊石(*Dorsetensia* sp.)、双壳类(*Inoperna sowerbyana*, *Isocyprina* sp., *Pholadomya socialis qinghaiensis*, *Camptonectes*(*C.*) *lens* 等) 26.44m

4. 浅灰色薄层钙质泥岩与黄灰色薄层泥灰岩互层。泥岩单层厚 2～6cm，灰岩单层厚 5～8cm，具泥晶结构，见有水平层理。该层产有双壳类：*Entolium*? sp. *Astarte amdoensis* 等，还产有遗迹化石 *Planolites* 等 15.44m

3. 浅灰色薄层泥岩夹浅灰色钙质粉砂岩，顶部为浅灰色中层状泥晶灰岩，泥岩风化面呈黄灰色，粉砂岩夹层新鲜面呈浅灰色，其中见沙纹层理和小型板状交错层理 17.78m

2. 浅灰色页岩夹浅灰色薄层泥灰岩，页岩风化面呈黄灰色，新鲜面为浅灰色，页理构造发育。泥灰岩风化面呈绿灰色，单层厚 5～10cm，具泥晶结构。该层中产双壳类[*Camptonectes*（*C.*）*lens*]、腕足类（*Burmirhynchia* cf. *shanensis* 等）　5.06m

1. 浅灰色薄层钙质泥岩夹浅灰色薄层泥灰岩。泥岩风化面呈黄灰色。泥灰岩风化面黄灰色，单层厚 3～6cm。该层中产有大量双壳类，均为 *Astarte amdoensis*，此外，该层还产有孢粉：*Neoraistrickia* sp., *N. Clavula*, *Araucanacites* sp., *Inaperturopollenites fossus*, *Psophosphaera minor*，*P.* sp., *Protopinus sublofems*, *Conifems* sp., *Cedripites* sp., *Picea* cf. *complesmiliformis*, *Piseudopicea mgnfica*, *Walchinites gradotus*, *Caytonipollenites* cf. *subtilis*. C. *subtilis*，*Chasnuatosporites* cf. *eleagans*　5.17m

本组未见底

该剖面位于双湖县莫巴拉卡吐，剖面起点坐标为 N32°38′19″、E89°16′35″，终点坐标为 N32°38′18″、E89°16′46″，剖面总厚为 146.92m，共分 9 层。

（三）巴青县如乡中侏罗统布曲组含礁剖面

上覆地层雁石坪群夏里组（J_2x）

——————————整合接触——————————

雁石坪群布曲组（J_2x）　244m

11. 灰色中至厚层状泥晶灰岩及泥质灰岩。产腕足类：*Holcothyris golmudensis*，*H. fleas*，*H. pinguis*；双壳类：*Chlamys* sp., *camptonectes laminatus* 等　25.5m

10. 浅灰色、灰色中层状亮晶砂屑灰岩、生物屑灰岩。产腕足类：*Burmirhynchia asiatica*, *B. Shanensis*, *Holcothyris flesa*；双壳类：*Camptonectes riches*, *Liostrea birmanica*, *Protocardia stricklandia*　32.6m

9. 浅灰色块状双壳障积岩。以产大量的固着类双壳类为特征，以 *Liostrea birmanica* 占绝对优势，其次有 *Liostrea eduliformis*, *Camptonectes*（*C.*）*riches* 和 *Protocardia stricklandia*。其他生物较少　7.9m

8. 灰色中至厚层状亮晶砂屑灰岩及核形石灰岩，产少量腕足类：*Burmirhynchia cuneata*, *B. Trilobata*, *Kutchithyris denggensis*；双壳类：*Liostrea birmanica*, *Plagiotoma channoni* 等　1.6m

7. 浅灰色、灰色薄至中层状泥晶灰岩、海生物屑泥晶灰岩　27.3m

6. 浅灰色块状双壳类障积岩。产大量的双壳类：*Liostrea birmanica*, *L. sublamellos*，*Camptonectes*（*C.*）*lens*　6.1m

5. 浅灰色中至厚层状亮晶生物屑灰岩、砂屑灰岩，产有腕足类：*Burmirhynchia flabilis*, *B. Asiatica*, *Holcothyris tanggulaica*, *H. cooperi* 等　25.5m

4. 灰色、深灰色薄至中层状生物屑泥晶灰岩 33.7m

3. 浅灰色块状双壳类障积岩。产大量的双壳类：*Liotrea birmanica*, *L. sublamellosa*, *L. Eduliformis*, *Camptonectes*（*C.*）*riches* 7.5m

2. 浅灰色厚层状亮晶砂屑灰岩 26.5m

1. 灰色薄层状泥晶灰岩、泥质灰岩 28.6m

——————整合接触——————

雁石坪群雀莫错组（J_2q）

（四）双湖县当幺乡曲瑞恰乃中侏罗统布曲组—夏里组实测剖面

本组未见顶

中侏罗统夏里组（J_2x） 617.59m

66. 灰色薄层泥岩夹浅灰色薄层钙质粗粉砂岩。粉砂岩夹层风化面呈黄褐色，胶结物为方解石，其中发育水平层理 21.84m

65. 浅灰色薄层状粗粉砂岩夹灰色薄层泥岩、粉砂岩，其中粉砂岩中发育平行层理 11.9m

64. 浅灰色薄层状细粒石英砂岩。砂岩单层厚 5～10cm，砂岩中见有平行层理 33.65m

63. 灰绿色薄层状细粒石英砂岩。岩层风化面呈黄绿色，单层厚 5～10cm。砂岩中见平行层理。该层产有双壳类：*Parvamussium subpersonatum* 26.96m

62. 灰色-深灰色薄层亮晶生物屑鲕粒灰岩，具粒屑结构，粒屑主要为生物屑和鲕粒，含量为 75%，生物屑主要为双壳类。产双壳类化石：*Liostrea* sp.，*Chlamys*（*Redulopecten*）sp.，*Parvamussium subpersormtum* 及 *P.* sp. 1.23m

61. 灰色薄层状泥岩，风化面呈浅灰色，单层厚 1～3cm 24.53m

60. 浅灰色薄层粗粉砂岩，风化面呈黄褐色，单层厚 3～8cm，其中见平行层理，该层产双壳类：*Tancredia* sp. 15.64m

59. 灰绿色薄层粗粉砂岩，风化面呈黄绿色，单层厚度小于 10cm，其中见平行层理和板状交错层理 11.3m

58. 浅灰色薄层泥岩夹浅灰薄层细粒石英砂岩。砂岩风化面呈黄褐色，单层厚 3～10cm。该层中产双壳类：*Parvamussium subpersormtum*, *Tancredia* sp. 18.38m

57. 浅灰色薄层粗粉砂岩与灰色薄层泥岩互层，互层比 1∶2～1∶3，粉砂岩单层厚 3～8cm，其中见平行层理。该层产双壳类：（*Quenstedtia*）sp.,（*Parvamussium subpersonatum*, *Anisocardia*（*A.*））cf.（*channoni*, *Pholadomya socialis qinghaiensis*）等 17.7m

56. 浅灰色薄层泥灰岩夹灰色薄层粗粉砂岩。泥岩单层厚 1～3cm，粉砂岩风化面呈黄褐色 44.24m

55. 浅灰色薄层泥岩夹灰色薄层粗粉砂岩。泥岩单层厚1～3cm，粉砂岩单层厚3～8cm。该层中产有较多双壳类：*Parvamassium subpersonatum*, *Myophorella huhxilensis* 21.41m

54. 浅灰-灰色薄-中层状细粒长石石英砂岩与浅灰色薄层泥岩互层 9.54m

53. 浅灰色薄至中层状细粒石英砂岩，风化面呈红褐色，单层厚5～15cm，其中见楔状交错层理 15.6m

52. 浅灰色薄层钙质泥岩夹灰色薄层粉砂岩，泥岩单层厚1～2cm，粉砂岩风化面呈黄褐色，单层厚3～8cm，该层产双壳类：*Tancredia* sp., *parvamimussium subpersonatum* 25.57m

51. 灰色薄层长石石英砂岩与灰色薄层泥岩互层，互层比为2∶1～1∶1。该层中见沙纹层理及平行层理 10.63m

50. 浅灰色薄层状泥岩夹灰色薄层粉砂岩，泥岩单层厚1～2cm，粉砂岩夹层单层厚2～5cm 43.47m

49. 浅灰色薄-中层状钙质粗粉砂岩，见平行层理 1.89m

48. 浅灰色薄层状钙质泥岩夹浅灰色薄层粉砂岩，泥岩单层厚1～3cm 22.97m

47. 浅灰色-黄灰色薄至中层状钙质粗粉砂岩，单层厚5～15cm。见水平层理该层产有双壳类：*Tancredia* sp., *Lopha zadoensis*, *L. Baqensis*, *L.* cf. *Tifoensis*, *L. tifoensis Liostrea birmanica*, *Astarte amdoensis*, *Parvamussium subpersonatum*, *Protocardia qinghaiensis*, *Camptonectes*(*C.*) cf. *Lens*, *Anisocardia*(*A.*) cf. *chamnoi*；腹足类：*Naticopsis* sp. 2.73m

46. 灰色薄层钙质泥岩夹浅灰色薄层粉砂岩。泥岩单层厚1cm，粉砂岩夹层风化面黄褐色，单层厚3～4cm 25.71m

45. 浅红色薄至中层状细粒长石砂岩，单层厚3～15cm，其中见平行层理、交错层理 10.70m

44. 浅灰色薄层泥岩夹浅灰色至灰色薄层粉砂岩，泥岩单层厚1～2cm，粉砂岩风化面呈浅灰色，单层厚3～5cm，其中见有小型沙纹层理 36.99m

43. 灰色溥层泥岩，岩层风化面呈黄灰色，单层厚1cm。该层产有孢粉：*Cyathidites minor*, *C. Austrilisc*, *C.* sp., *Undulatisportes zuoyunensis*, *Deltoidospora microlepioides*, *Lopholriletes* cf. *Osmundacidiles* sp., *Lycopodiurnsporites* sp., *Reticultiletes* cf. *Puderu*, *Purwtatosporiles* cf, *slrifucalus*, *Cyclogranisporitcs* cf. *congcsus*, *Retusotriletes* cf. *Mesozoicus*, *Pterisisporilessp.*, *Foveosporites* cf. *labiosus*, *Granulalisporiles* sp., *Inaperluropollenilcs* sp., *I. fossus I.* cf. *linibalus*, *Psopliosphaera minor Cycadopites subgrarmlosus*, *Protoconiferus* cf. *flevus*, *Podocarpites* cf. *Miniscului*, *P.* cf. *funarius*, *Cedripiles minilalulus*, *Piceites* cf. *Endodulus*, *Protoconiferus funarius*, *Piceites* cf.

aurigincuj, *Pseudopicea* cf. *monsliousa*, *Proloconiferus funarius*, *Cedripites minilatulus*, *Piceites* cf. *aurigincus*, *Pseudopicea* cf. *monsliousa*, *Protopicea monistiuosa*, *Walchinites*, *Pseudowalchilla* cf. *croea*, *Vitreisporites* cf. *Signatus*, *Caylonipollcnites* sp., *Alispollcnites* cf. *torulis Quadraeculina* sp., *Q.* cf. *engmate*, *Chasmatosporites* cf. *Eleagans*, *C. aspertus*, *Callealasporites* sp., *C. Dumpleri*, *C. Segmenlatus*　28.52m

42. 浅灰色薄至中层状粗粉砂岩，其中见平行层理，该层产较多双壳类：*Anlsocardia* (*A.*) cf. *channoni*，*Cuneopsis* sp.，*Pawamussium subpersonalum*, *Prolocardia* sp.　6.3m

41. 黄灰-浅灰色薄层粉砂岩与灰色薄层泥岩互层，二者互层之比为 1∶2～1∶3，粉砂岩风面呈黄褐色，单层厚 1～5cm，钙质胶结　23.5m

40. 灰色-深灰色薄层泥岩夹浅灰色薄层粉砂岩，泥岩风化面呈灰色，单层厚小于 1cm，粉砂岩夹层风化面呈灰褐色，单层厚 1～4cm　29.99m

39. 灰色薄层钙质泥岩　41.92m

38. 浅灰色中层状粗粉砂岩，风化面呈紫红色，单层厚 10～25cm，其中平行层理发育，其次见有楔状交错层理，层系厚 3～5cm　25.98m

37. 灰色页岩，风化面呈绿灰色至浅灰黄色，单层厚小于 1cm，页理构造发育　6.8m

——————整合接触——————

中侏罗统布曲组(J_2b)　911.21m

36. 浅灰色至灰色薄至页状泥质泥晶灰岩，单层厚 5～10cm　40.61m

35. 浅灰色薄层状泥质泥晶灰岩，风化面呈灰-灰黄色，岩层单层厚 5～10m。具泥晶结构该层产双壳类：*Pseudolimea* sp.，有孔虫：*Textularia* sp., *Glomospira simplex*, *G. Perplexa*, *Glomospirella pavidao*　40.1m

34. 灰色中层状泥晶灰岩，单层厚 10～25cm，具泥晶结构，该层微裂缝发育　49.71m

33. 灰色-深灰色中薄层状泥晶灰岩，风化面为灰色，单层厚 8～15cm，具泥晶结构　13.8m

32. 浅灰色薄层钙质泥岩夹灰色薄层状泥晶灰岩，单层厚 1～3cm，具泥晶结构　13.5m

31. 灰色薄-中层状泥晶灰岩夹浅灰色薄层泥晶灰岩，单层厚 8～20cm，具泥晶结构　16.35m

30. 灰-深灰色薄层泥晶灰岩，岩层风化面呈灰色，单层厚为 8～10cm，具泥晶结构　11.27m

29. 灰色薄至中层状泥晶灰岩，岩层风化面呈浅灰色，单层厚 5～20cm，具泥晶结构　39.84m

28. 浅灰色薄层泥晶灰岩，单层厚 5～10cm，具泥晶结构　37.33m

27. 浅灰色薄层泥晶灰岩，岩层风化面为浅灰色，单层厚 5～10cm，具泥晶结构　37.42m

26. 浅灰色中层状泥晶灰岩，单层厚 10～25cm，具泥晶结构，该层产腕足类：*Burmirhynchia* sp.　35.13m

25. 浅灰色薄层状泥晶灰岩，单层厚为 5～10cm，具泥晶结构　33.91m

24. 灰色薄层状泥晶灰岩，单层厚小于 10cm，具泥晶结构，垂直层面节理发育　38.03m

23. 浅灰色薄层状泥晶灰岩，单层厚 3～10m，具泥晶结构　32.97m

22. 灰色薄至中层状泥晶灰岩，风化面为浅灰色　42.68m

21. 灰色薄至中层状泥晶灰岩，风化面为浅灰色，单层厚 5～20cm　41.29m

20. 灰色中层状泥晶灰岩，单层厚 10～30cm　10.64m

19. 浅灰色中层状泥晶灰岩，单层厚 10～30cm　34.16m

18. 深灰色中层状泥晶灰岩，单层厚 20～40cm，产有腕足类化石：*Homoeorhymchia bolinensis*　12.9m

17. 灰色-深灰色中层状泥晶灰岩，单层厚 20～35cm　12.47m

16. 灰色薄层状泥晶灰岩，风化面为浅黄色，单层厚小于 10cm　35.52m

15. 浅灰色中层状泥晶灰岩，风化面为紫红色，单层厚 15～30cm，具泥晶结构　22.59m

14. 浅灰色薄层至页片状钙质页岩，单层厚小于 1cm，局部 1～3cm，产腕足类化石：*Krumbeckiella* sp.　30.37m

13. 浅灰色至灰色薄层泥晶灰岩，风化为呈浅紫红色，单层厚小于 10cm，节理发育　17.71m

12. 紫红色薄层泥质泥晶灰岩，单层厚度小于 10cm，具泥晶结构、产双壳类：*Entolium* sp.　24.08m

11. 下部为紫红色中层状泥质泥晶灰岩，中上部为紫红色薄至中层钙质页岩　29.02m

10. 灰色薄层至中层状泥晶灰岩夹浅灰色薄层泥灰岩，泥晶灰岩单层厚 8～30cm，风化面红灰色，含石膏假晶。该层产双壳类：*Inoceramus* sp.，*Pseudotrapezium cordiform*；有孔虫：*Ammodiscus* sp.　21.09m

9. 灰色中层状含生物屑泥晶灰岩，单层厚 15～40cm，生物屑含量为 10%～12%，以双壳类为主　8.77m

8. 灰色中层状含生物屑泥晶灰岩，单层厚 5～10cm，泥晶结构，生物屑含量为 10%～15%，以双壳类为主　9.47m

7. 浅灰色薄层泥晶灰岩。单层厚 5～10cm，含石膏假晶，含量为 2%～3%，

具泥晶结构，产有孔虫：*Glomospira simplex* 14.83m

6. 浅灰色中层状泥晶灰岩，单层厚 15～30cm，该层中缝合线及裂缝发育 9.36m

5. 浅灰色薄层泥晶灰岩，单层厚 5～10cm 36.81m

4. 浅灰色中层状泥晶灰岩，风化面呈浅紫红色，单层厚 15～30m，具泥晶结构 29.66m

3. 浅灰色至紫灰色薄至中层状生物屑砂屑灰岩，单层厚 5～20cm，颗粒含量为 30%～40%，主要为砂岩屑，其次为生物屑，生物屑以双壳类为主 18.24m

2. 浅灰色中层状含生物屑泥晶灰岩，单层厚 15～30m，缝合线发育 2.37m

1. 浅灰色薄层泥晶灰岩 21.0m

本组未见底

该面位于双湖县当么乡曲瑞恰乃，剖面起点坐标为 N23°39′20″、E89°12′28″，终点坐标为 N32°40′38″、E89°12′36″。剖面总厚 1528.8m，其中布曲组厚 911.21m，夏里组厚 617.59m。共分 66 层，其中布曲组 36 层，夏里组 30 层。两者之间为整合接触。

（五）安多县休冬日中侏罗统—上侏罗统夏里组—索瓦组实测剖面

中—上侏罗统（J_2x—$J_{2\text{-}3}s$）索瓦组（$J_{2\text{-}3}s$） 693.31m

本组未见顶

第二段 141.29m

23. 灰色薄至中层泥晶灰岩 44.99m

22. 灰色中层状生物屑砂屑灰岩，产有孔虫：*Textularia zeagluta* Finlay, *T. dollfussi* Lalicker, *T.* sp. 6.54m

21. 灰色中层状泥晶灰岩，产有孔虫：*Glomospirella* sp., *Glomospira simplex* Harlton 21.19m

20. 灰色薄层状泥晶灰岩夹黄灰色钙质泥岩 28.83m

19. 黄灰色薄层钙质泥岩，局部夹紫红色薄层粉砂岩。产双壳类：*Undulatula* (*ptychorhynchia Gu, Pleuromya*) cf. (*uniformis*) (Sowerby) 39.74m

第一段 252.6m

18. 灰色薄层泥晶生物屑灰岩，产双壳类：*Liostrea birmanica*（Reed），*Lapha zadoensis* Wen, *Modiolus* sp. 19.28m

17. 灰色薄—中层状泥晶灰岩 29.77m

16. 浅灰色薄—中层粉砂岩 27.15m

15. 灰色中层含生物屑泥晶灰岩，产有孔虫：*Glomospira simplex* Harlton, *Textularia* sp. 7.56m

14. 灰色中层状泥晶灰岩　21.99m

13. 灰色中层状泥晶生物屑灰岩，产腕足类：*Burmirhynchia trilobata* Ching, Sun et Ye, *Holcothyris golmudensis* Ching, Sun et Ye；双壳类：*Chlamys levis* Wen, *Liostrea birmanica*(Reed), *Modiolus imbricatus*(Sowerhy), *Pseudotrapezium cordiforme* (Deshayes)　16.1m

12. 灰色中层状含生物屑泥晶灰岩，产腕足类：*Burmirhynchia trilobata* Ching, Sun et Ye；双壳类：*Chlamys levis* Wen, *Liostrea birmanica*(Reed)　35.53m

11. 深灰色中层状含生物屑泥晶灰岩夹灰色中层状泥晶生物屑灰岩，产双壳类：*Modiolus* cf. *glaucus*(Orbigny), *Chlamys* sp., *Liostrea birmanica*(Reed) 等　36.85m

10. 灰色中层状生物屑灰岩，产腕足类：*Kutchithyris* sp.；双壳类：*Liostrea birmanica*(Reed), *Camptonectes*(*Camptonectes*) *lens*(Sowerby)　17.53m

9. 灰色中-厚层含生物屑灰岩　40.89m

——————整合接触——————

中侏罗统夏里组(J_2x)　253.31m

8. 紫红色中层状粉砂岩　8.96m

7. 紫红-灰色中—厚层泥晶灰岩。产有孔虫：*Glomospira simplex* Harlton, *Trochamminoides* sp., *Ammodiscus* sp.　31.16m

6. 灰白色薄—中层状膏岩层　37.55m

5. 灰色中—厚层状泥晶灰岩　26.77m

4. 灰色—深灰色厚层至块状泥晶灰岩　36.74m

3. 紫红色中层含细砂粗粉砂岩　46.74m

2. 灰绿色中层状细砂岩，见平行层理和交错层理　26.42m

1. 紫红色中层细砂岩，见楔状交错层理　38.97m

本组未见底

该剖面位于安多县休冬日，剖面起点坐标为 N32°57′4″、E91°43′32″，终点坐标为 N32°57′51″、E91°42′59″，剖面总厚为 695.31m，共分 23 层。

(六)安多县青藏 107 道班中—上侏罗统夏里组—索瓦组实测剖面

本组未见顶

中—上侏罗统(J_{2-3})　372.82m

索瓦组($J_{2-3}s$)　201.41m

15. 灰色中层状泥晶生物屑灰岩夹生物屑泥晶灰岩。产双壳类：*Lamprotula*(*Eolamprotula*) sp., *Pteroperna* sp.　2.61m

14. 灰色中层状砂屑生物屑灰岩，产双壳：*Liostrea birmanica*(Reed) 27.27m

13. 灰色—深灰色薄层生物屑泥晶灰岩。产双壳类：*Liostrea birmanica*(Reed), *Camptonectes*(*Camptonectes*) *lens*(Sowerby). *Pinna* sp. 14.36m

12. 深灰色薄层含生物屑泥晶灰岩夹泥晶生物屑灰岩。产双壳类：*Lopha zadoensis* Wen，*Tancredia* sp., *Undulatula* sp. 19.43m

11. 灰色页片状泥晶灰岩 12.29m

10. 深灰色薄层泥晶灰岩 29.83m

9. 深灰色中层状泥晶生物屑灰岩与含生物屑泥晶灰岩互层。产双壳类：(*Lopha zadoensis*) Wen, (*Tancred ia triangularia*) Chen et Wen, (*Pholadomya socialis qinghaiensis*) Wen, (*Camptonectes*(*Camptonectes*) *lens*) (Sowerby), (*Anisocardia*(*Antiqucyprina*) *elongata*) Lycett 41.29m

8. 灰色至深灰色中层状泥晶灰岩 24.33m

——————断层接触——————

中侏罗统夏里组(J_2x) 176.23m

7. 灰绿色中层状细砂岩 29.73m

6. 灰绿色中层状细砂岩与粉砂岩互层夹薄层泥灰岩 42.17m

5. 深灰—灰黑色中层状泥晶灰岩 20.78m

4. 浅灰色至绿灰色薄层钙质泥岩 36.43m

3. 绿灰色中层细砂岩 14.12m

2. 灰绿色薄层状泥质粉砂岩 6.18m

1. 暗紫色薄层粉砂质泥岩。产孢粉：*Podocarpidites* sp., *Pseudopicea* cf. *variabiliformis* Bolch, *Calamospora* sp., *Deltoidospora* sp. 26.82m

本组未见底

该剖面位于安多县青藏公路 107 道班处，剖面起点坐标为 N32°57′46″、E91°58′38″，终点坐标为 N32°57′56″、E91°58′24″，剖面总厚为 372.82m，共分 15 层。

(七)双湖县当幺乡哈日埃乃中—上侏罗统索瓦组实测剖面

本组未见顶

中—上侏罗统($J_{2\text{-}3}$)索瓦组一段($J_{2\text{-}3}s_1$) 598.95m

28. 深灰色薄层泥晶灰岩，单层厚 5～10cm，该层含少量燧石结核 41.72m

27. 深灰色中层状亮晶核形石灰岩，单层厚 20～40cm，具粒屑结构，颗粒主要为核形石，大小为 0.5～1.2cm，含量为 40%～45%，其次为砂屑，含量为 20%～25%，亮晶胶结。该层产有孔虫：*Glomospira simplex*, *Textularia dollfusi*, *Vidalin martana* 25.9m

26. 灰色中层状亮晶含生物屑砾屑砂屑灰岩，单层厚 20～40cm，具粒屑结构，主要颗粒为砂屑，大小为 0.1～0.3mm，含量为 50%～55%，其次为砾屑，大小为 2～3mm，含量为 5%～10%，生物屑主要为层孔虫、珊瑚及腕足类等，含量为 5%～8%，填隙物为亮晶。该层中产有层孔虫：*Cladocoropsis mirabilis*, *C.* cf. *Grossa*, *C.* sp. 等；腕足类：*Kutchithyris* sp., 有孔虫：*Textularia dollfusi*, *T. vulgaris*, *T. zeaggluta* 等 13.69m

25. 浅灰色中厚层亮晶细砂屑灰岩夹核形石灰岩，单层厚 30～60cm，该层以亮晶砂屑灰岩为主，岩石具粒屑结构，主要颗粒为砂屑，大小为 0.1～0.25m，含量为 65%～75%，填隙物为亮晶，含量 25%，核形石灰岩夹层中，核形石大小为 0.5～1.5cm，含量为 30%～40%，其次为砂屑，含量为 20%～25%。该层产有孔虫：*Textularia dollfussi* 等 16.28m

24. 以灰色中层亮晶含砾砂屑灰岩为主，局部夹砾屑灰岩，单层厚 30～50cm。具粒屑结构，主要颗粒为砂屑，大小为 0.1～0.5mm，含量为 60%～65%，其次为砾屑，含量为 5%～10%，填隙物为亮晶。砾屑灰岩夹层中，砾屑呈长条状，长为 0.5～lcm，宽为 0.1～0.2mm，含量为 40%～45% 23.97m

23. 灰色薄至中层状亮晶砂屑灰岩，局部夹核形石灰岩，单层厚 8～20cm，具粒屑结构，以砂屑为主，大小为 0.1～0.5m，含量为 65%～70%，其次为少量砾屑和生物屑，填隙物为亮晶，该层产双壳类：*Entolium* ? sp.；有孔虫：*Glomospira perplexa*，*G. simplex* 4.34m

22. 浅灰色—灰色中厚层亮晶砂屑灰岩夹核形石灰岩，单层厚 20～60cm，具粒屑结构，颗粒主要为砂屑，大小为 0.1～0.4m，含量为 65%～70%，填隙物为亮晶。产腕足类：*Thurmanella* sp. 6.79m

21. 灰色中厚层状含砂屑泥晶灰岩，单层厚 40～80cm，砂屑含量为 20%～25%，大小为 0.1～0.25mm，泥晶结构 6.8m

20. 灰色中层砂屑泥晶灰岩，单层厚 10～30cm，砂屑含量为 30%～35%，大小为 0.1～0.25mm。产腕足类：*Kutchithyris dengqenensis*；有孔虫：*Glomospira simplex*，*G. pavida* 20.95m

19. 深灰色中层状泥晶灰岩，单层厚 20～35cm，具泥晶结构。产有孔虫：*Glomospira simplex* 7.66m

18. 深灰色薄层状泥晶灰岩，单层厚 5～8cm，具泥晶结构 41.42m

17. 灰色薄层状泥晶灰岩，单层厚小于 10cm，具泥晶结构 43.91m

16. 浅灰色薄-中层状泥晶灰岩，单层厚 5～20cm，具泥晶结构 21.99m

15. 灰色薄层状泥晶灰岩，单层厚小于 10cm，该层产有孔虫：*Vidalia* sp. 18.87m

14. 深灰色中层状泥晶灰岩，单层厚 1～30cm 20.03m

13. 灰色薄层状泥晶灰岩，单层厚小于 10cm　　28.12m

12. 灰色中层状泥晶灰岩，单层厚 10～25cm　　19.77m

11. 灰色中-厚层状泥晶灰岩，单层厚 30～60cm，产双壳类：*Camptonectes*（*C.*）*lens*；有孔虫：*Vidalia zujouici* 等　　44.11m

10. 灰色薄层状泥晶灰岩，单层厚小于 10cm　　25.52m

9. 灰色-深灰色中层状泥晶灰岩，单层厚 20～40cm　　8.91m

8. 深灰色薄-中层状泥晶灰岩，单层厚 5～15cm　　37.56m

7. 灰色薄层状泥晶灰岩，单层厚小于 10cm，具泥晶结构，岩石中微裂缝发育　　34.74m

6. 深灰色中层状泥晶灰岩，单层厚 30～40cm　　1.97m

5. 灰色中层状泥晶灰岩，单层厚 10～30cm，其中产腕足类：*Thurmanella* sp.，*T. pentaptyctao*　　27.36m

4. 浅灰色薄层泥晶灰岩，单层厚 2～8cm　　24.38m

3. 浅灰色至灰色中层状含生物屑泥晶灰岩，单层厚 15～40cm，生物屑含量为 5%～8%，以腕足类为主。产腕足类：*Thurmanella pentaptycta*, *T. rotunda* 等　　13.75m

2. 灰色薄至中层状泥晶灰岩，单层厚 8～25cm，产腕足类：*Thurmanella pentaphycta*，*T. rotunda*　　10.18m

1. 浅灰至灰色中层状泥晶灰岩，单层厚 15～30cm，具泥晶结构，产有孔虫：*Textularia vulgaris*, *Nodosaria* sp.　　8.26m

本组未见底

该剖面位于双湖县当幺乡哈日埃乃，剖面起点坐标为 N32°42′37″、E89°11′55″，终点坐标为 N32°43′20″、E89°11′58″，剖面总厚 598.95m，共分 28 层。

(八)安多县巴斯康根上侏罗统雪山组实测剖面

上侏罗统雪山组（J_3x）　　204.67m

本组未见顶

11. 紫红色中层细砂岩　　44.9m

10. 紫红色中层状细砂岩夹紫红色页岩　　38.59m

9. 紫红色中层状细砂岩　　53.61m

8. 紫红色中至厚层细至中砾岩　　13.83m

7. 紫红色中层细砂岩夹紫红页岩。产孢粉：*Podocarpidites* sp., *Cycadopites* sp., *Classopollis* sp., *Caytonipollenites* sp., *Gabonisporis vigourouxi* Boltenha　　14.15m

6. 绿灰色中层细砂质粉砂岩与灰色页岩不等厚互层。产孢粉：*Osmundacidtes* cf. *osmundaeformis*, *Psophosphaere* cf. *pseudolombata*, *Hekousporites* sp.　　24.72m

5. 浅灰色中层状粉砂岩夹深灰色页岩　4.94m

4. 深灰色页岩夹浅灰色中层粉砂岩。产孢粉：*Lygodiumsporites* sp.　2.14m

3. 浅灰色中层状细砂岩　2.09m

2. 灰黑色页岩夹浅灰色中层状细砂岩　2.87m

1. 浅灰色薄至中层细砂岩夹灰黑色炭质页岩　2.83m

本组未见底

该剖面位于安多县巴斯康根雪峰北 3km，剖面起点坐标为 N32°58′12″、E91°45′53″，终点坐标为 N32°58′4″、E91°45′59″，剖面总厚 204.67m，共分 11 层。

三、木嘎岗日分区

(一)安多县东巧琼那上侏罗统沙木组含礁剖面介绍

沙木罗组(J_3s)　166.75m

本组未见顶

15. 深灰色中层状含生物屑灰岩，产有孔虫：*Cuneolina* sp., *Nodosaria* spp.　12.11m

14. 灰色中层状细砂岩夹黄灰色中层状小砾岩　10.0m

13. 浅灰色中层状含生物屑泥晶灰岩　5.66m

12. 浅灰、灰色中至厚层状含生物屑泥晶灰岩，产双壳类：*Ceratomya* sp.；腕足类：*Parakingena* sp.　5.15m

11. 灰色块状障积礁灰岩。产大量层孔虫：*Cladocoropsismirabilis*, *C. nanoxi*, *Parastromatopora capacta*, *Miileporidium remesi*, *M. styliferum*, *M. kabardinense*, *M. cylindricum*, *Milleporella pruvosti*, *Tosaatroma kiiense*, *T. gracilis*, *Astroporina stellifera* 等；六射珊瑚：*Actinastrea* sp.　4.42m

10. 下部为灰色中层状含生物屑、砾屑、砂屑灰岩，紧接上部为黄灰色中层状钙质细砂岩　4.57m

9. 下部为浅灰色之灰色中—厚层状生物泥晶灰岩、中部为灰色块状生物灰岩，上部为灰色块状含生物核形石灰岩。产双壳类：*Protocardia* sp., *P.* cf. *hillana* 等　16.15m

8. 浅灰至灰色中-厚层状小砾岩与细、中砂岩互层，砂岩中见有板岩交错层理、楔状交错层理及平行层理　25.55m

7. 浅灰至灰色中层状细砂岩　2.44m

6. 黄色薄层粉砂岩，产有较丰富的植物化石碎片　47.79m

5. 浅黄色薄层状粉砂岩和煤线。该层底部见一层厚为 5～6cm 的煤线，砂岩中含有大量植物化石碎片。产植物化石：*Pagiophyllum* sp., *Ptilophyllum* sp.　6m

4. 褐黑色、黑色薄层至中层褐铁矿　9.24m

3. 下部为黄绿色薄层的泥质粉砂岩，中上部为暗红色薄层的粉砂质泥岩　6.83m

2. 深褐色薄层褐铁矿　7.13m

1. 褐黑色厚层状中砾岩　3.71m

～～～～～～～～～～～～～角度不整合接触～～～～～～～～～～～～～～～～～～

0. 灰绿色超基性侵入岩(东巧蛇绿岩群)未见底

(二)当雄县纳木错东岸上侏罗统沙木罗组剖面

上覆地层为紫红色块状流纹斑岩

——————————整合接触——————————

沙木罗组(J_3s)　70.01m

7. 灰色中层状含核形石鲕粒灰岩　9.29m

6. 浅灰色中层状含生物碎屑鲕粒灰岩　6.47m

5. 灰色薄—中层状含生物碎屑粉晶灰岩　12.66m

4. 以灰色中—厚层状含生物碎屑鲕粒灰岩为主夹一层厚层状核形石灰岩。产层孔虫：*Cladocoropsis mirabilis*；珊瑚：*Cladophyllia* sp.　17.39m

3. 灰色中层状含生物碎屑泥-粉晶灰岩。产层孔虫：*Cladocoropsis mirabilis*，*Milleporella xizangensis*；珊瑚：*Cladophyllia* sp., *Thecosmilia* sp., 腹足类：*Nerinea* cf. *Voltzi*, *N.* sp.；腕足类：*Holcothyris golmuensis*；海胆：*Plesiechinus* sp.；菊石等　9.37m

2. 灰色中—厚层状含生物碎屑泥晶灰岩。产层孔虫：*Milleporella xizangensis*；珊瑚：*Fungiastraea* cf. *Multicineta*；海胆：*Plesiechinus* sp.等　3.65m

1. 灰色中层状含生物碎屑泥晶灰岩。产层孔虫：*Milleporella xizangensis*；海胆：*Plesiechinus* sp.等　11.18m

本组未见底

(三)安多县东巧区上侏罗统东巧蛇绿岩群剖面

东巧蛇绿岩群(J_3d)　332.14m

本群未见顶

12. 浅灰色薄层含粉砂屑泥质泥晶灰岩　7.4m

11. 深灰色薄层硅质泥岩夹深灰色薄层中层细砂岩-中砂岩。产放射虫：*Paronaella* sp., *P. mulleri*?, *Spongocapsa* cf. *palmerae*, *Orbiculiforma* sp.　31.56m

10. 深灰色薄层硅质泥岩夹深灰色中层状细砂岩。产放射虫　23.98m

9. 深灰色薄层硅质泥岩夹薄层泥质粉砂岩，底部见一层角砾岩　20.44m

8. 黑色页岩夹深灰色薄层硅质岩　16.89m

7. 灰黑色薄层状泥岩夹薄层细砂岩及粉砂岩，见有粒序层理　23.94m

6. 深灰色薄层泥岩夹浅灰色中层含砾砂岩，含砾砂岩底部见侵蚀面，粒序层理、平行层理　5.8m

5. 该层覆盖较严重，但从河边零星露头可以看出该层主要为浅灰色薄层状硅质岩，局部夹灰色薄层粉砂岩，粉砂岩中发育滑塌变形构造　66.9m

4. 灰绿色薄层状硅质泥岩。产放射虫：*Pseudoeucyrtis* cf. *tenuis*, *Paronaella* sp.，*Orbiculiforma* sp., *Crucella* sp.　22.01m

3. 深褐色中层状玄武岩夹浅灰色页岩　33.18m

2. 灰色至深灰色薄层状硅质岩夹浅灰色页岩　64.08m

1. 深褐色中层状玄武岩　15.96m

本群未见底

第二节　岩 石 地 层

研究区侏罗纪生物礁发育于比如-洛隆-班戈地层分区、羌中南地层分区、类乌齐-左贡地层分区及木嘎岗日地层分区中，以下分别介绍上述几个分区的岩石地层发育特征。

一、比如-洛隆-班戈地层分区

比如-洛隆-班戈地层分区侏罗系发育不全，发育的地层主要有中侏罗统的马里组、桑卡拉佣组和上统的拉贡塘组(表 2-1)。

(一) 中侏罗统

1. 马里组

中侏罗统马里组(J_2m)是史晓颖等在洛隆县马里创名(西藏自治区地质矿产局，1993)，是从原柳弯组下部的碎屑岩单独划分出来建立的。该组不整合覆于嘉玉桥群之上、整合伏于桑卡拉佣组之下的一套浅灰、灰绿、紫红、黄褐色砾岩、砂岩、粉砂岩夹含砾砂岩、泥岩的地层体，产双壳类、腕足类化石等。马里组断续分布于嘉黎—洛隆—八宿—扎玉一带。在嘉黎桑巴一带以砂岩、砾岩为主，在八宿一带以砂岩、粉砂岩为主，但普遍都夹含砾砂岩，总体上自西而东(或东南)由粗变细。碎屑岩的结构成熟度和成分成熟度都比较低。在八宿瓦达一带见有超镁铁质岩构造侵位于马里组中，并见夹有安山岩层，厚度变花较大 168～2405m，

表2-1　藏北地区与国内外同期海相地层对比

地层		喜马拉雅区	冈底斯–念青唐古拉区		羌塘–昌都区		国外东特提斯区		
		珠峰区	洛隆	木嘎岗日分区	羌中南–类乌齐–左贡(分区)	昌都	克什米尔	印度卡赤半岛	巴基斯坦俾路支
上侏罗统	提塘阶	古错村组(中、下部)	拉贡塘组	沙木罗组	雪山组	小索卡组	上Spiti层	Trigonia砂岩	砂质灰岩
		擦左组			索瓦组			Umia组	Virgatosphinctes层
	基末利阶	辛木第组		东巧蛇绿岩群(?)			中Spiti层	中Katrol红砂岩 下Kattrol层 Dguran泥灰岩	?
	牛津阶	定结组					下Spiti层	Kanctot砂岩 Dhoz鲕状岩	Perisphinctes层
中侏罗统	卡洛阶		桑卡拉佣组		夏里组	东大桥组	卡洛砂岩	Chari群	?
	巴通阶	拉弄拉组			布曲组		?	Patcham群 Kuar-bet层	Kuar-bet层
	巴柔阶	聂聂雄拉组	马里组		雀莫错组	土拖组		缺失	?
	阿林阶								
下侏罗统		普普嘎组 各米各组(上部)	缺失		曲色组	查郎嘎组	Laptal层 Kioto灰岩上部		Kioto灰岩上部

注：“？”表示资料不清楚。

以嘉黎桑巴一带最厚(2405m)，洛隆县之东最薄(168m)，八宿一带厚度中等(1170～1649m)。除产海相的双壳类、腕足类及菊石外，还见有植物化石碎片，为滨海碎屑岩沉积环境。

该组产双壳类 *Protocardia stricklandi*, *Myophorella clavellata*, *Trigonia* sp.等及腕足类 *Loboidothyris perovalis* 等，结合该组的上下层位关系认为该组地质时代可能为中侏罗世早期。

2. 桑卡拉佣组

桑卡拉佣组系四川省区域地质调查大队(以下简称四川省区调队)据洛隆县马里乡剖面命名(西藏自治区地质矿产局，1993)，创名地点位于洛隆县马里乡瓦合断裂南，原指位于洛隆县马里乡瓦合断裂南的中侏罗世灰岩地层。相当于四川省区调队三分队 1974 年引用云南滇西地区的柳弯组上部的碳酸盐岩。该组是整合于马里组碎屑岩之上和拉贡塘组页岩之下的一套灰、灰黄、深灰色泥灰岩、砾屑灰岩及泥质灰岩夹生物灰岩的地层，产腕足类、双壳类、海胆化石。

桑卡拉佣组分布在嘉黎县桑巴一带，属于桑巴群上部，在洛隆县马里一带曾称为柳弯组。该组岩性为灰色薄-块状灰岩、泥灰岩，在桑巴一带夹细砾岩及砂岩，产植物化石碎片，在左贡县小打坝一带夹黏土岩及页岩，在马里一带全为碳酸盐岩。在马里一带厚度为 68m，在桑巴和小打坝一带厚度较大，分别为 1002m 和 550m，产双壳类、腕足类及少量菊石、珊瑚、海百合茎。以碳酸盐岩占绝对优势，为碳酸盐台地浅水沉积环境。岩石基本未变质。与上、下地层均为整合接触关系。

产腕足类以 *Burmirhynchia* 和 *Holcothyris* 大量产出为特征，主要组成分子有 *Burmirhynchia asiatica*, *B. shanensis*, *B. cuneata*, *B. trilobata*, *B. quinquiplicata*, *B. flabilis*, *Holcothyris golmudensis*, *H. tanggulaica*, *H. breviseptata*, *Kutchithyris dengqenensis*, *K. lingularis* 等，*Burmirhynchia* 和 *Holcothyris* 是中侏罗世标准化石，二者经常共生，构成著名的 *Burmirhynchia-Holcothyris*(*B-H*)动物群，而且主要限于中侏罗世中—晚期(巴通期—卡洛期)。

（二）中—上侏罗统

拉贡塘组($J_{2\text{-}3}l$)由拉贡塘层演变而来，创名地点位于洛隆县腊久区西卡达至臧卡扎乌沟，原义代表上侏罗统。该组岩性为石英砂岩夹粉砂质页岩、页岩及灰岩，产双壳类及植物化石碎片。中国科学院南京地质古生物研究所(1982)等单位在《川西藏东地区地层与古生物》、文世宣(1982)在《西藏古生物》、四川区调队在 1∶20 万洛隆幅区调报告及《西藏自治区区域地质志》(西藏自治区地质矿产局，1993)都沿用拉贡塘组一名。现在定义该组为指整合覆于桑卡拉佣组灰岩之上、平行不整合伏于多尼组含煤砂岩之下的一套灰、深灰色页岩、粉砂质页岩、粉砂质页岩为主，夹长石石英砂岩、石英砂岩、粉砂岩、凸镜状灰岩的地层体。产菊石、双壳类等。

拉贡塘组分布于班戈—那曲—洛隆—八宿一带，自西而东由近东西向转为北西向延伸。岩性为灰-灰黑色的页岩、粉砂岩与砂岩、泥岩的不等厚互层。其中的砂岩一般以成熟度较高的石英砂岩为主。砂、页岩常组成韵律层。页岩中普遍含菱铁质或铁泥质结核，出露厚度350～7155m。产菊石、双壳类及少量腹足类、腕足类、珊瑚、海胆、海百合茎等化石，局部还产植物化石碎片。局部夹陆相地层及火山岩，岩石基本未变质。上与多尼组不整合接触，下与桑卡拉佣组灰岩连续沉积。

在班戈地区，该组泥岩增多并夹砾岩及火山岩，在洛隆-八宿地区局部夹白云岩。地层厚度以边巴县尼木一带最厚，达 7155m，总体上西厚(1003～1748m)东薄(349～714m)。以浅海环境为主，上部为次深海环境，上部还夹陆相地层。普遍产游泳生物化石菊石，多数剖面都产固着蛤或底栖生物，如珊瑚、腹足类、腕足类等，洛隆—八宿一带有的剖面产植物化石或碎片，其上与多尼组常为平行不整合或不整合接触，但局部地区，如索县军巴和八宿加东也见二者为整合接触关系。

拉贡塘组产有菊石和双壳类化石，其中菊石可分为四个组合，由下而上分别为 *Macrocephalites-Dolikephalites* 组合、*Mayaites* 组合、*Aspidoceras* 组合和 *Virgatosphinctes denseplicatus* 组合(西藏自治区地质矿产局，1993)，上述菊石组合广泛见于欧洲和俄罗斯卡洛夫期—启莫里期地层中，因此，拉贡塘组时代为卡洛夫期—启莫里期。

二、羌中南与类乌齐-左贡地层分区

羌中南与类乌齐-左贡地层分区侏罗系发育较全，发育的地层主要有下侏罗统的曲色组，中侏罗统雀莫错组、布曲组、夏里组和上侏罗统的索瓦组和雪山组。

(一) 下侏罗统

下侏罗统曲色组(J_1q)是西藏自治区区域地质调查大队(以下简称西藏区调队)所创。曲色组主要分布于南羌塘地层分区，其岩性主要为大套浅海陆棚相灰色页岩，间夹粉砂岩及薄层灰岩。厚为172～1732m。该区岩性主要为灰色页岩，并夹有黄灰色薄层钙质粉砂岩及灰—深灰色中层状含生物屑泥晶灰岩，厚度为151.84m。从区域上看其下段岩性为一套灰—深灰色页岩夹黄灰色薄层粉砂岩。

研究区曲色组中未发现化石，但从其上覆地层雀莫错组中产中侏罗世孢粉化石，以及该组位于中侏罗世巴柔期菊石 *Dorsetensia* 之下等特征来看，曲色组上段的地质时代应属早侏罗世晚期。区域上，在班戈县色哇区该组岩性主要为深灰色粉砂岩、页岩，夹深灰色泥灰岩和微晶灰岩，产菊石和腕足类。曲色组下部产菊石：*Arietites rotiformis*, *Arnioceras* sp., *Psiloceras* sp., *Baucaulticeras* sp.；上部灰岩中产菊石：*Tiltoniceras* sp., *Maconiceras* sp., *Eleganticeras* sp., *Hildaites* sp.等(西藏自治区地质矿产局，1993)。曲色组菊石自下而上包含四个化石组合，大致代表了下侏罗统四个阶的层位：①*Psiloceras-Schloihemia* 组合，它们均为藏南普嘎组底部和隆子县日当组底部游唐阶的标准化石分子；②*Ariatites-Suiciferites* 组合，与欧洲辛涅缪尔阶的 *Arnoceas seruicostatum* 带和 *A. buckland* 带可以进行对比，与广东的金鸡组、藏南的日当组辛涅缪尔期亦可对比；③*Lytoceras* cf. *fimbriatum* 层，该化石在藏南日当组中与 *Prodactylioceras* 共生，时代为普林斯巴赫期；④*Hildoceras-Tiltoniceras* 组合，与法国巴黎盆地的同期化石带相似，由上所述，曲色组所含菊石动物时代应包括赫唐期—托尔期。

(二) 中侏罗统

1. 雀莫错组(J_2q)

雀莫错组一名系青海省区域地质调查大队(以下简称青海省区调队)所创，代表雁石坪群下砂群下砂岩组沉积，为大套杂色碎屑岩。在研究区内，雀莫错组分布较广。在该区西部的双湖地区，该组可分为两段：一段主要岩性为灰色、浅灰色页岩与浅灰色薄层细粒石英砂岩互层，夹少量灰色薄-中层状泥晶灰岩，实测剖面厚 428.9m；二段岩性主要为浅灰色薄层泥(页)岩夹浅灰色薄层泥晶灰岩、泥灰色薄层钙质粉砂岩，实测剖面厚 146.92m，区域厚约 400 余米，该区内雀莫错组岩性、岩相及颜色与其建组标准地区有些差别，与土门地区的雀莫错组也不相同，这可能与本区该时期水体比标准雀莫错组形成时水体深些有关，该组与下伏的下侏罗统曲色组呈整合接触。

在土门地区，雀莫错组可分为三段：一段主要为深灰色、灰色泥岩，夹紫红色薄层粉砂质泥岩及灰色中层泥晶灰岩，区域厚度 1197m；二段为灰色、深灰色中层泥晶灰岩、微晶灰岩及亮晶颗粒灰岩，厚约 178m；三段以灰色、灰黄色薄层泥岩为主，夹灰色、深灰色、灰黑色泥晶灰岩及颗粒灰岩，厚约 374m，本区内雀莫错组未见底。

本区雀莫错组中产有双壳类 *Camptonectes* (*C.*) *lens-Anisocardia* (*A.*) *togtonhensis* 组合、介形虫 *Darwinula-Metacypris* 组合、有孔虫 *Rhipidionina elliptica-Glomospira regularis* 组合、孢粉 *Neoraistrickia* 组合及菊石 *Dorsetensia* 层。此外，还产腕足类 *Burmirhynchia* cf. *shanensis*。以上组合多数显示了中侏罗世早期的面貌，其中双壳类 *Camptonectes* (*C.*) *lens-Anisocardia* (*A.*) *togtonhensis* 组合曾见于西藏聂聂雄拉群中部以及藏北地区雁石坪群下部(文世宣，1982；徐玉林等，1989)，同时也是古地中海地区中侏罗世巴柔期重要分子。*Dorsetensia*(道斯顿菊石)一属是中侏罗世巴柔期标准化石，在欧亚大陆及北非巴柔阶及其相当地层中有广泛分布(赵金科，1976)，此外，该属还见于西藏聂拉木县中侏罗统聂聂雄拉组(表 2-1)。

该组孢粉 *Neoraistrickia*(新叉瘤孢)组合中，*Neoraistrickia* 的含量较高(33%)，该属的出现及高含量是中侏罗世的重要特征，在西伯利亚、曼格拉克半岛、英国约克郡及瑞典等地均有类似特点。此外，*Neoraistrickia clavula* 还见于陕甘宁盆地的中侏罗统下部延安组，因此，从该孢粉组合来看，体现了中侏罗世早期的特点，且可以与新疆奇台北山中侏罗统西山窑组、陕甘宁盆地中侏罗统延安组孢粉组合对比。

综上所述，该区雀莫错组地质时代应中侏罗世巴柔期。该组与邻区地层对比关系见表 2-1。

2. 布曲组(J_2b)

布曲组一名系白海生(1989)所创，代表雁石坪群下石灰岩组沉积。在双湖地区，其主要岩性为灰色薄至中层状泥晶灰岩、夹灰色薄层泥灰岩及灰—灰绿色薄层钙质泥岩，局部含石膏假晶，厚 911.21m，与下伏雀莫错组呈整合接触。该区布曲组岩性与命名地点的布曲组基本相同，不同的是布曲组中化石没有命名地点布曲组化石丰富，这可能与该区布曲组多半形成于局限台地环境有关，底栖生物较为贫乏。在土门地区，布曲组主要为一套开阔台地相灰色、深灰色中—厚层泥晶灰岩、泥灰岩、鲕粒灰岩、核形石灰岩、生物屑灰岩夹钙质泥岩和粉砂质泥岩，厚 756～806m，与下伏雀莫错组呈整合接触。在巴青地区，布曲组主要为浅灰色、灰色中—厚层亮晶砂屑灰岩、核形石灰岩、生物屑灰岩及双壳类障积岩和泥晶灰岩，厚 222.7m，与下伏雀莫错组呈整合接触。

该区布曲组中产腕足类 *Burmirhynchia*(缅甸贝)-*Homoeorhynchia bolinensis*(波林同嘴贝)组合、双壳类 *Pseudotrapezium cordiforme-Homomya gibbosa* 组合、有孔虫 *Glomospira—Glomospirella* 组合等。以上化石组合多数显示了中侏罗世中期的面貌，其中，腕足类 *Burmirhynchia*(缅甸贝)-*Homoeorhynchia bolinensis*(波林同嘴贝)组合是中侏罗世标准化石组合，其中 *Homoeorhynchia bolinensis* 是下—中侏罗统重要分子，而 *Burmirhynchia* 则是中侏罗统标准化石，主要出现与中侏罗世巴通期。鉴于该区布曲组位于巴柔期的雀莫错组之上，故该腕足类组合时代应为巴通期。

双壳类 *Pseudotrapezium cordiforme-Homomya gibbosa* 组合中的绝大多数分子为古地中海地区中侏罗世的重要分子(文世宣，1982)，它们在藏北地区也均有分布，且多出现于中侏罗世巴通期。其中，*Pseudotrapezium cordiforme*(心形假梯哈)是中侏罗世常见和重要分子，见于藏东中侏罗统柳湾组及藏北和藏南中侏罗统中(徐玉林等，1989)。

有孔虫 *Glomospira-Glomospirella* 组合与西藏南部聂拉木地区中侏罗世中—晚期同名组合(徐玉林等，1989)相当，从其组合特征以及产出层为特征来看，该组合时代应相当于中侏罗世巴通期。

综上所述，研究区布曲组地质时代应属中侏罗世巴通期。

3. 夏里组(J_2x)

夏里组一名系青海省区调队所创，代表雁石坪群上砂岩组沉积，为大套杂色碎屑岩夹膏岩。在双湖地区，夏里组岩性主要为一套灰色薄层泥岩、浅灰色薄至中层状粗粉砂岩及灰色薄至中层状细粒石英砂岩互层，局部夹灰色薄层亮晶生物屑灰岩、鲕粒灰岩，厚 617.59m。该组与下伏的布曲组呈整合接触。研究区双湖地区夏里组的岩性、岩相及颜色与命名地点的夏里组杂色碎屑岩夹膏岩不完全相同，此外在古生物化石含量也相差甚远，该区夏里组中产较丰富的底栖型双壳类化石。这可能与夏里组形成时水体较深些有关。在土门地区，夏里组与命名地区的岩性基本相同，以一套杂色砂岩、粉砂岩和泥岩为主，并夹有灰白色薄—中层石膏岩和泥晶灰岩为特征，其中的石膏岩夹层厚度为 37.6～93.7m，且在区域上分布稳定，是一个良好的标志层，同时也是良好的油气盖层。该组与下伏的布曲组呈整合接触。

该区夏里组中产有双壳类：*Parvamussium subpersonatum*(近装小盾海扇)-*Protocardia lycetti*(李氏始心蛤)-*Pholadomya socialis qinghaiensis*(青海笋海螂)组合，菊石：*Erymnoceras coronatum*(疣壮菊石)层、孢粉 *Cyathidites*(桫椤祖孢)-*Osmundacidites*(紫箕孢)-*Deltoidospora*(三角孢)组合，以及有孔虫：*Textularia dollfussi* 组合等。以上化石组合多数显示了中侏罗世晚期面貌，其中双壳类 *Parvamussium subpersonatum-Protocardia lycetti-Pholadomya socialis qinghaiensis* 组合中绝大分部分子均为藏北中侏罗世晚期即卡洛期双壳类组合的重要和常见分子(文世宜，1982)，该动物群同时亦是古地中海区中侏罗世晚期特征分子，因此，其时代属为中侏罗世卡洛期。

孢粉 *Cyathidites*(桫椤祖孢)-*Osmundacidites*(紫箕孢)—*Deltoidospora*(三角孢)组合与该区中侏罗世早期相比表现为：*Neoraistrickia* 消失，而 *Cyathidites* 和 *Osmundacitites* 大量增加，分别占 18%和 12%，它们产出于中侏罗世晚期，此外，出现了较多的 *Deltoidospora*，该属的出现体现了中侏罗世晚期的特点，该组合与新疆奇台北山中侏罗世晚期五彩湾组孢粉组合(刘兆生，1993)以及中国河北中侏罗世晚期龙山组孢粉组合(张望平，1989)相似，可以对比。因此，该区夏里组孢粉组合时代组合时代应为中侏罗世卡洛期。

此外，该区夏里组还产有菊石：*Erymnoceras coronatum*(疣壮菊石)化石层，*Erymnoceras*(壮菊石)属是中侏罗世晚期卡洛期重要分子，见于欧洲及古地中海地区相同层位。

综上所述，该区夏里组地质时代应为中侏罗世卡洛期。

(三) 上侏罗统

1. 索瓦组($J_{2\text{-}3}s$)

索瓦组一名系青海省区调队所创，代表雁石坪上石灰岩组沉积。在双湖地区，本组仅出露下段，主要岩性为：下部为灰色薄至中层状及中至厚层状泥晶灰岩；上部为浅灰色中—厚层状亮晶砂屑灰岩、亮晶含生物屑砂屑灰岩、亮晶核形石灰岩及砾屑灰岩，厚 619.9m，该组与其下伏的夏里组呈整合接触。在土门地区，索瓦组下部岩性主要为一套灰色、深灰色中至厚层状鲕粒灰岩及生物屑灰岩，上部为灰色薄至中层泥灰岩、泥晶灰岩夹生物屑灰岩和钙质泥岩，厚约 603.3m，与下伏夏里组呈整合接触。

关于索瓦组的地质时代，最早雁石坪群是划于中侏罗统(青海地质矿产局，1991；西藏自治区地质矿产局，1993)，近年来，随着青藏高原油气地质等工作的开展，随着新的古生物化石不断地被发现，在北羌塘地区，雁石坪群上石灰岩组—索瓦组中发现晚侏罗世菊石，故而将其时代划归于晚侏罗世。但在部分地区的索瓦组下部地层中仍然发现有中侏罗世标准化石即腕足类的 *Burmirhynchia*(缅甸贝)，因此，在整个青藏北部地区，索瓦组是一个穿时的地层单位，并且其时代由东向西、由北向南逐渐变新，由中侏罗世卡洛期晚期穿越到晚侏罗世。

土门地区索瓦组下部产腕足类 *Burmirhynchia-Holcothyris* 组合，上部产菊石 *Virgatosphinctes-Aulacosphinctes* 组合带、腕足类 *Thurmanella rotunda-Kutchithyris lingualris* 组合、双壳类 *Undulatula ptychorhynchia-Pholadomya socialis qinghaiensis* 组合、有孔虫 *Textularia zeaggluta-Glomospirella* 组合等。其中，*Burmirhynchia-Holcothyris* 动物群地质时代主要限于中侏罗世中—晚期(巴通期—卡洛期)，曾见于滇西、藏东中侏罗统及缅甸中侏罗统南瑶组(蒋忠惕，1983)。*Thurmanella rotunda-Kutchithyris lingualris* 组合中，前者曾见于班戈县北昂达尔错东南雁石坪群上部(孙东立，1981)和羌塘盆地白龙冰河及黑石梁等地索瓦组，后者在中—上侏罗统均有分布。菊石 *Virgatosphinctes-Aulacosphinctes* 组合带的命名分子均为晚侏罗世提塘期标准化石，它们曾见于西藏聂拉木县、定日县及岗巴县等地同期地层中。双壳类 *Undulatula ptychorhynchia-Pholadomya socialis qinghaiensis* 组合主要见于四川及西藏等地中—晚侏罗世地层中(徐玉林等，1989)。因此，土门地区索瓦组的地质时代应为中—晚侏罗世。

双湖地区索瓦组下段产腕足类 *Thurmanella rotunda-Kutchithyris dengqenensis*(丁青库奇贝)组合、有孔虫 *Textularia vulgaaris-T. zeaggluta* 组合。其中，前者曾见于西藏北部和青海南部及西藏阿里地区的札达县等地相同层位(孙东立，1982)，其中 *Thurmanella* 一属在欧洲常见于晚侏罗世牛津期，*Thurmanella pentaptycta*(五彩瑟曼贝)与欧洲西北部牛津阶底部的 *T. obtrita* 和 *T. acutcostata* 较接近。因此，该腕足类组合的地质时代为晚侏罗世牛津期。

有孔虫 *Textularia vulgaaris-T. zeaggluta* 组合中命名的分子曾见于西藏聂拉木地区的上侏罗统休莫组，*Glomospira perplexa* 和 *G. pavida* 在聂拉木侏罗系中均有分布(万晓樵，1989)，总体上来说，该组合基本体现了晚侏罗世特点。因此，该区索瓦组下段下部的地质时代应为晚侏罗世牛津期。

综上所述，研究区的索瓦组是一个穿越中侏罗世到晚侏罗世的地层单位，其层位由东到西、由北向南逐渐变新，同时也反映了海水逐渐由东向西海退的过程。

2. 雪山组(J_3x)

雪山组一名系蒋忠惕(1983)所创。该组在研究区主要分布于东部的土门地区和巴青地区，为一套河湖碎屑岩沉积。其岩性可分为两段：下段主要为紫红色、灰绿色粉砂岩、粉砂质泥岩与灰紫色细粒石英砂岩、长石石英砂岩互层，厚约665m；上段以紫红色、灰绿色、灰紫色石英砂岩、长石石英砂岩、长石岩屑砂岩为主，夹粉砂岩、粉砂质泥岩，偶夹细砾岩，厚444m。该组未见顶。

该区雪山组中产有孢粉 *Classopollis-Cycadopites* 组合，该组合中 *Classopollis* 占优势(53%)，高含量的 *Classopollis* 的出现多见于上侏罗统(张望平，1989)，尽管该孢粉组合中出现了个别早白垩世分子，但未见早白垩世典型分子如 *Cicatricosisporites* 等。从该组合的特征及雪山组的上下地层关系来看，其时代应属晚侏罗世晚期。

三、木嘎岗日地层分区

木嘎岗日地层分区侏罗系主要为东巧蛇绿岩群和沙木罗组，二者之间呈角度不整合接触。

(一)下—中侏罗统

下—中侏罗统东巧蛇绿岩群($J_{1-2}d$)由刘世坤等创名(青海地质矿产局，1997)，是指班公-怒江蛇绿岩带中段的东巧至安多一带自下而上由变形较强的橄榄岩、堆晶杂岩、席状岩墙群、枕状玄武岩及硅质岩和粉砂岩、页岩组成的一套特殊地层。

东巧蛇绿岩群西起奇林湖，东至那曲东侧，北达安多，南至纳木错。它属于班公-怒江蛇绿岩带的一部分。自下而上岩性为：①变质橄榄岩，都为方辉橄榄岩；②堆晶杂岩，由纯橄榄岩、异剥橄榄岩、异剥辉石岩、橄榄岩、橄长岩、含长橄榄岩、长橄岩、层状辉石岩、层状辉长岩及均质辉长岩组成；③席状岩墙群，岩性为辉绿岩、辉长岩、角砾状辉绿岩和石英粒玄岩；④枕状玄武岩；⑤放射虫硅质岩和硅质岩。

在东巧剖面中产有放射虫 *Sethcyrtis* sp.，*Dictyomitra* sp.，*Cenosphaera* sp.，*Archicapsa* sp.，不整合于其上的木嘎岗日群，所产珊瑚、水螅、层孔虫有 *Enallhelia* sp.，

Microsolena agariciformis, *Actinastrea* sp., *Spongiomorpha asiatica*, *Parastromatopora delicata*，时代为晚侏罗世，故说明东巧蛇绿岩群时代早于晚侏罗世。由于东巧蛇绿岩群的层序和岩性与丁青蛇绿岩群基本相似，因此，它们基本为同时期的产物（西藏自治区地质矿产局，1997），因此，推测其时代大致为早—中侏罗世。

（二）上侏罗统

上侏罗统沙木罗组（J_3s）由西藏区调队创名（西藏自治区地质矿产局，1997），命名地点在革吉县盐湖区沙木罗，是指平行不整合伏于朗山组灰岩之下的一套灰白色石英砂岩、含砾粗砂岩、粉砂岩夹钙质页岩、生物碎屑灰岩的地层。沙木罗组分布于革吉县阿翁错—盐湖一带，呈北西西向延伸，岩性为碎屑岩组合，产珊瑚、菊石、双壳类及有孔虫化石，为浅海沉积环境，未变质，出露厚度为 340～400m。

笔者等在安多县东巧区琼那和纳木错东岸各测制了一条沙木罗组剖面，前者不整合于东巧蛇绿岩群超基性岩体之上，下部为含煤碎屑岩沉积，上部为碳酸盐沉积，并发育了层孔虫生物礁。后者未见底，主要为一套灰色生物碎屑灰岩及核形石灰岩，也产有层孔虫化石。

在命名地点，沙木罗组产珊瑚：*Heliocoenia* cf. *orbignyi*, *H. Meriani*，*Dermoseris deloguboi*, *Stylina lobata*, *Thecosmilia magna*，*Axosmilia* cf. *marcou*, *Plesiosmilia* sp.；层孔虫 *Parastromatopora* sp., *Xizangstromatopora* sp.等。时代为晚侏罗世，主要为牛津期—基末利期。

在研究区，沙木罗组产大量层孔虫，有 *Cladocoropsis mirabilis*, *C.* cf. *mirabilis*, *C.* cf. *grossa*, *C.* sp., *Milleporella xizangensis*, *M. pruvosti*，*Milleporidium remesi*, *M. lamellatum* 等。可构成独立的 *Cladocoropsis mirabilis*（奇异枝状层孔虫）带，该种在西藏曾见于珠峰地区和双湖错尼一带上侏罗统牛津阶—基末利阶（董得源和王明洲，1983；王明洲和董得源，1984），在国外分布极为广泛，见于希腊、法国、意大利、日本及阿拉伯等地区的牛津阶—基末利阶。

第三节　生 物 地 层

研究区侏罗系中产有较丰富的生物化石。其门类有双壳类、腕足类、层孔虫、菊石、孢粉、介形虫六个门类，以下分别讨论各门类生物地层特征。

一、双壳类生物地层

研究区内侏罗系中双壳类较为丰富，主要产于雀莫错组、布曲组、夏里组和索瓦组中，可构成四个组合（表 2-2）。

表 2-2　西藏安多－巴青侏罗纪生物地层层序

地层系统						化石门类					
						双壳类	腕足类	菊石	孢粉	介形虫	层孔虫
侏罗系	上统	提塘阶、基末利阶	拉贡塘组	沙木罗组	雪山组				Classopollis-Cycadopites组合		
		基末利阶、牛津阶			索瓦组	Undulatula ptychorhynchia-Pholadomya socialis qinghaiensis组合	Thurmanella rotunda Kutchithyris dengqenensis组合，Burmirhynchia-Holcothyris组合	Virgatosphinctes-Aulacosphinctes组合带			Cladocoropsis mirabilis组合
	中统	卡洛阶	桑卡拉佣组	东巧蛇绿岩群(?)	夏里组	Parvamussium subpersonatum-Protocardia lycetti-Pholadomya socialis qinghaiensis组合		Erymnoceras coronatum层	Cyathidites Osmundacidites-Deltoidospora组合		
		巴通阶			布曲组	Pseudotrapezium cordiforme-Homomya gibbosa组合	Burmirhynchia-Homoeorhynchia bolinensis组合				
		巴柔阶—阿林阶	马里组		雀莫错组	Camptonectes lens-Anisocardia togtonhensis组合		Dorsetensia层	Neoraistrickia组合	Darwinula-Metacypris组合	
	下统				曲色组			Hildoceras-Tiltoniceras组合			
								Lytoceras cf. fimbriatum层			
								Ariatites-Suiciferites组合			
								Psiloceras-Schloihemia组合			

1. *Camptonectes*(*C.*) *lens*(扁豆岔线海扇)-*Anisocardia*(*A.*) *togtonhensis*(沱沱河)歧心蛤组合

该组合见于土门地区雀莫错组中上部，其组成除命名分子外，还有 *Anisocardia* (*A.*) cf. *minima*, *A*(*A.*) cf. *channoni*, *Gervillella orientalis*, *Isocyprina*(*I.*) *simplex*, *Liostrea* sp., *L. birmanica*, *Modiolus glacucus*, *Buchia* sp.等。其中，尤以 *Camptonectes* (*C.*) *lens* 最为丰富，其次 *Anisocardia* 一属亦较丰富，以上分子，尤其是命名分子，均为中侏罗世早期重要分子，该动物群曾见于聂聂雄拉群中部及藏北雁石坪群下部(文世宣，1982；徐玉林等，1989)，也是古地中海区巴柔期的重要分子，因此，该组合时代属中侏罗世早期(巴柔期)。在双湖地区，*Camptonectes* (*C.*) *lens* 与 *Astarte amdoensis* 组成了 *Camptonectes*(*C.*) *lens*-*Astarte amdoensis* 组合。

2. *Pseudotrapezium cordiforme*(心形假梯蛤)-*Homomya gibbosa*(膨凸同海螂)组合

该组合主要见于土门地区布曲组，其组成分子还有 *Pseudotrapezium* cf. *cordiforme*, *Liostrea* cf. *birmanica*, *L. jiangjinensis*, *Camptonectes*(*C.*) *lens*, *Plagiostoma* cf. *channoni*, *Modiolus imbricateaus*, *Anisocardia*(*A.*) cf. *channoni* 等。其中，以 *Pseudotrapezium cordiforme* 最为丰富，其次为 *Liostrea*。研究表明，*Pseudotrapezium cordiforme* 和 *P.*cf.*cordiforme* 主要限于中侏罗世中期(巴通期)(蒋忠惕，1983)。该组合中的绝大多数分子为古地中海区中侏罗世的重要分子(文世宣，1982)，它们在藏北同期地层中均有分布。该组合与腕足类 *Burmirhynchia*-*Holcothyris* 组合带伴生，因此，该组合时代应属中侏罗世中期(巴通期)。

在巴青地区，布曲组的双壳类可构成 *Camptonectes richei*(李奇岔线海扇)-*Protocardia stricklandi*(斯氏始心蛤)组合。在索县地区，柳湾组(桑卡拉佣组)中的双壳类可构成 *Entolium* cf. *disciforme*(盘形光海扇相似种)-*Liostrea* cf. *blanfordi*(布氏光蛎相似种)组合。

3. *Parvamussium subpersonatum*(近装小盾海扇)-*Protocardia lycetti*(李氏始心蛤)-*Pholadomya socialis qinghaiensis*(青海笋海螂)组合

该组合见于双湖地区夏里组中，其组成除命名分子外，还有 *Protocardia qinghaiensis*, *P.* sp.，*Anisocardia*(*A.*)cf. *channoni*，*Liostrea eduliformis*, *Lopha zadoensis*，*L. baqenensis*, *L. tifoensis*，*L.* cf. *tifoensis*, *Cuneopsis* sp., *C.* cf. *Johannisbohmi*, *Pleuromya spitiensis*, *P. subelongata*, *P. olduini*, *P.* cf. *crinata*, *Myopholas multicostata*, *Pseudotrapeziume cordiforme*, *Myophorella huhxilensis* 等，该组合以 *Parvamussium subpersonatum* 的大量产出为特征，其中大多数分子是青海南部和藏北中侏罗世卡洛期重要和常见分子(文世宣，1982)，同时亦古地中海区中侏罗世特征分子，也有一些分子是巴柔期及巴通期的常见分子。但从该组合的特征及产出来讲，其时代应为中侏罗世卡洛期。

4. *Undulatula ptychorhynchia*(翘鼻皱蚌)-*Pholadomya socialis qinghaiensis* (青海笋海螂)组合

该组合主要见于土门地区索瓦组中上部，其组成分子还有 *Lopha zadoensis*, *Pleuromya* cf.*uniformis*, *Liostrea birmanica*, *L.* sp., *Tancredia triangularis*, *Camptonectes*(*C.*) *lens*, *Anisocardia*(*Antiquicyprina*) *elongata*, *Pinna nyainrongensis*，*Lamprotula*(*Eolamprotula*) sp., *Pteroperna* sp.，*Undulatula* sp.等。该组合中除 *Liostrea birmanica*, *Camptonectes*(*C.*) *lens* 等常见于中侏罗世外，*Undulatula ptychorhynchia* 曾见于四川广元中—上侏罗统遂宁组，*Pholadomya socialis qinghaiensis* 见于西藏日土中—上侏罗统(徐玉林等，1989)，*Pinna nyainrongensis* 在土门 114 道班与晚侏罗世菊石

Virgatosphinctes-Aulacosphinctes 组合带共生，又因该双壳类组合位于腕足类 *Burmirhynchia-Holcothyris* 组合带之上，故该组合时代应属晚侏罗世。

二、腕足类生物地层

研究区内侏罗系中产有较丰富的腕足类化石，主要见于布曲组和索瓦组中，可构成三个组合(表 2-2)。

1. *Burmirhynchia*(缅甸贝)-*Homoeorhynchia bolinensis*(波林同嘴贝)组合

该组合产于双湖地区曲瑞恰乃布曲组中，以产少量的 *Burmirhynchia* 和 *Homoeorhynchia bolinensis* 为特征，其中，*Burmirhynchia* 是中侏罗世标准化石，且绝大数出现于巴通期，而 *Homoeorhynchia* 则多见于下—中侏罗统，因该腕足类组合位于雀莫错组二段菊石 *Dorsetensia* 层之上，夏里组菊石 *Erymnoceras coronatum* 层之下，故该组合时代应为中侏罗世巴通期。

2. *Burmirhynchia*(缅甸贝)-*Holcothyris*(沟孔贝)组合带

该组合主要分布于土门地区布曲组及索瓦组下部，以 *Burmirhynchia* 和 *Holcothyris* 大量产出为特征，其主要组成分子有 *Burmirhynchia asiatica*, *B. Shanensis*, *B. Cuneata*, *B. Trilobata*, *B. Quinquiplicata*, *B. Flabilis*, *Holcothyris golmudensis*, *H. Tanggulaica*, *H. Breviseptata*, *Kutchithyris dengqenensis*, *K. lingularis* 等。*Burmirhynchia* 和 *Holcothyris* 是中侏罗世标准化石，二者经常共生，构成著名的 *B-H* 动物群，而且主要限于中侏罗世中－晚期(巴通期－卡洛期)，它们曾见于滇西、藏东的柳湾组、和平乡组以及缅甸的南瑶组(蒋忠惕，1983)。因此，该组合的地质时代应属中侏罗世中—晚期。

3. *Thurmanella rotunda*(圆形瑟曼贝)-*Kutchithyris dengqenensis*(丁青库奇贝)组合

该组合带产于土门地区曲瑞恰乃索瓦组一段下部，以 *Thurmanella rotunda* 出现作为本组合带的开始，以 *Kutchithyris dengqenensis* 的消失作为本组合带之顶。该组合组成除命名分子外，还产有 *Thurmanella pentaptycta*, *T.* sp., *Kutchithyris* sp. 等，且以 *Thurmanella* 一属大量产出为特征，该属在欧洲见晚侏罗世牛津期，而该腕足类组合在西藏曾见于丁青县、藏北、青海南部及阿里地区札达县的晚侏罗世早期地层中(孙东立，1982)。因此，该组合带时代应为晚侏罗世牛津期。

三、层孔虫生物地层

研究内层孔虫主要位于土门地区哈日埃乃索瓦组和安多东巧地区的上侏罗统沙木罗组，可构成一个层孔虫带，即 *Cladocoropsis mirabilis*(奇异枝状层孔虫)带。

该带组成分子还有 *C.* cf. *Mirabilis*, *C.* cf. *Grossa*, *C.* sp., *Cladocoropsis mirabilis*,

Milleporella xizangensis, *Milleporella xizangensis*, *M. Pruvosti*, *Milleporidium remesi*, *M. lamellatum* 等。其中，以 *C. mirabilis* 大量产出为特征，该种在西藏曾见于珠峰地区和双湖错尼一带上侏罗统牛津阶—基末利阶(董得源和王明洲，1983；王明洲和董得源，1984)，在国外分布极为广泛，见于希腊、法国、意大利、日本及阿拉伯等牛津阶—基末利阶，鉴于该化石带位于牛津期腕足类 *Thurmanella rotunda*- *Kutchithyris dengqenensis* 带之上，故将该层孔虫带时代置于基末利期为宜。

四、菊石生物地层

研究区菊石较少，主要见于雀莫错组、夏里组和索瓦组，可构成三个生物组合(表 2-2)。

1. *Dorsetensia*(道斯顿菊石)层

该菊石层见于土门地区莫巴拉卡吐雀莫错组二段，以 *Dorsetensia* 较丰富为特征，属种较单调，该属是中侏罗世柔期标准化石，在欧亚大陆及北非巴柔阶及其相当地层中有广泛分布(赵金科，1979)，在西藏曾见于聂拉木县中侏罗统聂聂雄拉群中组(徐玉林等，1989)。因此，该菊石层地质时代为中侏罗世巴柔期。

2. *Erymnoceras coronatum*(疣壮菊石)层

该菊石层产于土门地区夏里组中，以 *Erymnoceras coronatum* 产出为特征，且属种单调。*Erymnoceras* 一属是中侏罗世卡洛期标准化石，广泛发育于欧洲及古地中海地区卡洛期地层中(赵金科，1979)。在西藏曾见于聂拉木及定日县中侏罗世卡洛期地层中，因此，该菊石层时代为卡洛期。

3. *Virgatosphinctes*(束肋菊石)-*Aulacosphinctes*(沟旋菊石)组合带

该组合带见于土门地区索瓦组中部,其组成分子主要有 *Virgatosphinctes holdhausi*, *V.* sp., *Aulacosphinctes hollandi*, *A.* cf. *hollandi*, *Kellawaysites* sp., *Dolikephalites* sp.?, *Haplophylloceras* sp.等。其中，*Virgatosphinctes* 和 *Aulacosphinctes* 是晚侏罗世提塘期标准化石，该组合带曾见于西藏聂拉木县、定日县及岗巴县等地同期地层中(王思恩等，1985)。因此，该组合带地质时代应属于晚侏罗世。

五、孢粉生物地层

研究区侏罗纪孢粉主要见于雀莫错组、夏里组和雪山组中，可构成三个组合(表 2-2)。

1. *Neoraistrickia*(新叉瘤孢)组合

该孢粉组合主要见于双湖地区南部的雀莫错一段和二段，其组成分子主要为 *Neoraistrickia clavula*, *N.* sp., *Cedripites minilatulus*, *Pinuspollenites* sp., *Osmundacidites* cf. *wellmanii*, *Psophosphaera minor*, *Protopinus subloferus*, *Picea* cf.

complesmiliformis, Pseudopicea, Walchinites gradotus 等。其中，以 *Neoraistrickia* 的高含量为特征，约16.6%。研究表明，*Neoraistrickia* 高含量是中侏罗世重要特征，这种现象见于西伯利亚俄曼格什拉克半岛和瑞典中侏罗世及英国约克郡中侏罗世早期(刘兆生，1993)，在我国见于陕甘宁盆地中侏罗统延安组。由此可见，该组合时代应为中侏罗世早期。

2. *Cyathidites*(桫椤孢)-*Osmundacidites*(紫萁孢)-*Deltoidospora*(三角孢)组合

该组合主要见于研究区夏里组中，根据其组合特征进一步可分为两个亚组合：*Cyathidites-Osmundacidites* 亚组合和 *Podocarpidites-Deltoidospora* 亚组合。

1) *Cyathidites*(桫椤孢)-*Osmundacidites*(紫萁孢)亚组合

该组合见于双湖地区曲瑞恰乃夏里组，其组成较丰富，主要分子有：*Cyathidites minor, C. austrillisc, C.* sp., *Deltoidospora microlepioides, Lycopodiumsporites* sp., *Inaperturopollenites* sp., *I. fossus*， *Psophosphaera minor, Cycadopites subgranulosus, Podocarpites* cf. *minisculus, Quadraeculina* sp., *Q.* cf. *engmata., Osmundacidites* sp., *Chasmatosporites* cf. *eleagans, C. aspertus, C.* sp., *Callealasporites* sp., *C. dumperi, C. segmentatus* 等。该组合与雀莫错组孢粉组合相比，表现为 *Neoraistrickia* 消失，以 *Cyathidites* 和 *Osmundacidites* 大量增加为特征，该组合与新疆奇台北山中侏罗世晚期五彩湾组孢粉组合(刘兆生，1993)以及河北中侏罗统上部龙山组孢粉组合(张望平，1989)相似，其层位相当，可以对比。因此，该组合时代相当于中侏罗世卡洛期。

2) *Podocarpidites*(罗汉松粉)-*Deltoidospora*(三角孢)亚组合

该组合主要见于土门地区夏里组，其组成分子有 *Podocarpidites* sp., *Deltoidospora* sp., *Pseudopicea* cf. *variabiliformis* 和 *Calamospora* sp.等。其中，以 *Podocarpidites* 和 *Deltoidospora* 占优势，前者曾见于陕甘宁盆地中侏罗统(王思恩等，1985)，且为重要和常见分子，后者为中侏罗世指示分子，除见于辽宁南票地区中侏罗统上部外，还见于新疆奇台地区及河北地区中侏罗统上部(刘兆生，1993)，并为重要分子。从该组合特征来看，其时代应属中侏罗世晚期。

3. *Classopollis*(克拉梭粉)-*Cycadopites*(苏铁粉)组合

该组合见于唐古拉山口地区雪山组上部，其组成分子有 *Classopollis* sp., *Cycadopites* sp., *Lygodiumsporites* sp., *Osmundacidites* cf. *Osmundaeformis, Hekousporyes* sp., *Podocarpidites* sp., *Psophosphaera* cf. *Pseudolimbata, Caytonpollenites* sp.及 *Gabonisporis vigourrouxi* 等。其中，以 *Classopollis*(53%)和 *Cycadopites*(21%)占优势。该组合见于山东省中侏罗统蒙阴组。研究表明，*Classopollis* 的高含量是我国晚侏罗世孢粉的显著特色(张望平，1989)，如山西的安定组、辽西的土城子组，浙西的寿昌组下段、云南澜沧的南甸红层、四川和湖北的蓬莱镇组等，这些地层中所获得的 *Classopollis* 的平均含量均在50%以上，此外，英国、波兰、俄罗斯、

荷兰等国家晚侏罗世孢粉组合中皆以 *Classopollis* 花粉极其丰富为特征(张望平，1989)。研究区该组合中虽然出现个别早白垩世分子，如 *Gabonisporis vigourrouxi*，但未见早白垩世典型分子如 *Cicatriccosisporites*。目前，从孢粉组合来看，晚侏罗世和早白垩世组合的主要区别是前者以 *Classopollis* 大量出现及 *Cicatriccosisporites* 含量很少甚至没有为特征；后者则不仅 *Cicatriccosisporites* 数量多，而且种类也复杂。因此，研究区的 *Classopollis-Cycadopites* 组合时代应属晚侏罗世。此外，从雪山组的上下地层关系来看，该组合应属晚侏罗世晚期。

六、介形虫生物地层

研究区内介形虫较少，主要产于土门地区桌栽宁日埃的雀莫错组中，可构成一个组合(表 2-2)。

Darwinula(达尔文介)-*Metacypris*(园星介)组合的组成分子主要有 *Darwinula* sp., *Metacypris* sp., *Cyclocypris* sp., *Damonella* sp.和 *Limnocythere* sp.。其中，*Limnocythere* 从侏罗纪开始出现，属半咸水类型或淡水类型，曾见于四川会理中侏罗统(王思恩等，1985)，*Metacypris* 从中侏罗世开始出现，*Damonella* 主要繁盛于白垩纪，个别出现于中—晚侏罗世。该介形虫组合总体上体现了中侏罗世面貌，仅掺入个别早白垩世分子，且与中侏罗世早期双壳类 *Camptonectes*(*C.*) *lens*-*Anisocardia*(*A.*) *togtonhensis* 共生，故其时代属中侏罗世早期。

七、放射虫生物地层

研究区内放射虫较少，主要产于安多东巧的东巧蛇绿岩群中，可构成一个组合。

Paronaella-Spongocapsa 组合的组成分子主要有 *Paronaella* sp., *P. mulleri*?, *Spongocapsa* cf. *palmerae*, *Orbiculiforma* sp., *Pseudoeucyrtis* cf. *tenuis*, *Orbiculiforma* sp.和 *Crucella* sp.。其中，除了 *Pseudoeucyrtis* 出现于晚侏罗世—早白垩世外，其余化石均为晚侏罗世标准化石，见于北美、西藏南部等地(杨群，1990)。该组合的面貌同西藏日土县晚侏罗世放射虫面貌相近，可以对比，其时代属于晚侏罗世。

第三章　造礁生物及群落古生态特征

研究区的侏罗纪造礁生物类型主要为层孔虫、双壳类和六射珊瑚等。其中，中侏罗世造礁生物主要为六射珊瑚、层孔虫和双壳类；晚侏罗世的造礁生物为层孔虫，其次为六射珊瑚。总体来讲，侏罗纪造礁生物以层孔虫最为丰富，它们代表了泥盆纪晚期层孔虫大量灭绝之后首次复苏和辐射的类型，其形态和种类多样；而六射珊瑚以块状群体丛状群体和为主；双壳类单体属于固着生活的生态类型，尽管上述三种生物均为造礁生物，但它们的生态特征均有差异，以下分别介绍。

第一节　造礁生物类型和个体生态特征

一、层孔虫

层孔虫是研究区主要造礁生物，见于索县中侏罗统和安多东巧上侏罗统。

(一)形态类型及构造特征

区内层孔虫的宏观形态可分为三大类，即枝状、筒状-柱状和块状，它们主要分布于索县桑卡拉佣组和安多县东巧区沙木罗组中。共骨枝状含量占优势，并为主要的造礁生物。

1. 枝状层孔虫

该类层孔虫仅见于安多县东巧沙木罗组，宏观上呈共骨枝状，有的稍弯曲。以 *Cladocoropsis*(图版Ⅱ-1～6)为代表，其共骨呈细小的枝状，以纵向骨骼为主，常呈板状向上、向外展开生长，纵向骨骼之间常为横向突出物所连接，其枝体横切面多为圆形、椭圆形，直径为 3～5mm，长度为 0.5～6cm 不等，多为 1.5～4cm。其含量十分丰富，占岩石的 40%～60%。枝状层孔虫原地固着生长，呈垂直或倾斜状态保存，灰泥为其主要捕获物。

2. 筒状-柱状层孔虫

该类层孔虫见于安多东巧沙木罗组和索县桑卡拉佣组中，以 *Milleporidium cylindricum*(图版Ⅱ-11，图版Ⅲ-3～5)，*Parastromatopora memoria naumanni*(图版Ⅰ-1，2，图版Ⅲ-6，7)为代表，据宏观形状不同可分为两种类型。

(1)筒状层孔虫：该类层孔虫共骨呈柱状或筒状，柱体中心往往有一中央腔，该类层孔虫主要见于安多东巧沙木罗组，其共骨呈放射状向外分布，其放射状角度较小，接近于平行，横板发育，其横切面呈圆形或椭圆形，直径为 9.5～14.5cm，灰泥为中腔内的充填物，少数为生物屑及亮晶方解石，其中 *Milleporidium cylindricum* 居多。这两类层孔虫在研究区第一次发现，然而在日本地区成了上侏罗统重要造礁生物。

(2)柱状层孔虫：其骨骼可以分为轴区网状构造和边缘区网状构造，纵横切面呈圆或者椭圆形，直径为 1～1.8cm，长为 5.5～7.5cm，以 *Parastromatopora memoria naumanni* 为代表，该类层孔虫主要见于索县桑卡拉佣组。

3. 块状层孔虫

在上侏罗统沙木罗组，块状层孔虫主要由 *Milleporella*（图版Ⅱ-8）、*Xizangstromatopora*（图版Ⅱ-7，9，10，12）和 *Parastromatopora* 等组成，其形状主要是层状、盘状和球状等。骨骼多为横向生长，呈层状但不连续。一些纵向骨骼也生长其间，呈板状或柱状。有一些层孔虫的横向骨骼和纵向骨骼相互连接，组成共管构造。这种共管宽而直，星根不发育，如 *Milleporella* 等。还有一些层孔虫的共骨构造主要由纵向骨骼所组成，它们往往不规则地交织在一起，形成圆形的共管或形成具有许多横板的共间。

(二)生态特征

层孔虫是一类营群体生活的海洋底栖固着型动物，其硬体构造较为复杂，具有星根、轴柱、共骨、中柱、泡沫组织、虫室及骨素等构造，并具有典型的层状构造，为层孔虫阶段生长的产物。其群居的软件组织位于众多的虫室内，且能分泌钙质骨骼。层孔虫固着于硬底上生活，靠从流动的水体中滤食微生物或有机养料为生，其要求的生态环境为温暖、清洁、氧和光线为充足、循环较好的正常浅海。尽管层孔虫生存的环境大体相似，但不同形态的层孔虫生存的微环境有差异。在该区中，枝状层孔虫如 *Cladocoropsis* 等圆枝状体直径细小，不利于生活于高能环境，一般生活于水体相对安静的环境中，这一结论由其枝状体间多为泥晶方解石充填得到证实。而筒状层孔虫和块状层孔虫因共骨较结实，可形成抗浪格架，其生态环境的能量为相对高的水体，这一结论由其共骨间含有(充填)一定数量的生物碎屑和粉屑等颗粒甚至有亮晶方解石等得到证实。

二、六射珊瑚

六射珊瑚也是研究区主要造礁生物，主要见于索县中侏罗统，少量见于安多东巧上侏罗统。

(一)形态、构造特征

研究区造礁生物中，六射珊瑚以 *Schizosmilia rollieri* 和 *Actinastraea* 为代表。

前者出现在索县桑卡拉佣组生物礁中，后者见于东巧沙木罗组。其中 *Actinastraea* 呈块状复体，个体为多角状，一般为六角形，直径为 2.5～3.0mm。个体中的隔壁分为二级，其中一级隔壁较长，到达中央并相交。二级隔壁长达一级隔片的 2/3。个体中央具有轴部构造，其中轴呈柱状。另一种六射珊瑚 *Schizosmilia rollieri* 呈丛状复体，个体横截面呈圆-椭圆形（图版 I -3～5），直径为 25～30mm，具有二级隔片，一级隔片长，并在中心相交，二级隔片的长度为一级隔片的 2/3～4/5。轴柱呈蠕虫状，在地层中呈原地生长状态保存，其功能是原地固着生长，形成坚实的抗浪格架，障积和吸附灰泥及碳酸盐颗粒，形成骨架礁。

（二）生态特征

群体六射珊瑚是一类典型底栖固着型动物，其摄食方式亦为滤食，靠口周围的一圈或多圈触手摆动引起水流进入口中，然后滤食水体中所携带的食物和氧等。其生活环境与层孔虫相似。该区内 *Actinastraea* 和 *Schizosmilia rollieri* 与筒状和块状层孔虫共生，生活于能量相对较高，温暖、清洁、氧和光线充足，循环较好的正常浅海中。块状群体的六射珊瑚在原地固着生长，形成牢固的抗浪结构，称之为骨架礁。笙状群体的六射珊瑚向上竖直或倾斜生长，也可以组成骨架礁，但它们的个体之间有一定间隙，可障积和吸附灰泥及其他碳酸盐颗粒。

三、双壳类

双壳类是研究区主要造礁生物之一，主要见于巴青县中侏罗统。

（一）形态构造特征

在研究区的巴青县马如乡，能够造礁的双壳类分布在中侏罗统布曲组。其造礁生物主要是 *Liostrea*（图版 I -6—8），它有些像现代滨海滩上的牡蛎，固着在海底生活。它有两个较厚的壳体，壳形已经特化。其中左壳较大，壳体向外凸出，固着在海底；右壳较小，比较扁平，附着在左壳的上面。经过特化后，左壳强化为壳室，供软体居住；右壳弱化变得较小，起到口盖的作用。

（二）个体生态特征

双壳类 *Liostrea* 多呈原地固着保存状态，它们一般以左壳固着在坚硬的基底上，右壳特化成口盖，通过口盖的右壳一张一合，使水体流动并进入壳内，这样它就从海水中不断过滤微生物和有机质，以此作为食物。当遭遇敌害或水体浑浊时，扁平的右壳就盖在固着的左壳上，以此保护软体组织。*Liostrea* 的适应能力较强，比较浑浊及咸化的环境下也能生存。但是，*Liostrea* 要生长为生物礁则需要相对温暖富氧的生态环境，而且还需要阳光充足、食物丰富。在符合条件的滨海滩上或远离海岸的浅滩环境中，*Liostrea* 能够大量繁殖，作为障积体不断长高长大，成为生物礁。

第二节　造礁群落古生态学

群落古生态学研究那些占有相同或相似的生态位、组成稳定的生态单位并代表相同生态环境的生态群体的有机组合。造礁群落是群落最典型的体现，因为造礁群落中的大部分生物大都是固着生活的，其中的生物均有各自的生态位，每个群落具有较清晰的边界，死亡后的造礁生物群均属于典型的原地埋葬生物群，所以，对造礁群落的研究具有重要的古生态学和古环境意义。

本节通过对研究区造礁群落的研究，不仅可以用于古环境的分析，而且为研究区的古气候、古地理及古大地构造的研究提供重要的依据。通过对盆地内不同地区群落古生态学及群落演化研究可以恢复盆地演化的历史。以下将详细介绍在东巧、巴青、索县三地生物礁的造礁群落及其演化情况。

一、造礁群落的划分

因篇幅原因，本书仅对生物礁内的造礁生物群落进行识别和划分，不包括生物礁地层中的所有生物群落。

(一) 索县造礁生物群落划分

索县的造礁群落主要分布于桑卡拉佣组中，包括三个生物群落。

1. *Schizosmilia-Parastromatopora* 群落

该群落主要见于索县中侏罗统桑卡拉佣组中(图 3-1 中的 A)，其下为生物礁的礁基，由生物碎屑灰岩组成，之上为 *Parastromatopora* 群落，这两个群落间的边界较清晰。

组成：本群落的组成分子主要有六射珊瑚 *Schizosmilia rollieri*, *S.* Sp.等和柱状层孔虫 *Parastromatopora memoria naumanni*, *P. Compacta*, *P.* sp.。

结构与功能：在该群落中，*Schizosmilia* 为优势分子，其丰度为 60%～70%，在岩石中多呈垂直或倾斜状态保存，少数呈躺卧状态，组成了礁体的骨架。其生态功能是原地固着生长，障积和吸附灰泥，是群落中的建设者，为群落创造了稳定的生态环境。*Parastromatopora memoria naumanni* 为群落的特征分子，同时也是亚优势分子，丰度为 20%～30%，其生态功能与 *Schizosmilia* 基本相同。块状层孔虫 *Milleporella pruvosti* 在该群落中含量极少。腕足类 *Tubithyris globata* 及双壳类 *Lopha solitaria*，*Chlamys baimaensis* 为该群落的居礁生物，它们基本属于固着生活。

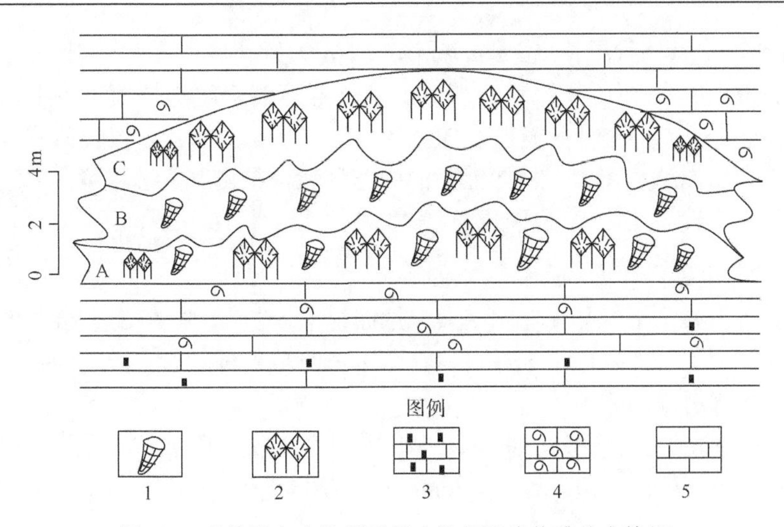

图 3-1　索县城东中侏罗世桑卡拉佣组生物礁分布特征

1. 柱状层孔虫；2. 六射珊瑚；3. 砂屑灰岩；4. 生物屑灰岩；5. 泥晶灰岩

A. *Schizosmilia-Parastromatopora* 群落；B. *Parastromatopora* 群落；C. *Schizosmilia* 群落

生态环境分析：在该群落中，营底栖固着型生物占100%，六射珊瑚 *Schizosmilia*、层孔虫 *Parastromatopora* 直接固着海底生活，腕足类 *Tubithyris* 以肉颈附着海底，*Lopha* 以壳体固着，*Chlamys* 可能以足丝附着生活。这些固着生活的生物靠流动的水体带来营养和食物为生。由于六射珊瑚 *Schizosmilia* 属于从状复体，其抵抗水动力强度较大，但由于 *Parastromatopora* 的柱体直径仅为 1～1.5cm，因此难以抵抗很强的水动力。综合上述因素认为，该群落代表的生态环境应为温暖、清洁、氧和光线较为充足、循环较好水体稍深的正常浅海，水深为 10～20m。

2. *Parastromatopora* 群落

该群落主要见于索县中侏罗统桑卡拉佣组中(图 3-1 中的 B)，群落的顶、底边界清晰，之下为 *Schizosmilia-Parastromatopora* 群落或其形成的障积礁，之上为 *Schizosmilia* 群落或其形成的障积礁。

组成：该群落主要由柱状层孔虫组成，如 *Parastromatopora memoria naumarmi*, *P. Compacta*, *P.* sp.等，其次为腕足类 *Tubithyris globata*, *T. Whathyensis*, *Kutchithyris pingqua* 等。

结构与功能：在该群落中，*Parastromatopora memoria naumanni* 占绝对优势，其丰度为群落的 80%，并构成群落的优势分子，同时亦为特征分子，其次为 *P. compacta*。它们多数呈垂直层面的直立状态保存，平卧者很少。其生态功能是原地固着生活，障积和捕获灰泥，给群落创造了稳定的生态环境，与前一群落相比，该群落的构架相对较小(肖传桃等，2011，2014)。

生态环境分析：该群落也属于较典型的底栖固着生态型，营底栖固着型生物近于 100%，即以柱状层孔虫 *Parastromatopora* 大量繁盛为特色，它们多数呈垂直层面的直立状态保存，平卧者较少，由于该群落的空间构架相对较小，加之因 *Parastromatopora* 的柱体具有较小的直径(1～1.5cm)，因此，该群落难以抵抗很强的水动力，能适应于中—低等能量的生态环境，推测其生态环境应为温暖、清洁、氧和光线较为充足、循环较好正常浅海，水深为 15～25m。

3. *Schizosmilia* 群落

该群落主要见于索县中侏罗统桑卡拉佣组中(图 3-1 中的 C)，群落的顶、底边界清晰，之下为 *Parastromatopora* 群落或其形成的障积礁，其上为灰色薄至中层状泥晶灰岩组成的礁盖。

组成：该群落的组成分子主要为六射珊瑚 *Schizosmilia rollieri*，*S.* sp 等和腕足类 *Holcothyris elliptiyris*, *Kutchiyris lingularis*(肖传桃等，2011，2014)。

结构与功能：在该群落中，*Schizosmilia* 为优势分子，其丰度为 50%～60%，在岩石中多呈垂直或倾斜状态保存，是礁体的骨架生物。其生态功能是原地固着生长，障积和吸附灰泥，是群落中的建设者，为群落创造了稳定的生态环境。*Holcothyris elliptiyris* 和 *Kutchiyris lingularis* 为居礁生物，丰度为 20%～30%，但它们也是营固着生活。

生态环境分析：在该群落中，营底栖固着型生物为 100%，六射珊瑚 *Schizosmilia* 直接固着海底生活，腕足类 *Holcothyris* 和 *Kutchiyris* 以肉颈附着海底，其个体较大，壳体较厚等特征说明其适应的水体较浅。这些固着生活的生物靠流动的水体带来营养和食物为生。由于六射珊瑚 *Schizosmilia* 属于丛状复体，其复体呈圆形放射状，直径可达 25～30cm，能够抵抗强度较大的水动力，因此能够适应较浅的水体。综合上述因素认为，该群落代表的生态环境应为温暖、清洁、氧和光线较为充足，循环较好、水体稍深的正常浅海，水深为 10～20m。

(二)巴青造礁生物群落划分

巴青的造礁群落主要分布于乡雁石坪群布曲组中，包括两个生物群落。

1. *Liostrea* 群落

该群落主要分布于巴青县马如乡雁石坪群布曲组下部和顶部(图 3-2 中的 A)，与周围沉积岩层边界清晰，其下为亮晶生物碎屑组成的礁基，其上泥晶灰岩组成的礁盖。

组成：该群落组成分子主要有 *Liostrea birmanica*, *Camptonectes*(*Camptonectes*) *riches*, *Protocardia stricklandia*, *P.* cf. *stricklandia* 等。

结构与功能：*Liostrea* 是该群落的特征分子，同时也是优势分子，其丰度为 80%～90%，以左壳固着生长，多以双瓣壳一起保存，是群落的建设者，并为本

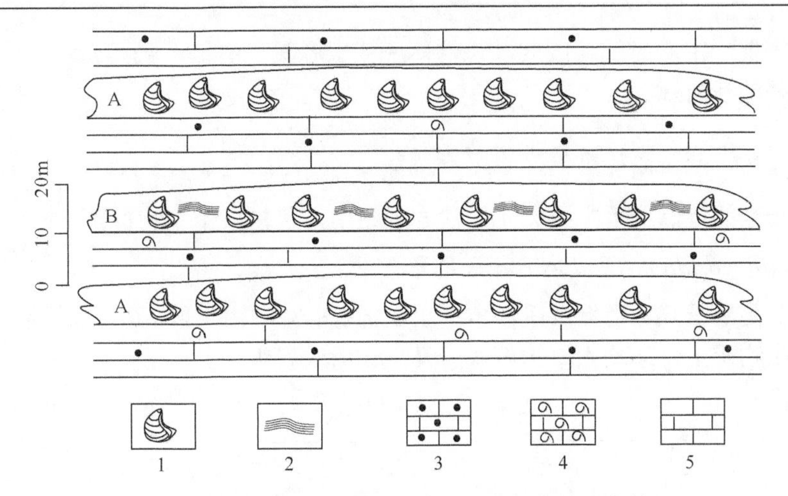

图 3-2　巴青马如地区中侏罗世布曲组生物礁分布特征

1. *Liostrea*；2. Cyanobacteria；3. 砂屑灰岩；4. 生物屑灰岩；5. 泥晶灰岩

A. *Liostrea* 群落；B. Cyanobacteria-*Liostrea* 群落

群落提供稳定生态环境。*Camptonectes*（*Camptonectes*）*riches* 为偶见分子，丰度为4%，该类生物足丝凹口明显，说明它以足丝附着于硬底或附着于 *Liostrea* 上生活，应属于居礁生物。*Protocardia* 则营底栖移动方式，丰度为 6%～10%，为居礁生物。

生态环境分析：在该群落中，营底栖固着生活的生物占 90%～95%，且以 *Liostrea* 占绝对优势，并形成了 *Liostrea* 障积礁，*Liostrea* 具有中等大小、壳体较厚等特征，说明该类生物能够适应水动力较强的水体，因此，推测该群落生态环境为温暖、清洁、循环较好、中等能量的正常浅海，水深为 15～25m。

2. Cyanobacteria-*Liostrea* 群落

该群落主要分布在巴青县马如乡雁石坪群布曲组中部（图 3-2 中的 B），与周围沉积岩层边界清晰，其下为亮晶生物碎屑与砂屑灰岩灰岩组成的礁基，其上为泥晶灰岩组成的礁盖。

组成：该群落的组成分子主要有 *Liostrea sublamellose*, *L. eduliformis*, *Camptonectes*（*Camptonectes*）*lens*, *Protocardia hepingxiangensis*, *Pseudetrapezium cordiforme* 和 *Pholadomya socialis qinghaiensis* 及蓝细菌 Cyanobacteria 等。

结构与功能：在该群落中，*Liostrea* 一属很繁盛，占明显优势，是优势分子，其丰度为 70%～80%，它以左壳固着并大量生长，为群落提供稳定生态环境。Cyanobacteria 为该群落的特征分子，其丰度为 15%～20%，其功能是黏结 *Liostrea* 和灰泥等作用，也属于群落的建设者。*Pholadomya* 为该群落的偶见分子，丰度为 2%，以营底栖移动方式生活。

生态环境分析：该群落中营底栖固着方式生活的生物为 70%～85%，且以 *Liostrea* 占绝对优势，且能够适应水动力较强的水体，而 Cyanobacteria 的存在说明水体需要一定的光线。因此，该群落应代表温暖、清洁、氧和光线较为充足、循环较好的浅滩。

(三)安多县东巧区造礁生物群落划分

东巧区的造礁群落主要分布于沙木罗组中，包括三个生物群落。

1. *Milleporidium-Cladocoropsis* 群落

该群落产于东巧上侏罗统沙木罗组中部(图 3-3 中的 I 号礁)，其顶、底边界清晰，生物礁上、下均由核形石灰岩及生物屑灰岩组成。

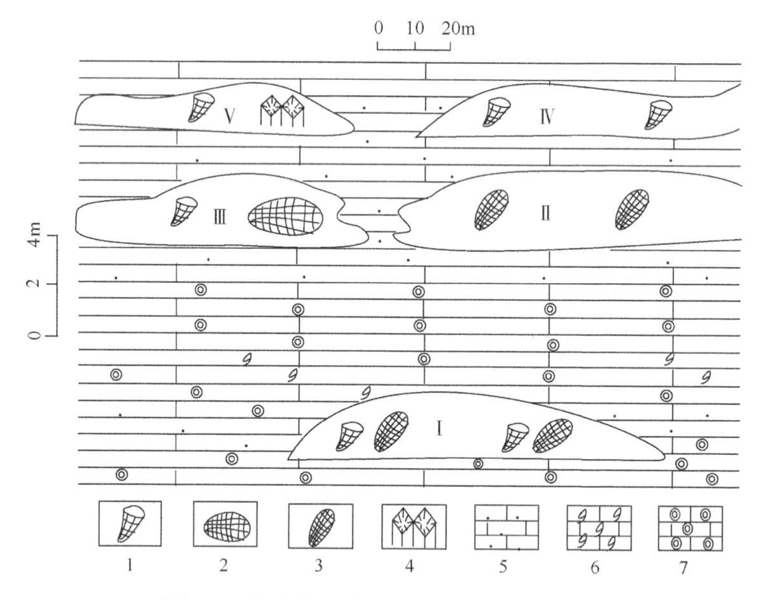

图 3-3 安多东巧晚侏罗世生物礁分布特征

1. 筒状层孔虫；2.块状层孔虫；3.枝状层孔虫；4. 六射珊瑚；5. 砂屑灰岩；6. 生物屑灰岩；7. 核形石灰岩

Ⅰ. *Milleporidium-Cladocoropsis* 群落；Ⅱ. *Cladocoropsis* 亚群落；Ⅲ. *Milleporidium-Milleporella* 亚群落；Ⅳ. *Milleporidium styliferum* 亚群落；Ⅴ. *Milleporidium-Actinatraea* 亚群落

组成：该群落的生物组成有枝状层孔虫：*Cladocoropsis mirabilis*；筒状层孔虫：*Milleporidium cylindrium*；块状层孔虫：*Milleporella pruvosti*；双壳类：*Ceratomya* sp. 等。

结构：在该群落中，*Cladocoropsis* 占群落的优势，其丰度为 60%～70%，在岩石中多呈垂直或倾斜状态保存，少数呈躺卧状态。其生态功能是原地固着生长，障积和吸附灰泥，是群落中的建设者，为群落创造了稳定的生态环境。*Millepridium cylindricum* 为群落的特征分子，同时也是亚优势分子，丰度为 20%～30%，其生态功能与 *Cladocoropsis* 基本相同。块状层孔虫 *Milleporella pruvosti* 在该群落中含量极少。双壳类 *Ceratomya* 为内生潜穴生活方式，为该群落的毁礁生物。

生态环境分析：在该群落中，营底栖固着型生物占 90%，营内生潜穴生活的生物约占 10%。其中，营底栖固着型生物主要为枝状层孔虫，其次为筒状层孔虫，它们均属于底栖固着，靠流动的水体带来营养和食物为生。又因枝状层孔虫肢体较细而且较长，因此，难以抵抗较强的水动力。综合上述因素认为，该群落代表的生态环境应为温暖、清洁、氧和光线较为充足，循环较好、水体稍深的正常浅海，水深为 10～20m(肖传桃等，2011，2014)。

2. *Cladocoropsis-Milleporidium-Milleporella* 群落

该群落以 *Cladocoropsis*、*Milleporidium* 和 *Milleporella* 的大量繁盛为特征，根据其分布特征和亚环境的不同，可以将本群落划分为两个亚群落，即 *Cladocoropsis* 亚群落和 *Milleporidium-Milleporella* 亚群落(表 3-2)。

1) *Cladocoropsis* 亚群落

该亚群落分布于东巧上侏罗统沙木罗组中上部(图 3-3 中的Ⅱ号礁)，其顶、底边界清晰，礁基和礁盖均由砂屑灰岩组成，该群落与 *Milleporidium—Milleporella* 亚群落相邻接。

组成：该亚群落的生物生物组成主要为枝状层孔虫 *Cladocoropsis* 一属，分为 *Cladocoropsis mirabilis* 和 *C. naoxi* 两个种，块状层孔虫和筒状层孔虫极少见。

结构：在该亚群落中，*Cladocoropsis* 占绝对优势，其丰度为群落的 95%，构成亚群落的优势分子，同时亦为特征分子，在礁岩中多数呈原地生长状态保存，少数呈躺卧状态。其生态功能是原地固着生活，障积和吸附灰泥，是亚群落中的建设者，给群落创造了稳定的生态环境。

生态环境分析：该亚群落属典型的底栖固着生态型，营底栖固着型生物近于 100%，且以枝状层孔虫 *Cladocoropsis* 的异常繁盛为特征，由于枝状层孔虫的枝较为细小，不能适应能量较强的生态环境，该亚群落的生态环境为温暖、清洁、氧和光线较为充足，循环较好但较为安静的正常浅海，水深为 15～25m(肖传桃等，2011，2014)。

2) *Milleporidium-Milleporella* 亚群落

该亚群落分布于东巧上侏罗统沙木罗组中—上部(图 3-3 中的Ⅲ号礁)，其顶、底边界清晰，礁基和礁盖均由砂屑灰岩组成，该群落侧向上与 *Cladocoropsis* 亚群落相邻接。

组成：该亚群落的生物组成有筒状层孔虫和块状层孔虫，其中筒状层孔虫有：*Milleporidium styliferum*, *M. kabrdinense*, *M. cylindricum*；块状层孔虫：*Milleporella*, *Xizangstromatopora*, *Parastrompora* 等；枝状层孔虫：*Cladocoropsis mirabilis*, *C. nanoxi* 等。其中，块状层孔虫为群落优势分子，其丰度为 35%～45%，在礁岩中多完好原地生长，直立状态保存，它们原地生长彼此相连接，抵抗水流，形成抗浪格架，为群落提供稳定的生态环境。筒状层孔虫为群落的特征分子，其丰度为

25%～30%，枝状层孔虫丰度为 15%～25%，它们的生态功能与块状层孔虫相同，均为原地固着生长，阻挡或捕获灰泥，形成抗浪格架。

生态环境分析：该亚群落也属于较典型的底栖固着生态型，营底栖固着型生物近于 100%，以块状层孔虫为主，其次为筒状层孔虫和枝状层孔虫，它们多数呈垂直层面的直立状态保存，平卧者较少。其中，块状层孔虫由于其体积大，抵抗波浪能量最强，筒状层孔虫次之，枝状层孔虫最弱。鉴于三种类型层孔虫的彼此共生的特殊情况，推测该亚群落生态环境应为温暖、清洁、氧和光线较为充足、循环较好的中—低能正常浅海，水深为 10～20m。

3. *Milleporidium-Actinatraea* 群落

该群落以 *Milleporidium* 和 *Actinatraea* 特别是前者的大量繁盛为特征，根据其分布特征和亚环境的不同，可以将该群落划分为两个亚群落，即 *Milleporidium styliferum* 亚群落和 *Milleporidium-Actinatraea* 亚群落。

1) *Milleporidium styliferum* 亚群落

该亚群落产于东巧上侏罗统沙木罗组上部(图 3-3 中的Ⅳ号礁)。生物礁的顶、底边界清晰，礁基由砂屑灰岩组成，礁盖由泥晶灰岩组成，该群落侧向上与 *Milleporidium-Actinatraea* 亚群落相邻接。

组成：该亚群落主要由筒状层孔虫组成，如 *Milleporidium styliferum*, *M. kabrdinense* 等，且以前者为主，枝状层孔虫极少。

结构：*Milleporidium styliferum* 在该亚群落中占绝对优势，其丰度为群落的 65%，并构成群落的优势分子，同时亦为特征分子，其次为 *M. kabrdinense*。它们多数呈垂直层面的直立状态保存，平卧者较少。其生态功能是原地固着生活，障积和捕获灰泥，给群落创造了稳定的生态环境。

生态环境分析：该群落也属于较典型的底栖固着生态型，营底栖固着型生物近于 100%，即以筒状层孔虫 *Milleporidium* 大量繁盛为特征，它们多数呈垂直层面的直立状态保存，平卧者较少。因此，能适应于能量较强的生态环境，推测其生态环境应为温暖、清洁、氧和光线较为充足、循环较好正常浅海，水深为 5～15m(肖传桃等，2011，2014)。

2) *Milleporidium-Actinatraea* 亚群落

该亚群落分布于东巧上侏罗统沙木罗组上部(图 3-3 中的Ⅴ号礁)，其顶、底边界清晰，礁基由砂屑灰岩组成，礁盖由泥晶灰岩组成，该群落侧向上与 *Milleporidium styliferum* 亚群落相邻接。

组成：该亚群落的生物组成有筒状层孔虫和六射珊瑚，其中筒状层孔虫有：*Milleporidium styliferum*, *M. kabrdinense*, *M. cylindricum*；六射珊瑚主要为 *Actinastraea* sp.。其中 *Actinastraea* 为群落优势分子，丰度为 40%～45%，块状复体的 *Actinastraea* 呈原地生长状态保存。其生态功能是原地固着生长，抵抗水流，形成抗浪格架，障积和吸附灰泥及碳酸盐颗粒，为亚群落提供稳定的生态环境。*Milleporidium* 为亚群落的特征分子，同时也是亚优势分子，丰度为 35%～45%，其生态功能是原地固着生长，障积和吸附灰泥。

生态环境分析：该亚群落属于典型的底栖固着生态型，营底栖固着型生物近于 100%，即以筒状层孔虫 *Milleporidium* 和 *Actinastraea* 大量繁盛为特征，它们均属底栖固着型滤食性生物，多数呈垂直层面的直立状态保存，平卧者较少。这两类造礁生物都能适应于能量较强的生态环境，推测其生态环境应为温暖、清洁、氧和光线较为充足、循环较好的正常浅海，水深为 5～15m(肖传桃等，2011，2014)。

二、造礁群落的演化

因生物礁分布于不同地层分区和不同层位，以下本书分别对三个地区的生物礁的造礁群落演化进行阐述。

(一)索县地区造礁群落的演化

索县地区生物礁主要见于柳湾组中，柳湾组大致可以分为两段：下段为碎屑岩与碳酸盐岩混合沉积；上段为颗粒灰岩、泥晶灰岩及生物障积岩沉积，这两段分别经历了一个海平面变化旋回。研究区生物礁发育于柳湾组上段，且生物礁的演化一般分为三个阶段，即奠基阶段、发育阶段和衰亡阶段，在奠基阶段中形成礁基，沉积物多表现为亮晶砂屑灰岩及生物屑灰岩，在生物礁的发育阶段中，造礁群落演化具有连续性(表 3-1)，即存在演替系列，反映了生物礁的发育与海平面的变化之间基本保持同步。

表 3-1　索县—巴青中侏罗世巴通期造礁群落及演化序列

统	阶	巴青造礁群落及演化形式		索县造礁群落及演化形式	
中侏罗统	巴通阶	*Liostrea*	取代	*Schizosmilia*	演替
		Cyanobacteria-*Liostrea*	取代	*Parastromatopora*	演替
		Liostrea		*Schizosmilia-Parastromatopora*	

在桑卡拉佣组一段形成之后，该区进入了第二个海平面变化旋回，同时，生物礁的发展进入了发育初期阶段，由于海平面的广泛上升，抑制了碎屑物质向盆地的带入，在研究区形成了一套以泥晶灰岩、生物礁灰岩沉积；又因该区处于热带或亚热带，海平面上升导致造礁生物如六射珊瑚和柱状层孔虫等得以大量繁盛，并形成了该区生物礁的第一个造礁群落，即 *Schizosmilia-Parastromatopora* 群落，由于造礁生物 *Schizosmilia* 和 *Parastromatopora* 的大量原地固着生长，从而形成了障积灰泥的抗浪格架，同时完成了该区生物礁发育初期阶段，并形成了 *Schizosmilia-Parastromatopora* 障积骨架礁。

随着时间的推移，该区海平面逐渐缓慢上升，随着水体能量的不断降低，六射珊瑚 *Schizosmilia* 逐渐减少，并以柱状层孔虫 *Parastromatopora* 大量发育为特征，最终形成以 *Parastromatopora* 为主体的造礁群落，并完成了 *Schizosmilia-Parastromatopora* 群落向 *Parastromatopora* 群落的演替过程，同时也完成了该区生物礁发育中期阶段，并形成了 *Parastromatopora* 障积骨架礁。之后，由于该区海平面有逐渐下降，水体逐渐变浅，能量逐渐增高，从而导致抗浪能力较弱的柱状层孔虫 *Parastromatopora* 逐渐减少，而抗浪能力较强的六射珊瑚 *Schizosmilia* 大量发育，形成了 *Schizosmilia* 造礁群落，同时也完成了该区生物礁发育晚期阶段，并形成了 *Schizosmilia* 障积骨架礁。在此之后，由于该区海平面的较快速的上升，从而导致生物礁生长速跟不上海平面的上升速率而衰亡，使生物礁的发育进入了衰亡阶段。

(二)巴青地区造礁群落的演化

巴青地区生物礁主要见于布曲组中，布曲组主要为颗粒灰岩、泥晶灰岩及双壳类障积岩沉积，其中的生物礁的发育也多表现为三个阶段，即奠基阶段、发育阶段和衰亡阶段。与索县地区相似，在奠基阶段中形成礁基，但该区生物礁的发育阶段中造礁群落的演化不具有连续性(表 3-1)，即不存在演替系列，而表现为群落的取代现象，反映了生物礁的发育与海平面的变化的非同步性。

在雀莫错组沉积之后，该区进入了布曲组的发育时期，该组大体上包括了三个海平面变化旋回，每一个海平面变化旋回发育了一次生物礁事件沉积，每一个造礁事件表现为一次造礁群落的发育和繁殖。第一次海平面上升晚期，导致了造礁生物 *Liostrea* 的广泛发育，且固着生长，形成 *Liostrea* 造礁群落，它们障积灰泥形成抗浪格架，之后由于海平面的进一步上升而结束了生物礁的生长，第一次生物礁发育进入了衰亡阶段。在此之后，该区布曲组进入第二个海平面变化旋回，同时，发生了第二次生物礁繁殖事件，由于海平面的广泛上升，在研究区形成了一套以泥晶灰岩、双壳类障积灰岩沉积，又因该区处于热带或亚热带，海平面上升导致了造礁生物如 *Liostrea* 和蓝细菌(Cyanobacteria)的大量繁盛，并形成了该区的第二个造礁群落，即 Cyanobacteria-*Liostrea* 群落，由于造礁生物 *Liostrea* 的大量原地固着生长以及 Cyanobacteria 的发育，从而形成了黏结-障积灰泥的抗浪格架，并形成了 Cyanobacteria-*Liostrea* 黏结-障积骨架礁，之后由于海平面的进一步上升而结束了生物礁的生长，使第二次生物礁的发育进入了衰亡阶段。

同样的方式导致该区第三次造礁事件的发生，形成了 *Liostrea* 障积骨架礁。值得指出的是，由于该区三次造礁事件都是独立发育的，期间存在着环境的显著变化，因此，布曲组造礁群落之间关系与索县桑卡拉佣组造礁群落之间关系不同，即布曲组中不存在连续的群落演替关系，而表现为取代关系。

（三）东巧造礁群落的演化

晚侏罗世中期末，由于拉萨地体与其北侧的欧亚陆块的碰撞、拼合，导致了中特提斯洋的闭合和海平面大幅度下降而使比如盆地北部地区均暴露地表，遭受剥蚀和风化作用，形成了研究区上侏罗统上部沙木罗组与上侏罗统中部超基性岩间的角度不整合面。晚侏罗世晚期，以雅鲁藏布江结合带为代表的新特提洋盆的扩张处于鼎盛期(刘训等，1992，王冠民和钟建华，2002)，导致了海平面的上升，海水由南向北入侵。在比如盆地西南部的纳木错地区，由于海平面的较快速上升，抑制了陆源碎屑向盆地的迁入，形成了以沙木罗组下部为代表的开阔台地相泥-粉晶灰岩海进体系域沉积。而在羌塘盆地北部的东巧区，由于沉积物容纳空间增长速率赶不上沉积物的堆积速率，又因靠近古陆边缘，故导致了大量陆源碎屑的迁入，形成了以沙木罗组下部为代表的潮坪相碎屑岩的海进体系域沉积，该时期的海进体系域沉积亦发育于拉萨地体西北部的革吉地区(肖传桃等，2011，2014)。

当海进体系域沉积之后，海平面的上升到达了高水位时期，由于容纳空间增长速率的减慢，且与沉积物堆积速率近等，在羌塘盆地北部东巧区形成了一套以沙木罗组上部生物礁灰岩及砂砾屑灰岩为代表的高水位体系域并进型碳酸盐体系，因该区处于热带或亚热带，故造礁生物如层孔虫等得以大量繁盛，并发育了第一个造礁群落，即 *Milleporidium-Cladocoropsis* 群落，由于造礁生物 *Milleporidium* 和 *Cladocoropsis* 的大量原地固着生长，从而形成了障积灰泥的抗浪格架。随着时间的推移，研究区可容空间的增长速率赶不上沉积物的堆积速率，水体不断变浅，能量不断加大，导致了 *Milleporidium-Cladocoropsis* 造礁群落的衰亡，发育了一套亮晶核形石灰岩及砂屑灰岩，在高海平面晚期阶段，发育了一套钙质砂岩，反映了海平面的逐渐下降过程。随着第二个次级海平面的上升，水体变得循环较好且清洁，从而发育了第二个造礁群落，即 *Cladocoropsis-Milleporidium-Milleporella* 群落，并取代了第一个造礁群落。由于研究区在横向上存在着细微差异，可能表现为水体深度的差异，导致海水能量的差异，致使 *Cladocoropsis-Milleporidium-Milleporella* 群落在横向上分化为两个亚群落，即 *Cladocoropsis* 亚群落和 *Milleporidium- Milleporella* 亚群落，其中，前者由于枝体细小，代表能量稍弱的正常浅海，而后者则代表能量稍强的正常浅海，海底地形不平坦是造成这两个亚群落具有不同的水体深度和能量的主要原因。

随着时间的推移，该区可容空间的增长速率赶不上沉积物的堆积速率，水体不断变浅，能量不断加大，导致了 *Cladocoropsis-Milleporidium-Milleporella* 造礁群落的衰亡，并发育了一套亮晶砂屑灰岩，反映了海平面的逐渐下降过程。随着第三次级海平面的上升，水体变得循环较好而清洁，从而发育了第三个造礁群落，即 *Milleporidium-Actinatraea* 群落(表 3-2)，并取代了第二个造礁群落。由于在第三造礁期该区在横向上仍然存在着细微差异，故导致海水能量的差异，致使*Milleporidium-Actinatraea* 群落在横向上分化为两个亚群落，即 *Milleporidium styliferum* 亚群落和 *Milleporidium-Actinatraea* 亚群落，其中，除了组成分子差异之外，两个亚群落均表现为原地固着生长，形成障积灰泥的抗浪格架。随着时间的推移和礁体不断生长，由于可容空间增长速率大于生物礁的生长速率，该区水体不断加深，致使造礁群落难以生存，从而导致了生物礁的衰亡。之后，该区第三次海平面达到了高海平面阶段，以发育潮下砂坝及浅滩沉积为高位体系域的特征，并结束了该区晚侏罗世海平面变化历史(肖传桃等，2011，2014)。

表 3-2　东巧地区晚侏罗世造礁群落及演化序列

<table>
<tr><th>统</th><th>组</th><th>群落</th><th colspan="2">亚群落</th><th>演化形式</th></tr>
<tr><td rowspan="3">上侏罗统</td><td rowspan="3">沙木罗组</td><td>Milleporidium-Actinatraea</td><td>Milleporidium-Actinatraea</td><td>Milleporidium styliferum</td><td rowspan="3">取代
取代</td></tr>
<tr><td>Cladocoropsis-Milleporidium-Milleporella</td><td>Milleporidium-Milleporella</td><td>Cladocoropsis</td></tr>
<tr><td>Milleporidium-Cladocoropsis</td><td colspan="2"></td></tr>
</table>

第三节　造礁生物的生物学特征

研究区的侏罗纪造礁生物类型主要为层孔虫、六射珊瑚和双壳类。中侏罗世造礁生物主要为六射珊瑚、层孔虫和双壳类；晚侏罗世的造礁生物则以层孔虫和六射珊瑚为主。其中，以层孔虫最为丰富，且其形态和种类多样，而六射珊瑚以块状群体为主。以下对主要造礁生物进行系统描述。

一、层孔虫

层孔虫主要分布于安多东巧上侏罗统沙木罗组中，为主要造礁生物，其次，分布于索县柳湾组中，以下描述其主要属种。

1. 拟多层孔虫科 *Milleporididae* Yabe et Sugiyama, 1935

纵向骨素发育，常呈骨片状，含有闭合的共管。横向骨素退化，很少形成细层，有的见有虫管构造。星根缺乏。

1) 拟多孔层孔虫属　Genus *Milleporidium* Steinmann, 1903

模式种：*Milleporidium remesi* Steinmann, 1903

特征：共骨呈块状、层状、柱状、枝状或丛状。纵向骨素为主，连续分布，有的具假厚层或厚层构造。共骨中含有一种明显的具横板的虫管构造。微细构造为斜交式纤维结构。

产地层位：中国、日本、中东、北非、南欧及俄罗斯等地，上三叠统—下白垩统。

筒状拟多孔层孔虫 *Milleporidium cylindricum* Yavorsky

（图版Ⅳ，图 1）

1947 *Milleporidium cylindricum* Yavorsky, p.21, pl.10, figs.5—7

1973 *Milleporidium cylindricum* Turnsek, p.17, pl.14, fig.3

特征：共骨呈筒状或柱状，直径达 14mm。有的围绕六射珊瑚或生物碎屑生长。以纵向骨素为主，自中央向外做放射状分布，连续性较好，近于平行分布，有的稍有弯曲，有的具侧向突起，也有的可以合并，因而骨素厚薄不均一，一般厚 0.07～0.11mm。虫管发育，宽为 0.1～0.12mm，内含许多横板，厚 0.01～0.02mm。弦切面上见有圆形或多边形的虫管和共管的网状构造。微细构造为斜交式短纤维，中间有暗带结构，弦切面上见有亮点或微孔。

比较：当前的标本与俄罗斯的该种正模标本及法国的标本都非常相似，区别在于当前标本的骨素稍微细弱些，并见有微孔构造。

产地层位：安多东巧，上侏罗统沙木罗组。

卡巴尔达拟多孔层孔虫 *Milleporidium kabardinense* Yavorsky

（图版Ⅲ，图 3）

1947 *Milleporidium kabardinense* Yavorsky, p.19，pl.9, figs.6, 8

1973 *Milleporidium kabardinense* Turnsek, p.18，pl.14, figs.1, 2

特征：共骨为块状、柱状或筒状，有的围绕六射珊瑚或生物碎屑生长，巨厚层构造。以纵向骨素为主，做放射状分布，宽窄不均，有的呈指状交错，一般宽 0.06～0.12mm，2mm 内有 8～12 个。虫管和共管内横板很发育，具有周期性的疏密排列现象，因而形成厚层构造。共管或虫管的直径变化很大，为 0.10～0.25mm，横板厚 0.02mm，距离为 1～1.5mm。弦切面上骨素相互连接组成不规则的网状构造，虫管多呈蠕虫状或不规则状。微细构造为斜交式纤维，中间具暗带，横断面见有微孔构造。

比较：目前标本与俄罗斯和法国的同种标本相比，区别在于本标本具有明显的厚层构造。

产地层位：安多东巧，上侏罗统沙木罗组。

2）枝状体层孔虫属　Genus *Cladocoropsis* Felix, 1906

模式种：*Cladocoropsis mirabilis* Felix, 1906

特征：共骨呈枝状、柱状，有的稍弯曲。以纵向骨素为主，常向上、向外展布，有的相互交结形成共管，共管或共间的长短是变化的。纵向骨素之间常为横向突起物所连接。横板稀少或无。共骨边缘常形成假壁。微细构造为斜交式纤维结构。

产地层位：中国、日本、印度尼西亚、黎巴嫩、法国、意大利、希腊等地，上侏罗统—下白垩统。

奇异枝状体层孔虫　*Cladocoropsis mirabilis* Felix

（图版Ⅱ，图 1—5）

1906 *Cladocoropsis mirabilis* Felix，p.3—10, fig.5

1927 *Cladocoropsis mirabilis* Yabe et Toyama, p.107，pl.8, 9

1953 *Cladocoropsis mirabilis* Hudson, p.615—619

1966 *Cladocoropsis mirabilis* Turnsek, p.414, pl.19, fig.6

1981 *Cladocoropsis mirabilis* Dong, p.121, pl.4，figs.1—6

特征：共骨枝状，直径为 4mm，有的可达 6mm。以纵向骨素为主，常呈板片状，大多向上、向外展开分布，骨素宽约 0.1mm，相互间常被一些横向突起物所连接。共管或共间较连续，大多相互沟通。局部见有少而薄的横板。弦切面上骨素交接呈闭合的圆形共管和不规则的蠕虫状共间，共管多分布于枝体的中央部分，直径为 0.10～0.15mm。枝状共骨私有假壁。微细构造为斜交式纤维结构。

产地层位：中国、日本、印度尼西亚、黎巴嫩、法国、意大利、希腊等地，上侏罗统—下白垩统。

粗枝状体层孔虫　*Cladocoropsis grossa* Dong

（图版Ⅳ，图 4）

1981 *Cladocoropsis grossa* Dong, p.122, pl.4, figs.7—9

特征：共骨为柱状，没有分枝，枝体直径为 3～4mm。以纵向骨素为主，不过骨骼组织大多融混在一起，由向上、向外展开呈喷射状的斑状细纤维和细管组成。虫管不发育，仅在融混的骨骼组织中有一些不规则状或纵向延伸的虫管，大小为 0.08～0.10mm。纤维或细管宽约 0.02mm。横切面上骨骼组织相互连接，虫管呈孤立的圆孔状或不规则状。

产地层位：西藏安多县东巧区，上侏罗统。

2. 副层孔虫科　*Parastromatoporidae* Hudson, 1959

特征：共骨以纵向骨素为主，常连接成不规则的共间、闭合的共管形成星状走廊的共间。横向骨素不发育，一般无真正的细层，只是表现为纵向骨素之间的水平横突。横板较发育。星根系发育，有的呈星状或不规则状，有的呈星状走廊式。微细构造为具亮点的斜交式纤维结构。

1）外表层孔虫属　Genus *Epistromatopora* Yabe et Sugiyama，1935

模式种：*Epistromatopora torinosuensis* Yabe et Sugiyama

特征：共骨呈块状或层状，有时有厚层构造。以纵向骨素为主，彼此近于平行分布，可穿过若干横向骨素。弦切面上多呈孤立的点状，并有横向突起连接成蠕虫状构造。除含有层状横向骨素外，多具水平横板。具星根构造，一般由星状走廊或共间组成。微细构造为斜交式纤维结构，其中有微小亮点。

产地层位：中国、日本，上侏罗统。

外表层孔虫(未定种)　*Epistromatopora* sp.

特征：共骨呈块状，有明显的厚层构造。以纵向骨素为主，彼此近于平行分布，可穿过若干横向骨素。弦切面上多呈孤立的点状，并有横向突起连接呈蠕虫状构造。层状横向骨素不发育。具星根构造，一般由星状走廊或共间组成。微细构造为斜交式纤维结构，其中有微小亮点。

产地层位：中国西藏，上侏罗统。

2)副层孔虫属　*Genus Parastromatopora* Yabe et Sugiyama，1935

模式种：*Stromatopora japonica* Yabe, 1903

特征：共骨结节状、层状、块状或皮壳状。以纵向骨素为主，常交接呈不规则的具有许多横板的共间或圆形的共管。横向骨素不发育。星根构造由放射状的具有横板的共管组成。微细构造为具亮点的斜交式纤维结构。

产地层位：中国、日本、中东等地，上侏罗统—下白垩统。

瑙曼副层孔虫　*Parastromatopora memoria naumanni* Yabe

(图版Ⅰ，图1，2)

1927 *Parastromatopora memoria naumanni*, Yabe，p.90

1935 *Parastromatopora memoria naumanni*, Yabe et Sugiyama, p.180, pl.49，figs.1, 2.

特征：共骨圆柱状、枝状或丛状，直径达7mm，表面较平滑。骨骼的网状构造可分为轴区和边缘区，轴区约占柱体直径的二分之一，有的围绕枝状体层孔虫生长。纵向骨素常向外作放射状分布，有的相互交接成圆形共管，直径为0.08～0.15mm，骨素宽为0.15～0.25mm。边缘区的纵向骨素常与柱体方向垂直，有的分叉或相互相连而合并，骨素宽可达0.30mm，有的被少数横向突物起所连接，骨素间距约为0.30mm，2mm内约有5个。横板发育，常呈水平状或向下稍有弯曲，厚0.01～0.02mm，2mm内有6个。微细构造为斜交式纤维结构。未见星根。

产地层位：中国、日本、中东等地，上侏罗统—下白垩统。

二、六射珊瑚

六射珊瑚主要分布于索县中侏罗统柳湾组中，是该区主要造礁生物，其属种较为单调，以下对其作简要描述。

石芝形珊瑚超科　*Fungioicae* Vaughan et Wells 1943, emend Alloiteau, 1952

小果珊瑚科　*Micrabaciidae* Vaughan, 1905

罗利耶裂剑珊瑚　Schizosmilia rollieri Koby

(图版Ⅰ，图3—5)

1888 *Schizosmilia rollieri* Koby, p.436, pl.114, fig.4

1972 *Schizosmilia rollieri*, Turnsek, p.44, 100, pl.25, figs.3, 4

1976 *Schizosmilia rollieri*, Roniewicz, p.110, pl.Ⅲ, figs.5a—c

特征：笙状群体。个体圆柱形，横切面卵圆形至圆形。萼内出芽繁殖。鞘壁隔片型。隔片分为三个系列。一级隔片 12 条，长达中心或近达中心，一般超出个体半径的 4/5；几条隔片的末端在轴部交织在一起；隔片侧缘饰以尖锐颗粒。二级隔片 12 条，长约为一级隔片的 2/3～4/5，形态同一级隔片。三级隔片只发育在成年体中，未成年体中发育不全或不发育。轴柱呈蠕虫状，系一级隔片末端在轴部交织而成。

比较：当前标本与 Turnsek 和 Roniewicz 的标本基本一致，差别只在于前者的个体大于后者。

产地层位：西藏索县、西藏改则、西欧，中—上侏罗统。

第四章　生物礁类型及其演替

生物礁是由大量固着生物原地固着生长及其作用所形成的一种碳酸盐有机沉积建造，它具有抗浪格架及凸起的外部形态，其成岩厚度大于四周同期沉积物厚度，并因此而使其本身和围岩产生不同的沉积相带。由于海平面及环境的变化，使生物礁内部组成和结构在纵向上不断发生变化，此时，生物礁发生了演替。

第一节　生物礁分类概况

关于生物礁的分类，Heckel(1974)以抗浪标志为依据把生物礁分为能抗浪的生物礁和不能抗浪的生物礁。然后把能够抗风浪的骨架礁(framework reef)又分为生物骨架礁(organic framework reef)、非生物联结骨架礁(inorganic framework reef)、叠层石礁(stromatolite reef)、灰泥骨架礁(mud-framework reef)(图 4-1)。

Wilson(1975)对碳酸盐台地边缘礁进行了分类，主要依据波浪、水流强度对礁体组分和生物种类的影响划分为三种类型：下斜坡灰泥堆积(灰泥丘)、圆丘礁(knoll reef)、造架礁(frame built reef)。

范嘉松和张维(1985)提出了岩隆礁或碳酸盐岩隆礁(buildup reef or carbonate buildup reef)。一个岩隆礁的先决条件必然是一个三度空间的碳酸盐几何体，其中生物一般呈原地生长状态；然后再依据所含生物的含量、功能、习性和灰泥含量的多少把岩隆礁分为三大类：①生物岩隆礁(organic buildup reef)，由各类造架生物组成，造架生物构成礁的格架，生物含量大；②障积岩隆礁(baffling buildup reef)，主要由障积生物(如苔藓虫、海百合等)构成，含有一定数量的灰泥或灰泥较多；③灰泥岩隆礁(limemud buildup reef)，主要由灰泥组成，仅见少量的生物和生物碎屑。该分类较为全面，把完全是生物作用成因的这类礁单独划分出来，并且把障积生物构成的礁也划分出来。

吴亚生和范嘉松(1991)根据不同的依据，提出了四种划分方案。

第一，根据古地理位置可把礁分为：①台内礁，指发育在碳酸盐台地内部的礁，一般是点礁和岸礁；②台缘礁，指位于碳酸盐台地边缘的礁，常见为堤礁；③盆内礁，指位于盆地内的礁，常为塔礁、环礁和马蹄形礁。

第二，根据礁体形状分为：①长宽比大于 5∶1 的线状礁；②长宽近于相等的点礁(高与长或宽之比为 1∶5)或塔礁(高与长或宽之比大于 5∶1)，或面状礁(长和宽很大，高与长或宽之比小于 1/5)；③环状礁或马蹄形礁。

<table>
<tr><th>Dunham (1970)</th><th colspan="3">Heckel(1974)</th><th>Wilson (1975)</th><th>范嘉松和张维 (1985)</th><th colspan="2">吴亚生 (1997)</th><th>陈国达 (1956)</th><th>曾鼎乾等 (曾鼎乾和刘炳温，1984；曾鼎乾，1988)</th><th colspan="6">吴亚生和范嘉松(1991)</th></tr>
<tr><td rowspan="3">生态礁</td><td rowspan="7">复合岩隆</td><td rowspan="2">包覆骨架岩隆</td><td>生物骨架礁</td><td rowspan="2">造架礁</td><td rowspan="2">生物岩隆礁</td><td rowspan="6">原生礁岩</td><td rowspan="2">骨架岩</td><td>裙礁（岸礁）</td><td>块礁</td><td rowspan="5">按古地理位置分类</td><td>台内礁</td><td rowspan="3">按成分结构分类</td><td>骨架礁</td><td rowspan="6">按礁体大小分类</td><td>雏礁</td></tr>
<tr><td>非生物联结骨架礁</td><td>堤礁（堡礁）</td><td>台地边缘礁</td><td>台缘礁</td><td>障积礁</td><td>微型礁</td></tr>
<tr><td>松散骨骼岩隆</td><td></td><td>圆丘礁</td><td>障积岩隆礁</td><td>障积岩</td><td rowspan="3">环礁</td><td>塔礁</td><td rowspan="3">盆内礁</td><td>丘型礁</td><td>小型礁</td></tr>
<tr><td rowspan="5">地层礁</td><td rowspan="2">灰泥岩隆</td><td>叠层石礁</td><td rowspan="2">灰泥堆积</td><td rowspan="2">灰泥岩隆礁</td><td>潜障积岩</td><td>堤礁</td><td></td><td></td><td>中型礁</td></tr>
<tr><td>灰泥骨架礁</td><td>黏结岩</td><td>台隆环礁</td><td></td><td></td><td>大型礁</td></tr>
<tr><td>磨蚀骨骼岩隆</td><td></td><td></td><td>生物滩</td><td>盖覆岩</td><td></td><td></td><td></td><td></td><td></td><td></td><td>巨型礁</td></tr>
<tr><td>鲕粒岩隆</td><td></td><td></td><td>鲕粒滩</td><td rowspan="2">次生礁岩</td><td>骨源次生礁岩</td><td></td><td></td><td></td><td></td><td></td><td></td><td></td><td></td></tr>
<tr><td></td><td></td><td></td><td></td><td>粒屑滩</td><td>礁源次生礁岩</td><td></td><td></td><td></td><td></td><td></td><td></td><td></td><td></td></tr>
</table>

图 4-1 生物礁分类沿革表(生物礁的基本概念、分类及识别特征)

第三，根据礁的成熟度(即发育程度)可以把礁分为：①骨架礁，由造架生物与其他成分组成，具骨架结构；②障积礁，由障积生物和其他成分组成，具障积结构；③丘型礁，由潜造架生物、居礁生物及灰泥组成，当丘型礁中几乎不见生物而全为灰泥组成时，则称之为灰泥丘。需要指出的是，不同类型的礁之间可以是过渡的。

第四，根据礁体大小可分为：①雏礁，长度或直径小于 5m；②微型礁，长度或直径为 10～100m，面积小于 0.001km^2；③小型礁，其长度或直径为 100～1000m，面积为 0.001～1km^2；④中型礁，长度或直径为 1000～10000m，面积为 1～10km^2；⑤大型礁，长度或直径为 10～100km，面积 10～100km^2；⑥巨型礁，长度或直径大于 100km，面积大于 100km^2。勘探资料表明，中、大型礁是最普遍的勘探对象。也有学者如曾鼎乾(1988)将生物礁分为块礁、台地边缘礁、塔礁、堤礁、台隆环礁等。

Riding(2002)根据构造特征提出，生物礁由三种组分构成，即基质(M)、原地形成的骨架(S)及孔隙和胶结物(C)。这些组分都可以为生物礁提供构造上的支持。钟建华等(2005)参照了 Riding(2002)的划分方案，提出了根据构造支撑方式的不同，把生物礁主要分为三大类：①基质支撑的生物礁，凝集微生物礁(agglutinated microbial reef)、簇礁(cluster reef)和节状礁(segment reef)；②骨架支撑的生物礁(骨架礁，frame reef)；③胶结物支撑的生物礁(胶结礁，cement reef)。

众多生物礁实例研究表明，生物礁的形成受到以下因素的控制。首先，古地理格局对生物礁的分布具有一定的影响。礁体的发育往往会在地貌上形成相对的隆起，同时生物礁往往选择在古地貌高部位进行建造。近年来，古地理与生物礁发育分布规律研究方面取得了一些较为明显的进展：将层序地层的理论与方法引入到古地理与生物礁分布规律的研究工作中，以层序地层单元作为编图单位，在等时格架内编制包括生物礁体的岩相古地理图，能更准确地反映生物礁的分布规律。其次，大地构造活动对生物礁的发育也具有影响。在海平面变化相对稳定时，大地构造沉降的范围及沉降幅度影响礁的生长，对礁的形态与厚度起限定作用，构造运动的形式对礁的发育也有影响。例如，在相对狭窄地带的高活动性及构造运动的剧烈性可能决定了沉降区礁的明显的锥形形态特征。在地台环境下，分布广泛的是较为平缓的扁平状礁或者是底宽而幅度相对小的单体礁等。构造活动间接影响礁的形成过程，这种间接影响主要是通过构造影响地形变化来实现的，即构造运动使礁赖以生存的地貌条件得以形成，如构造形成的局部隆起、大幅度的明显挠曲等(陆亚秋和龚一鸣，2007)。在相对海平面变化的条件下，礁系发育的特点、礁系的海侵或海退位移研究在预测礁的分布和礁发育规模时是非常重要的。Pomar(1991)研究了西班牙东部马略卡岛中新世晚期的生物礁，提出了按照相对海平面升降速率与礁生长速率的相互关系，将生物礁成因类型可划分为三大类，即退积礁、加积礁和进积礁。在相对海平面变化控制下各种成因类型的礁均具有各自的时空迁移规律，各种礁体之间均具有成因联系，通过这种成因联系可以更加准确地预测潜伏礁和有利的礁油气藏勘探目标。传统的岩相古地理法预测潜伏礁的立足点是礁体群由一个个孤立的无成因联系的个体礁构成，而相对海平面升降预测潜伏礁的立足点为礁体群由一个个有成因联系的个体礁构成。显然，后者比前者具有更大的潜伏礁预测可信度(沈安江等，1999)。

第二节　生物礁分类方案

由于生物礁的形成受上述诸多因素的控制和影响，因此本书认为，在生物礁的分类中也应该考虑上述因素的影响。首先应该考虑到生物礁所发育的地理位置，从而首先判断生物礁属于哪一大类别。其次，要考虑生物礁的宏观形态特征及规模，因为生物礁宏观形态规模大小与其所处的地理位置密切相关。最后，生物礁分类要考虑其形成机制或形成方式，不同地理位置、不同形态的生物礁都可能具备相似的几种成礁机理或成礁方式，因此作为最后考虑的因素。

鉴于目前生物礁的分类方案比较混乱，在分析前人众多分类方案基础上，本书认为生物礁的分类方案应该体现综合性，既要考虑生物礁在碳酸盐岩相区分布的位置，又要考虑生物礁规模及成礁方式等特点。基于上述考虑，本书提出了生物礁的三级分类方案(表 4-1)：即生物礁一级分类、生物礁二级分类和生物礁三级分类方案。

表 4-1　生物礁三级分类方案(本书分类方案)

一级分类	二级分类	三级分类
岸礁(裙礁)	层礁	骨架礁
		障积礁
		黏结礁
台内礁	块礁	骨架礁
		黏结-障积礁
		黏结礁
	点礁	骨架礁
		障积礁、黏结-障积礁
		障积-骨架礁
台地边缘礁	堤礁(堡礁)	骨架礁、黏结-骨架礁
		障积-骨架礁
斜坡礁	塔礁	灰泥礁、骨架礁
盆地礁	环形礁	骨架礁、灰泥礁

一、生物礁一级分类方案

生物礁一级分类主要是根据生物礁生长的地理位置来进行划分的，不同的地理位置决定了规模的大小及其成因等方面，因此它起决定性作用。其他分类都要从属于生物礁一级分类。在一级分类中可划分出岸礁、台内礁、台地边缘礁、斜坡礁和盆地礁五种生物礁类型(图 4-1，表 4-1)。

(1)岸礁：指靠近海岸分布的生物礁，它们与大陆或岛屿连为一体。这种岸礁有时可以沿陆地或岛屿的边缘分布并延伸很远，就像把陆地或岛屿镶饰上一个裙边，所以也叫裙礁，它分布在浪基面以上，属于局限台地相(或滨海相)及开阔台地相，如我国海南岛三亚的小东海礁体。

(2)台内礁：指发育在碳酸盐台地内部的生物礁，通常包括开阔台地相或者浅海相。它是在浪基面附近或以下生长的生物礁，由于环境较为宁静，生物礁规模一般不大。如中扬子早奥陶世生物礁(肖传桃等，1993，2004；Xiao et al.，2011a)。

(3)台地边缘礁：指位于台地边缘位置生长的生物礁，它往往在台地边缘浅滩的基础上发育而成，浅滩的规模决定了生物礁的大小。这里是远离海岸的高地，海水较浅，波浪强劲，可以形成平行台缘浅滩分布的较大规模生物礁。如现代澳大利亚的大堡礁及湖北利川二叠纪生物礁。

(4)斜坡礁：指位于大陆斜坡地带的生物礁，这里属于半深海环境分区，海水深度较大，坡度较陡，只在局部高地发育孤立的生物礁。

(5)盆地礁：指位于深海盆地中发育的生物礁，由于海水太深，生物礁只生长在岛屿和深海高地上，其规模受岛屿和高地的控制。

二、生物礁二级分类方案

生物礁二级分类主要根据礁体的外部宏观形态和大小，分为以下几种类型(表4-1、图4-2)。

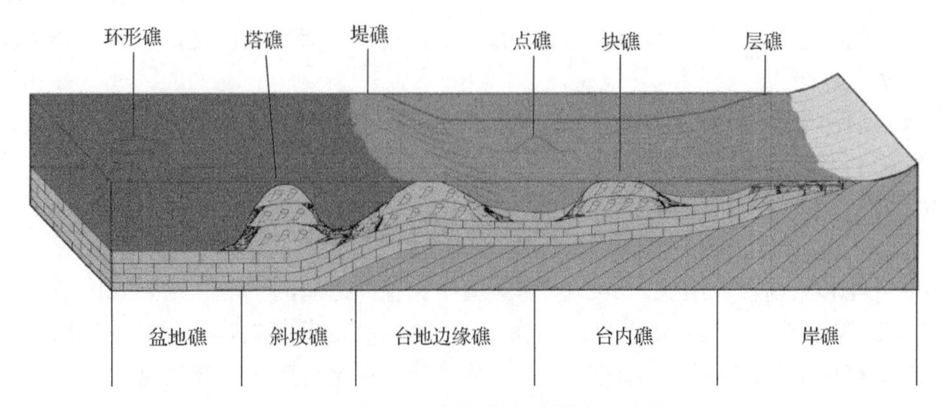

图4-2　生物礁生长模式

(1)层礁：在沿大陆、岛屿的边缘或台地浅海生长发育的层状的生物礁。分布面积较大，礁高度不大，多分布于碳酸盐台地。

(2)块礁：在台地内或台地边缘呈块状的生物礁。它在生物丘和生物丘岩发育地带最为明显，这是因为在这些骨架生物灰岩内，起着主要作用的骨架生物、固着生长生物具有很高的生长速度和极大的抗浪能力，即使在水动力发生变化时，它们也能保持生长状态。

(3) 点礁：也称为斑礁，交替近似圆形，或呈不规则状，是在潟湖或外滨海底较小隆起上形成的孤立小礁体。现在海洋中，点礁主要分布在大陆架海域波基面上，并止于海面。点礁一般呈椭圆丘形。例如，川西北晚三叠世海绵点礁的汉旺组上段包含了海绵。点礁也常指大陆架位置的孤立小礁体，如加拿大泥盆纪利迪尤克礁。点礁可具有高能量、粗壮的外骨骼生物。

(4) 堤礁：也称为堡礁。其发育于距离海岸线有一定距离，平行于大陆或岛屿的海岸，由潟湖或浅海水域隔开呈堤状、条带状的礁体。堤礁内侧水较深，外侧也如此。有时堤礁不止一排，按生物不同生态(或生长深度不同)等原因可有多排堡礁出现。例如，世界上最大的堡礁澳大利亚东北岸的大堡礁，长达 2000km，向岸外延伸达 50～145km。古代最大的堡礁是美国新墨西哥州东南部的得克萨斯州西部二叠纪盆地的船长礁，厚达 360m 以上，长达 644km，现已在其埋藏的地下部分找到油气藏。

(5) 塔礁：也称为尖柱礁和孤礁，形似锥形，发育于大陆架斜坡上和深海盆地边缘，呈宝塔状的生物礁。主要见于平缓的斜坡上。

(6) 环形礁：外部形态呈环形的生物礁，呈带状包围绕潟湖而发育，呈封闭或半封闭。全球有 330～400 个环形礁，其中苏瓦迪瓦环礁是世界上最大的环形礁之一，在马尔代夫群岛南端，位于北纬 0°11′和 0°55′之间。

三、生物礁三级分类方案

生物礁三级分类主要根据生物礁的形成机理和造架方式及支撑方式划分为以下几类(表 4-1)。

(1) 骨架礁：造礁生物以骨架生物为主，具有骨架结构，其间充填的物质由灰泥和生物颗粒或和亮晶胶结物共同组成，可以分为无黏结生物骨架结构和黏结生物骨架结构。

(2) 障积礁：造礁生物以障积生物为主，礁岩由生物原地生长的骨骼和充填其间的灰泥和生物颗粒组成，并且生物原地生长骨骼之间的平均间距为 0.1～0.5m。

(3) 黏结礁：造礁生物以黏结生物为主，由丝状的菌藻类等多种黏结生物结成网络状穿透于灰泥为主的沉积物之中，从而使灰泥集合起来形成生物礁。

(4) 灰泥礁：缺乏生物原地骨架构造，主要由灰泥基质填充起到支撑作用的生物礁，其中化石含量稀少、甚至完全缺乏化石的灰泥丘或灰泥堆积，有些学者认为它是由生物或生物作用生成的原地堆积，而生物本身未能保存下来。

(5) 黏结-障积礁：造礁生物以障积生物为主，其次为黏结生物，二者形成黏结-障积格架的生物礁。

(6) 障积-骨架礁：以骨架起支持作用的生物为主，以障积作用的生物为辅，共同造架构成的生物礁。

(7)黏结-骨架礁：以骨架起支持作用的生物为主，其次为黏结生物，二者形成黏结-骨架格架的生物礁。

第三节 生物礁类型及特征

按照本书提出的分类方案，一级分类重点考虑生物礁的古地理位置，所以藏北地区侏罗系生物礁大体归属于岸礁、台内礁和台地边缘礁三大类型。二级分类根据生物礁的宏观形态划分，因此可将研究区的岸礁进一步划分为层礁和块礁，台内礁划分为块礁和点礁，台地边缘礁又划分为堤礁。三级分类是二级分类的细分，主要依据造礁生物类型的不同及礁体结构等特征来划分(肖传桃等，2000a，2000b，2000c)，具体可分为：①层礁，包括 Cyanobacteria-*Liostrea* 黏结-障积层礁、*Liostrea* 障积层礁；②块礁，包括筒状层孔虫-枝状层孔虫块礁、筒状层孔虫-块状层孔虫障积-骨架层礁、筒状层孔虫-六射障积-骨架块礁；③点礁，包括筒状层孔虫障积点礁、枝状层孔障积点礁；④堤礁，包括柱状层孔虫-六射珊瑚障积-骨架礁、六射珊瑚堤礁。三级分类共九种类型(表 4-2)。

表 4-2 藏北地区侏罗纪生物礁类型划分方案

一级分类	二级分类	三级分类	层位
岸礁(裙礁)	层礁	Cyanobacteria-*Liostrea* 黏结-障积礁	巴青布曲组
		Liostrea 障积层礁	
台内礁	块礁	筒状层孔虫-枝状层孔虫块礁	安多沙木罗组
		筒状层孔虫-块状层孔虫障积-骨架礁	安多沙木罗组
		筒状层孔虫-六射珊瑚障积-骨架礁	安多沙木罗组
	点礁	枝状层孔虫障积点礁	安多沙木罗组
		筒状层孔虫障积点礁	
台地边缘礁	堤礁(堡礁)	六射珊瑚骨架礁	索县桑卡拉佣组
		柱状层孔虫-六射珊瑚障积-骨架礁	

一、岸礁(裙礁)

藏北地区岸礁以巴青布曲组双壳类生物礁为代表，由于其外观呈层状，因此其二级分类应属于层礁。

1. Cyanobacteria-*Liostrea* 黏结-障积层礁

该生物礁巴青县马如乡中侏罗统布曲组中部，Cyanobacteria-*Liostrea* 黏结-障积层礁呈层状展布。生物礁的单个礁体厚 4～6m，具有黏结-障积结构，其出露宽度约 0.2～0.3km，区域上延伸约 10km。礁体的障积物主要为灰泥，含量为 15%～

25%。礁基为亮晶生物屑砂屑灰岩，礁盖岩性以泥晶灰岩为主，反映了礁体的衰亡可能是海平面上升较快所致。造礁生物主要为 *Liostrea sublamellosa* 和 *L. eduliformis*，其含量可达 60%～70%不等，主要功能是障积作用，以障积灰泥为主。*Liostrea* 多呈原地生长的保存状态，凸起的左壳固着在海底，平坦的右壳附着其上，壳体保存基本完整。其次为黏结生物 Cyanobacteria，含量为 10%～15%，以藻叠层石形式出现。Cyanobacteria 与 *Liostrea* 呈相间式出现和生长，Cyanobacteria 是起黏结灰泥和缠绕作用的造礁生物，从而形成了黏结-障积骨架(图 3-2 中的 B，图版Ⅰ-8)。附礁生物主要有爬行类的双壳类 *Pseudotrapezium cordiforme* 和 *Pholadomya socialis qinghaiensis* 等。

2. *Liostrea* 障积层礁

该生物礁发育于巴青马如乡中侏罗统布曲组下部和上部，生物礁出露宽度为 100～200m，具有障积结构，在区域上可追索大约 10km。在剖面中累积厚 15～20m，单个礁体厚 5～8m。礁岩与正常沉积岩层分界清晰，礁基和礁盖均为砂屑灰岩，礁体中的填隙物以灰泥为主，含量为 20%～30%。

造礁生物以固着生活的双壳类 *Liostrea birmanica* 为主，含量为 70%～80%不等，并含有少量海底爬行的附礁生物双壳类：*Camptonectes riches* 和 *Protocardia stricklandia* 等。*Liostrea birmanica* 个体保存完整，大多数情况下，凸起的左壳在下面，扁平的右壳在上面，表现为原地固着生长状态。牢固的障积格架可以抵御较强的波浪，固着的造礁生物起到障积作用，生物个体之间的间隙被灰泥所充填(图 3-2 中的 A 和 C，图版Ⅰ-6，7)，其次含少量的砂屑。

二、台内礁

研究区台内礁以安多东巧层孔虫生物礁为代表，由于其外观呈面包状及块状。面包状生物礁礁规模较小，但分布广，可以归属于台地内的点礁；块状的生物礁规模较大，可归属于块礁。

(一)点礁

点礁主要包括筒状层孔虫障积点礁和枝状层孔虫障积点礁，它们主要分布于安多东巧沙木罗组。

1. 筒状层孔虫障积点礁

筒状层孔虫障积点礁分布于沙木罗组上部(图 3-3-Ⅳ，图版Ⅲ-3—5)，生物礁高 1.5～2.5m，出露宽度为 50m，在区域上延伸至 10km。礁基为亮晶砂屑灰岩，礁盖为泥晶灰岩。礁体在横向上 25m 处局部含有六射珊瑚共生生物，相变为筒状层孔虫-六射珊瑚块礁。造礁生物主要为筒状层孔虫，其含量占岩石的 40%～60%。

此外为少量枝状层孔虫，其含量约为10%，散布于筒状层孔虫之中。它们保存较好，表现为原地生长状态。向上呈圆筒状生长的层孔虫是良好的障积体，主要捕获灰泥和少量粉屑。

2. 枝状层孔虫障积点礁

枝状层孔虫障积点礁见于东巧上侏罗统沙木罗组(图3-3Ⅱ，图版Ⅲ-1，2)，该礁体高3～3.5m，出露宽度60m。横向展布约10km。枝状层孔虫障积点礁的礁基与礁盖均为亮晶砂屑灰岩，说明该生物礁生长也构筑于高能浅滩之上。枝状层孔虫障积点礁之中有时可见少量块状层孔虫共生在一起，因此在横向相变为筒状层孔虫-块状层孔虫块礁。造礁生物主要是枝状层孔虫，所占比例为60%～70%。它们呈树枝状向上生长，相互之间有较大的空隙，其中捕获了大量灰泥。

(二)块礁

块礁主要包括筒状层孔虫-枝状层孔虫障积块礁(或障积礁)、筒状层孔虫-六射珊瑚障积-骨架块礁和筒状层孔虫-块状层孔虫障积-骨架块礁，它们主要分布于安多东巧沙木罗组。

1. 筒状层孔虫-枝状层孔虫障积块礁(或称为障积礁)

在东巧上侏罗统沙木罗组中部分布有筒状层孔虫-枝状层孔虫障积块礁，该类障积块礁高2.5～3m，出露宽度50m左右，呈丘状或面包状，礁基为亮晶核形石灰岩，礁盖也为亮晶核形石灰岩(图3-3Ⅰ)。礁体中的填隙物以灰泥为主，含量为30%～40%。

造礁生物主要为枝状层孔虫 *Cladocoropsis*，含量为40%～60%，其次为筒状层孔虫 *Milleporidium cylindricum*，含量为10%～15%。此外，发育少量块状层孔虫。它们呈树枝状生长，多呈原地保存状态。枝状层孔虫个体之间的间隙较大，可作为障积物捕获细小的灰泥。

2. 筒状层孔虫-六射珊瑚障积-骨架块礁

筒状层孔虫-六射珊瑚障积-骨架块礁呈孤立状分布东巧上侏罗统沙木罗组上部，生物礁高1.5～2.0m，在剖面中出露长度约30m，呈丘状或面包状(图3-3Ⅴ，图版Ⅲ-8)。礁基为亮晶砂屑灰岩，礁盖为泥晶灰岩。礁体中的填隙物以灰泥为主，夹少量粉屑。

其主要造礁生物为六射珊瑚 *Actinastraea* 和筒状层孔虫。六射珊瑚含量为20%～25%，呈群体的原地生长状态保存，组成了礁体的骨架。筒状层孔虫含量为15%～20%，彼此间有较大间隙，表现为直立向上的原地生长状态，是捕获灰泥和粉屑的障积物，但以前者为主，属于障积生物，与六射珊瑚共同构成障积-骨架礁。

3. 筒状层孔虫-块状层孔虫障积-骨架块礁

筒状层孔虫-块状层孔虫障积-骨架块礁见于安多县东巧区上侏罗统沙木罗组中上部，该障积-骨架块礁规模较大，区域上伸展10余千米。礁体高2.5～3.0m，在剖面中出露长度为30～40m。礁基为亮晶砂屑灰岩，其上礁盖也是亮晶砂屑灰岩(图3-3Ⅲ，图版Ⅲ-6)，表明生物礁在浅滩环境下发育而成。

其主要的造礁生物之一是块状层孔虫，占岩石的25%～35%。它们原地生长成为致密的骨架，是良好的抗浪结构。造礁生物之二是筒状层孔虫，占岩石含量的15%～20%，另外还有少量枝状层孔虫含量为10%～15%。这类层孔虫生长的间隙比较大，成为比较好的障积体，捕获物主要是灰泥，另外还有少量粉屑和生物屑。

三、台地边缘礁

藏北地区台地边缘礁以索县桑卡拉佣组生物礁为代表，由于其外观规模较大，侧向延伸较长，造礁生物以大型造架生物即六射珊瑚为主，因此该类生物礁可以归属于堤礁范畴。该类生物礁进一步可以分为六射珊瑚骨架堤礁和柱状层孔虫-六射珊瑚障积-骨架堤礁。

1. 六射珊瑚骨架堤礁(又称骨架礁)

六射珊瑚骨架堤礁见于索县城东中侏罗统桑卡拉佣组中(图3-1C，图版Ⅰ-4)，六射珊瑚骨架堤礁高为2～2.5m，野外露头上的出露宽度为20～50m，局部有一定程度覆盖，但在区域上可连续追踪5km左右。造礁生物主要由*Schizosmilia rollieri*构成，具有丛状复体的特征，含量为35%～40%。六射珊瑚的生长具有一定特点，它们由中心向四周呈放射状排列，其直径为25～30cm，它们垂直层面保存，完成呈原地生长状态，由于骨骼较紧密，所以构成了生物礁的骨架。其中共生生物较少，主要为双壳类。该生物礁构筑于柱状层孔虫-六射珊瑚障积-骨架堤礁之上，并与柱状层孔虫-六射珊瑚障积-骨架堤礁拥有共同的礁基，由亮晶生物屑灰岩、砂屑灰岩组成，这也说明生物礁是在台地边缘浅滩的硬底之上发育起来。礁盖是泥晶灰岩，反映了水体有所加深，并且导致了生物礁的消失。

2. 柱状层孔虫-六射珊瑚障积-骨架堤礁

柱状层孔虫-六射珊瑚障积-骨架堤礁见于索县城东中侏罗统桑卡拉佣组中部(图3-1A，B；图版Ⅰ-1，5)，柱状层孔虫-六射珊瑚障积-骨架块礁宽约为10余米，高度为1.5～2.0m。该礁体的造礁生物有两种类型：一种是六射珊瑚，以*Schizosmilia rollieri*为主，在岩石中的含量可达20%～30%，这类珊瑚呈丛状复体向上生长，构成了礁体的骨架；另一种是柱状层孔虫，为*Parastromatopora memoria naumanni*，它在原生状态下呈直立向上生长，作为障积生物辅助生物礁的发展壮大，在岩石中的含量可达15%～20%，这两种生物联合作用形成了强大的骨架。该礁体底部礁基为亮晶砂屑灰岩，礁体与其之上的六射珊瑚骨架堤礁拥有共同的礁盖。

第四节　生物礁的演替

藏北地区侏罗纪生物礁经历了两个演化阶段，即中侏罗世演化阶段和晚侏罗世演化阶段。不同时期生物礁的发育特征不同，不同类型生物礁的发育特征也不尽相同，不仅如此，生物礁的成礁方式也大不相同，这主要体现于生物礁的内部构筑方式上。

一、中侏罗世生物礁演替阶段

在该演化阶段，由于当时的班公-怒江缝合带仍处于拉张过程中，造成海盆不断加深，海侵不断扩大，在大洋的周缘形成浅海盆地和碳酸盐台地环境。由于藏北地区当时处于低纬度地区，温暖湿润的环境是生物礁赖以形成的基础，因此各类型生物礁造礁事件开始发生。该阶段的生物礁演化存在有两种发展方向：一种是近岸的岸礁演化类型；另一种是远岸的台地边缘礁演化类型。

(一)岸礁的演替

这种演化类型发育在羌中南类乌齐-左贡地层分区的巴青县马如地区，与当时的近岸环境有着密切的关系。早期礁体的礁基由砂屑灰岩组成，在该硬底基础上发育了 *Liostrea* 障积层礁，它不仅累计厚度大、出露宽，而且延伸较远，呈层状分布。由于藏北地区生物礁的发育阶段中造礁群落的演化不具有连续性，即不存在演替系列，而表现为群落的取代现象，因此生物礁的发育也存在不连续性，第一次造礁事件的结束主要是由于海平面的快速上升所致。

随着水体变浅，开始第二次造礁事件的发生，除了固着双壳类 *Liostrea* 继续发育之外，Cyanobacteria 也开始繁盛，共同形成了 Cyanobacteria-*Liostrea* 黏结-障积层礁。Cyanobacteria-*Liostrea* 黏结-障积层礁既有单体固着生长的双壳类，又有形态多变的藻纹层。藻类黏结和缠绕着动物的硬体骨骼，使之成为牢固的礁体，而且横向成层发展，本次造礁事件形成的礁体累积厚度更大，出露也较宽，但呈层状分布。由于海平面的快速上升导致了第二次造礁事件的结束。

随着海水再次变浅，第三次造礁过程又以 *Liostrea* 大量发育而形成了障积层礁，*Liostrea* 障积层礁的发育与现代滨海发育的 *Ostrea* 牡蛎礁较为相似，固着生长的双壳类成为障积体，其空隙之间捕获细小的灰泥及细小的颗粒，不同的是 *Ostrea* 多半直接固着于坚硬的岩石之上生长。本次造礁事件随着第三次海平面的快速上升而结束，从而结束了该区岸礁的演替历史。

（二）台地边缘礁的演替

该演化类型分布于比如-洛隆-班戈地层分区的索县地区桑卡拉佣组，在中侏罗世演化阶段的早期海侵开始，发育了一套滨海碎屑岩。随着海侵的深入，沉积转化为台地相的碳酸盐岩，属于远岸的台地边缘浅滩相。生物礁的演替大致经历了三个演化阶段，即奠基阶段、发育阶段和衰亡阶段。

生物礁的奠基阶段是礁体赖以形成的基础，表现为各类型礁体的礁基由亮晶砂屑灰岩或生物碎屑灰岩组成，说明生物礁都是在能量较高的生物滩或砂屑滩硬底基础上发育起来的。

生物礁的发育阶段是礁体的主体形成时期，其特征是造礁生物大量增加，由于礁体的类型不同，该区礁体的发展阶段体现为不同的成礁方式，具体体现为造礁生物的分泌钙质作用、捕获灰泥和原地堆积作用及障积作用等。在索县地区，生物礁在发育阶段的早期和晚期以造架作用为主要成礁方式（分别形成六射珊瑚-柱状层孔虫骨架礁与六射珊瑚骨架礁），并伴以造架生物的原地堆积、自身分泌和捕获等成礁方式；在中期阶段则以障积作用为主要成礁方式，其次为捕获灰泥的作用（形成柱状层孔虫障积礁）。

衰亡阶段是礁体的消亡期，表现为造礁生物突然大量减少甚至缺乏。礁体衰亡的原因往往不外乎于两种：第一种是由于礁体赖以生存的环境变浅，水体能量增强，使造礁生物大量减少直至消失，被浅滩环境所取代；第二种是由于礁体的生态环境突然变深，水体的循环、温度、光线和氧的含量等环境因子均不适合造礁生物的生存，从而使造礁生物大量减少甚至很快消失。该区的生物礁的衰亡多属于第二种情况。

二、晚侏罗世台内礁的演替阶段

该阶段生物礁的演化发展主要出现在木嘎岗日地层分区安多东巧地区，在纵向上构成了一个完整的海平面变化旋回。在海侵的初期，形成滨海潮坪环境，沉积了较粗的碎屑岩和煤线。到了海侵中期，转化为碳酸盐台地环境，是生物礁的主要形成时期。

早期生物礁发育于开阔台地相中，礁基为亮晶核形石灰岩，随着海平面缓慢上升为筒状层孔虫-枝状层孔虫障积块礁的发育提供了条件。它们通过障积作用捕获灰泥，礁体多呈丘状和面包状。随着海水的变浅，形成了以核形石灰岩为代表的礁盖，结束了第一次造礁事件。

随着海水缓慢加深，发生了第二次造礁事件，生物礁发育于以亮晶砂屑灰岩为代表的礁基之上，在砂屑的硬底上，形成了筒状层孔虫-块状层孔虫障积-骨架块礁和枝状层孔虫障积点礁。其中块状层孔虫骨骼致密，一般不充填灰泥，组成坚固的骨架礁。筒状层孔虫和枝状层孔虫可组成障积礁，其障积或捕获物以灰泥为主，其次有少量粉屑和生物屑。在骨架礁和障积礁的共同作用下，礁体生长较为高大，呈似层状分布，延展较远，属于开阔台地内的块礁类别。随着海水的变浅，结束了第二次造礁事件。

随着海水的再次缓慢加深，研究区发生了第三次造礁事件。亮晶砂屑灰岩的礁基表明本期生物礁以浅滩的硬底为基础，在开阔台地相环境背景下，形成了筒状层孔虫障积点礁和筒状层孔虫-六射珊瑚障积-骨架块礁。筒状层孔虫是良好的障积物，捕获灰泥和粉屑，可生长为块状礁体。六射珊瑚的生长可以形成坚实的骨架礁，但由于东巧区六射珊瑚种类与索县不同，难以形成规模较大的骨架礁，成为台地内部的小型点礁。泥晶灰岩的礁盖说明由于海平面的开始上升，在宁静的滩间洼地较深水环境中，不利于生物礁的生存，从而结束了第三次造礁事件。

第五章　沉积体系与沉积相

藏北地区侏罗纪生物礁主要分布于冈底斯-念青唐古拉地层区比如-洛隆-班戈分区、羌塘-昌都地层区羌中南分区—类乌齐-左贡分区和冈底斯-念青唐古拉地层区木嘎岗日分区，以下主要阐述上述地层分区的沉积体系及沉积相特征。

第一节　沉积相标志

藏北地区能够指示沉积相的标志主要包括岩性岩相标志、沉积构造标志及化石生态标志和地球化学标志，以下分别阐述。

一、岩性岩相标志

藏北地区含礁层系中，以发育碳酸盐岩类为主，其次有部分碎屑岩类。在碳酸盐岩类中，主要为石灰岩类，根据各类岩石的形成条件和成因，本节将研究区岩相类型划分为六大类型，分述如下。

（一）流水成因的颗粒岩岩相类型(G)

1. 亮晶砂屑灰岩(G_1)

亮晶砂屑灰岩在安多县东巧区琼那上侏罗统沙木罗组、索县城东中侏罗统柳湾组和巴青县马如乡中侏罗统布曲组都有分布。岩石呈浅灰色、中—厚层状。岩石具粒屑结构，颗粒主要为砂屑，大小为0.1～0.25mm，含量为55%～60%，同时见少量生物屑和砾屑，填隙物为亮晶方解石胶结物，代表一种高能的浅滩环境(图5-1)。

2. 亮晶核形石灰岩(G_2)

亮晶核形石灰岩岩相类型主要见于安多县东巧区琼那上侏罗统沙木罗组(图5-1中的A亚组合)。岩石呈浅灰色—灰色，以中层状为主。岩石具粒屑结构，颗粒主要为核形石，大小为0.5～1.5mm，含量可达50%～55%，此外，还见有少量砂屑、鲕粒和生物屑等颗粒，填隙物主要为亮晶方解石胶结物，代表中等-较强水动力条件的沉积环境。

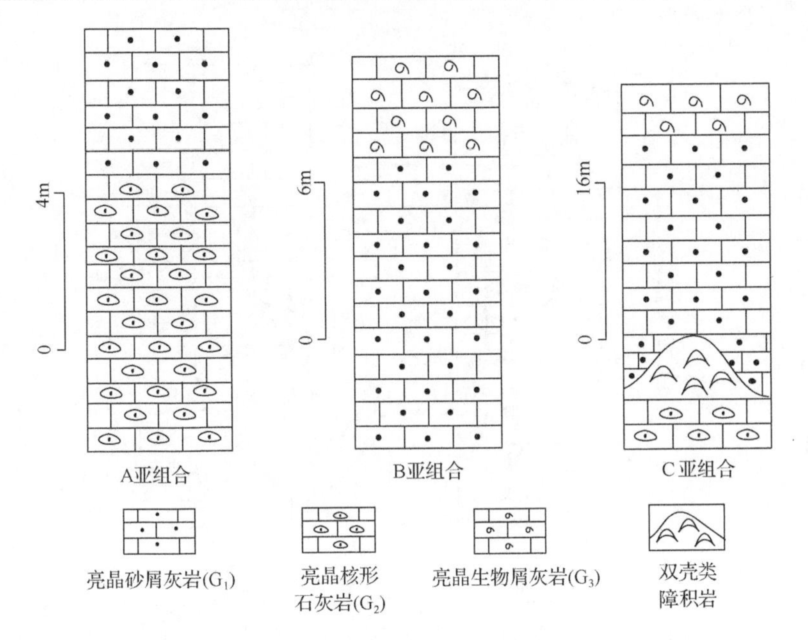

图 5-1　台地浅滩相岩相组合

3. 亮晶生物屑灰岩(G_3)

亮晶生物屑灰岩主要分布于安多县东巧区琼那上侏罗统沙木罗组、索县城东中侏罗统柳湾组和巴青县马如乡中侏罗统布曲组中(图 5-1 中的 B 亚组合和 C 亚组合)。岩石一般呈浅灰色—灰色、以中层状为主。岩石中生物屑含量可达 60%～75%，填隙物全为亮晶胶结物，含量达 25%～30%，胶结物明显具两世代粒状结构，局部还可见共轴方解石胶结物，代表水动力条件较强的沉积环境。

4. 亮晶生物屑砂屑灰岩(G_4)

亮晶生物屑砂岩灰岩岩相类型主要见于安多县东巧区琼那上侏罗统沙木罗组中和巴青县马如乡中侏罗统布曲组中，岩石呈浅灰色，中—厚层状。岩石具粒屑结构，颗粒主要为砂屑，大小为 0.1～0.25mm，含量为 55%～60%，生物屑含量可达 20%～35%。填隙物为亮晶方解石胶结物，代表一种高能的浅滩沉积环境。

(二)复成因的泥晶、泥质灰岩岩相类型(M)

1. 泥晶灰岩和含生物屑泥晶灰岩(M_1)

泥晶灰岩和含生物屑泥晶灰岩岩相类型在安多县东巧区琼那上侏罗统沙木罗组、索县城东中侏罗统柳湾组和巴青县马如乡中侏罗统布曲组中都有分布。岩石一般呈灰色、浅灰色，薄—中层状，岩石具泥晶结构，但普遍含少量生物碎屑，含量为 1%～15%不等，生物碎屑主要为双壳类和腕足类等(图 5-2)。

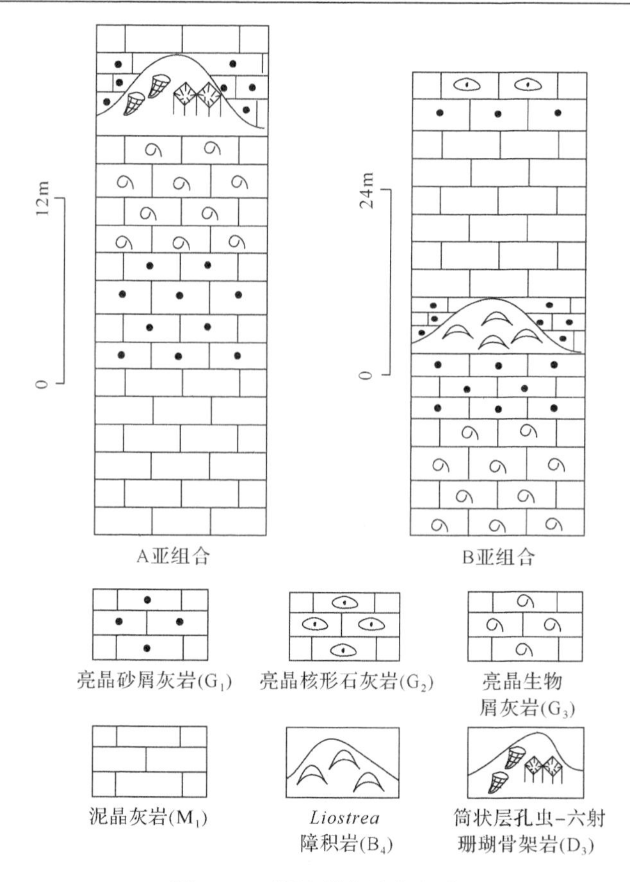

图 5-2　开阔台地相岩相组合

2. 泥质灰岩(M_2)

泥质灰岩岩相类型主要见于巴青马如乡中侏罗统布曲组。岩石一般呈浅灰—灰色，薄—中层状，泥质含量一般可达 30%～45%，生物屑含量一般为 10%～15%，属于开阔台地相沉积。

3. 生物屑泥晶灰岩(M_3)

生物屑泥晶灰岩岩相类型在安多县东巧区琼那上侏罗统沙木罗组、索县城东中侏罗统柳湾组和巴青县马如乡中侏罗统布曲组都有分布(图 5-2)。岩石一般呈浅灰色—灰色，中层状，泥晶含量较高，可达 60%～75%，生物碎屑可达 25%～35%，属于开阔台地相沉积。

(三)生物成因的障积岩岩相类型(B)

1. 筒状层孔虫-枝状层孔虫障积岩(B_1)

筒状层孔虫-枝状层孔虫障积岩种岩相分布于沙木罗组上部，厚 2.5～3m。障积生物主要为枝状层孔虫 *Cladodoropsis*，含量占岩石的 40%～60%(图 5-3 中的Ⅰ)，其次为筒状层孔虫 *Milleporidium cylindricum*，含量为 10%～15%，此外，发育少量块状层孔虫。它们多呈原地生长状态保存，其障积或捕获物主要为灰泥。

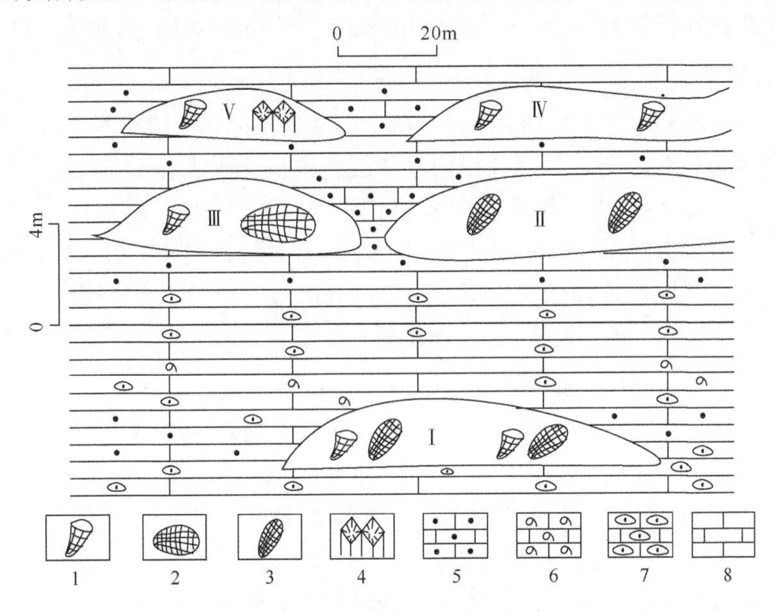

图 5-3　台内生物礁相岩相组合

1. 筒状层孔虫；2. 块状层孔虫；3. 枝状层孔虫；4. 六射珊瑚；
5. 砂屑灰岩(G_1)；6. 生物屑灰岩(G_3)；7. 核形石灰岩(G_2)；8. 泥晶灰岩(M_1)
Ⅰ. 筒状层孔虫-枝状层孔虫障积岩(B_1)；Ⅱ. 枝状层孔虫障积岩(B_2)；
Ⅲ. 筒状层孔虫-块状层孔虫骨架岩(D_2)；Ⅳ. 筒状层孔虫障积岩(B_3)；Ⅴ. 筒状层孔虫-六射珊瑚骨架岩(D_3)

2. 枝状层孔虫障积岩(B_2)

赋存于沙木罗组上部(图 5-3 中的Ⅱ)，厚 3～3.5m。在横向上 20m 处相变为筒状层孔虫-块状层孔虫障积-骨架岩。障积生物主要为枝状层孔虫，含量占岩石的 60%～70%，且多数呈直立或倾斜状态保存，其障积或捕获物主要为灰泥。

3. 筒状层孔虫障积岩(B_3)

筒状层孔虫障积岩分布于沙木罗组上部(图 5-3 中的Ⅳ)，厚 1.5～2.0m。在横向上 25m 处相变为筒状层孔虫-六射珊瑚障积-骨架岩。障积生物主要为筒状层孔虫，其含量占岩石的 40%～60%，此外为少量枝状层孔虫，其含量约为 10%。障积或捕获物主要为灰泥及少量粉屑，后者散布于前者之中。

4. *Liostrea* 障积岩(B_4)

Liostrea 障积岩类岩相仅见于巴青马如乡中侏罗统布曲组(图 5-4 中的 C_1 亚组合，图版Ⅰ-6，7)，厚 5～8m，在剖面中累计厚 15～20m。礁岩与正常沉积岩层

分界清晰，可见的出露宽度 100m，在区域上可追索 10km。障积生物以 *Liostrea birmanica* 占绝对优势，其含量高达 70%～80%，且多呈凸的一面(左壳)朝下、扁平的一面(右壳)朝上的原始生长状态保存，个体完整，其主要功能为原地固着生长，障积灰泥和抵抗波浪。障积生物间的填隙物以灰泥为主，含量为 20%～30%。

5. 柱状层孔虫-块状层孔虫障积岩(B_5)

柱状层孔虫-块状层孔虫障积岩赋存于安多东巧上侏罗统沙木罗组，厚 2.5～3.0m，主要障积生物为块状层孔虫、柱状层孔虫积及枝状层孔虫，其中，块状层孔虫含量为 25%～35%，组成了礁体的格架。柱状层孔虫含量为 15%～20%。此外，还共生有部分枝状层孔虫，含量为 10%～15%，它与柱状层孔虫构成了礁体的障积生物，其障积或捕获物以灰泥为主，其次为少量粉屑和生物屑。

6. 柱状层孔虫-六射珊瑚障积岩(B_6)

柱状层孔虫-六射珊瑚障积岩见于索县中侏罗统柳湾组和安多东巧上侏罗统沙木组(图 5-4 中的 B 亚组合)，厚 1.5～2.0m。该类岩相主要障积生物为六射珊瑚和柱状层孔虫，前者组成礁体的骨架，呈原地生长状态保存，含量为 20%～30%，在索县以 *Schizosmilia rollieri* 为特征，安多东巧则以 *Actinastrea* 为主；后者为障积生物，多呈直立状态保存，含量为 15%～20%。在索县以 *Parastromatopora memoria naumanni* 为特征，而安多东巧则以 *Milleporidium cylindricum* 为主。

(四)生物成因的骨架岩岩相类型(D)

1. 六射珊瑚骨架岩(D_1)

六射珊瑚骨架岩类岩相赋存于索县中侏罗统柳湾组中(图 5-4 中的 B 亚组合，图版Ⅰ-4)，厚 2～2.5m，骨架生物以笙状复体的六射珊瑚 *Schizosmilia rollieri* 为特征，其含量为 35%～40%，宏观上呈自中心向四周呈放射状排列为特征，放射环直径为 25～30cm，它们呈原地生长状态保存，构成了礁体的骨架。骨架间以灰泥为主，其次为少量粉屑和生物屑。

2. 筒状层孔虫-块状层孔虫骨架岩(D_2)

筒状层孔虫-块状层孔虫骨架岩类岩相赋存于沙木罗组上部(图 5-3 中的Ⅲ，图版Ⅲ-6)，厚 2.5～3m，在剖面中出露长度为 30～40m，在区域上可追索约 10km，其形态呈面包状或似层状。其主要骨架生物为块状层孔虫、筒状层孔虫及枝状层孔虫。其中块状层孔虫为 25%～35%，组成了礁体的格架。筒状层孔虫含量为 15%～20%，此外还有 10%～15%的枝状层孔虫，它们组成了礁体的骨架，骨架间以灰泥为主，其次有少量粉屑和生物屑，生物屑以双壳类和腹足类为主。

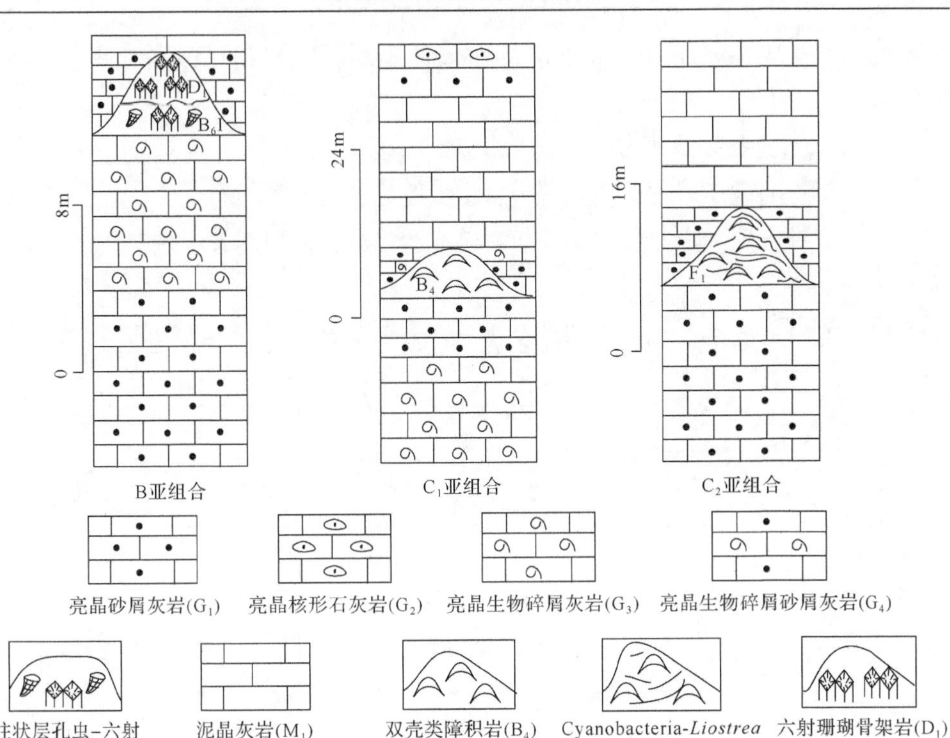

图 5-4　台地边缘礁相及岸礁相岩相组合

3. 筒状层孔虫-六射珊瑚骨架岩(D_3)

筒状层孔虫-六射珊瑚骨架岩类岩相主要分布于沙木罗组上部(图5-3中的Ⅴ，图版Ⅳ-8)，厚 1.5～2.0m，在剖面中出露长度约 30m，呈丘状或面包状。主要骨架生物为六射珊瑚 *Actinastraea* 和筒状层孔虫，前者组成了礁体的骨架，呈群体的原地生长状况保存，含量为 20%～25%，后者含量为 15%～20%，骨架间主要为灰泥和粉屑，但以前者为主。

(五)生物及生物化学成因的岩相类型(F)

1. Cyanobacteria-*Liostrea* 黏结-障积岩(F_1)

Cyanobacteria-*Liostrea*黏结-障积岩类岩相主要分布于布曲组中部(图5-4中的C_2 亚组合，图版Ⅰ-8)，厚 4～6m。障积生物主要为 *Liostrea sublamellosa* 和 *L. Eduliformis*，其含量为 60%～70%，黏结生物为 Cyanobacteria，含量为 10%～15%，且以藻叠层形式出现，并与 *Liostrea* 呈相间式出现和生长，其功能为黏结作用和缠绕作用，与 *Liostrea* 一起形成黏结-障积骨架，并黏结和障积灰泥。其中，*Liostrea* 多呈凸的一面朝下，平的一面朝上的生长状态保存，个体保存完整。如 *Pseudotrapezium* *cordiforme* 和 *Pholadomya socialis qinghaiensis* 等。障积骨架间填隙物主要为灰泥，含量为 15%～25%。

2. 含放射虫的硅质岩与硅质泥岩(F_2)

含放射虫的硅质岩与硅质泥岩类岩相主要见于安多鄂溶沟上侏罗统东巧蛇绿岩群中，岩性主要为深灰色薄层硅质岩及深灰色薄层硅质泥岩，其中产有较多的放射虫(图版Ⅴ，图 5-5)。

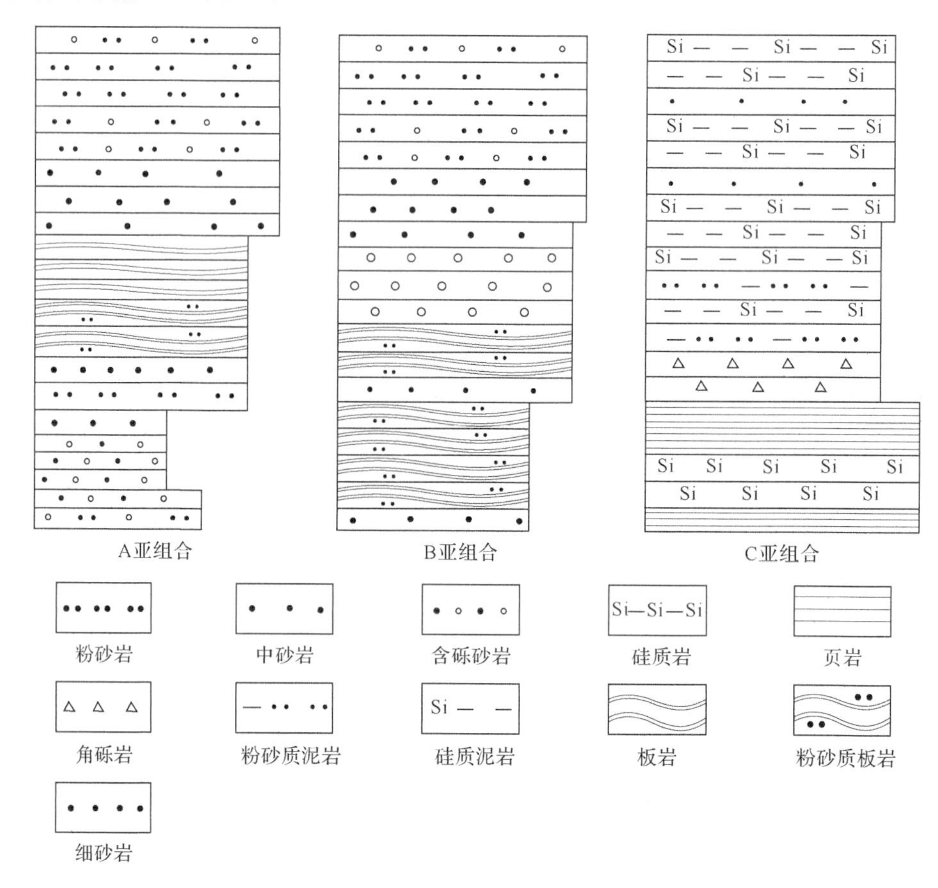

图 5-5　大陆斜坡-盆地相岩相组合

(六)流水成因的碎屑岩岩相类型(C)

1. 中砾岩(C_1)

中砾岩岩相仅见于班戈县上侏罗统拉贡塘组中(图 5-6)，岩石新鲜面浅灰色，单层厚 30～50cm，砾石大小为 3～10cm，少数达 25cm，含量为 55%～60%。砾石成分主要为石英砂岩，胶结物成分为硅质，横向延伸不远，呈透镜状。

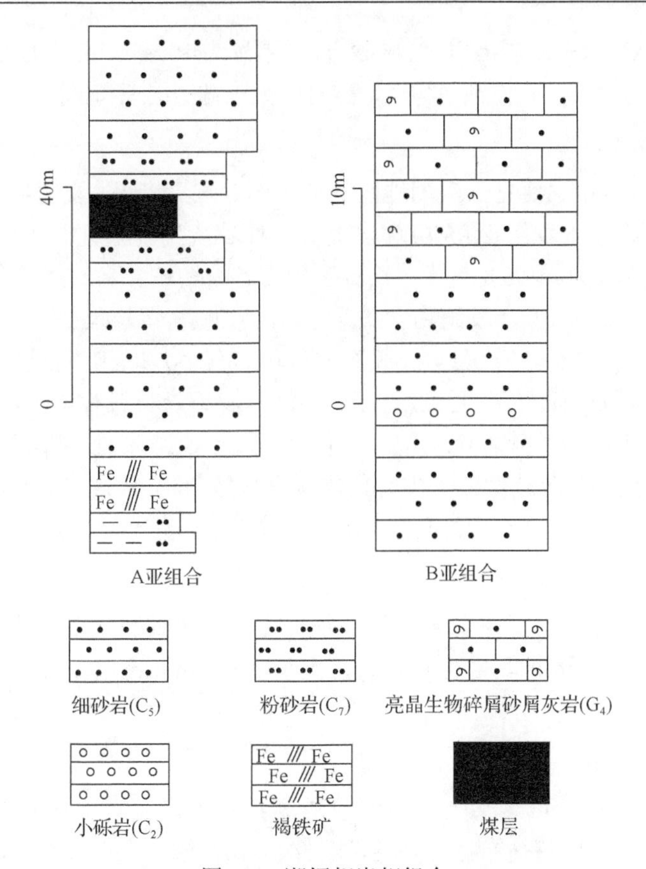

图 5-6　潮坪相岩相组合

2. 小砾岩(C_2)

小砾岩岩相类型主要见于安多东巧上侏罗统沙木罗组中，砾石大小一般为1～5mm，少数可达15mm。砾石含量可达60%～70%，砾石主要成分为石英，胶结物为硅质。砾岩底界侵蚀面构造上过渡为砾岩，或砾岩呈透镜状产出，这类砾岩属潮沟或潮汐通道产物(图 5-6)。

3. 中砂岩-含砾粗砂岩(C_3)

中砂岩-含砾粗砂岩岩相仅见于班戈县上侏罗统拉贡塘组(图 5-5)，砂岩中石英含量一般为65%～80%不等，长石含量为10%～15%，岩屑含量少则10%～15%，单层厚15～45cm。岩石以中粒结构为主，分选性差—中等，颗粒呈次棱角状-棱角状，磨圆度较差。含有砾石，砾石成分主要为石英砂岩，砾石以次圆为主，含量为20%～25%。砂岩具有逆粒序，其中见有平行层理。

4. 具粒序层理的含砾砂岩、细砂岩(C_4)

具粒序层理的含砾砂岩、细砂岩岩相仅见于安多鄂溶沟上侏罗统东巧蛇绿岩群中，岩性为深灰色薄—中层砂岩、含砾砂岩，单层厚为 10～30cm，少数厚为 5～10cm，砂岩和含砾砂岩底部具有侵蚀面构造，砂岩中见正粒序层理和平行层理(图 5-5)。

5. 细砂岩(C_5)

中-细砂岩岩相主要见于双湖地区的曲色组、雀莫错组、夏里组、雪山组、安多东巧上侏罗统沙木罗组(图 5-6)和班戈县上侏罗统拉贡塘组中(图 5-5)。砂岩中石英含量一般为 65%～90%不等，长石含量为 5%～16%，岩屑含量少则为 2%～4%，多则为 25%～30%，胶结物含量为 12%～13%，单层厚 20～50cm。属石英砂岩(C_{5-1})、长石石英砂岩(C_{5-2})、长石岩屑砂岩(C_{5-3})和岩屑石英砂岩(C_{5-4})。双湖地区夏里组以石英砂岩为主(C_{5-1})；东巧沙木罗组以长石石英砂岩(C_{5-2})为主；班戈县拉贡塘组以岩屑砂岩(C_{5-4})及长石岩屑砂岩(C_{5-3})多见，岩石以细粒结构为主，少量中粒结构。分选性差—中等，颗粒呈次棱角状-棱角状，磨圆度较差。岩石以颗粒支撑为主，胶结类型为孔隙式胶结。砂岩中见有平行层理及楔状交错层理。

6. 含砾粉砂岩(C_6)

含砾粉砂岩岩相见于班戈县上侏罗统拉贡塘组中(图 5-5)，岩石风化面褐灰色，单层厚 10～30cm，其中含有砾石，大小 2～15mm 不等，含量为 5%～8%，砾石多以次圆状为主。

7. 粉砂岩(C_7)

粉砂岩岩相见于班戈县上侏罗统拉贡塘组和安多东巧上侏罗统沙木罗组中(图 5-5)，粉砂岩以粗粉砂为主，细粉砂岩次之，在成分上以富石英、长石和岩屑为特征，但其杂基含量及胶结物中的泥质含量明显高于砂岩，反映结构成熟度较砂岩差。拉贡塘组粉砂岩中可见较多斜交层面的遗迹化石。

8. 粉砂质板岩、粉砂质泥岩(C_4)

粉砂质板岩、粉砂质泥岩岩相见于班戈县上侏罗统拉贡塘组和土门地区雀莫错组下部和中部，岩石风化面褐灰色至黄褐色，新鲜面灰黑色，单层厚为 10～30cm，粉砂质板岩(图 5-6)中发育包卷层理和沙纹层理(C_{8-1})。粉砂质泥岩(C_{8-2})中见有水平层理。

9. 页岩、泥岩(G_9)

页岩-泥岩岩相主要见于羌塘-左贡地层分区的曲色组、雪山组及安多鄂溶沟上侏罗统东巧蛇绿岩群中，以深灰色、紫红色及黑色页岩为特征(图 5-5)。其中，曲色组中的页岩呈深灰色，与粉砂岩经常共生组合(G_{9-1})；雪山组中的泥岩、页岩呈紫红色(G_{9-2})，常与紫红色中层状岩屑砂岩构成组合；东巧蛇绿岩群中的黑色页岩(G_{9-3})经常与硅质岩、硅质页岩形成组合，它们分别代表三种不同沉积相类型。

二、沉积构造标志

研究区侏罗系发育的沉积构造主要有层理构造、层面构造、底面构造和化学成因构造。层理构造主要有平行层理、楔状交错层理、槽状交错层理、波状交错层理、脉状交错层理和透镜状层理、沙纹层理、包卷层理；层面、底面构造有波痕和侵蚀面构造；化学成因构造包括石盐假晶等。

（一）层理构造

1. 平行层理

平行层理广泛分布于侏罗系雀莫错组、布曲组、夏里组、雪山组和沙木罗组、拉贡塘组中，其岩性以中—细粒砂岩及为主，代表了较强的水动力条件，其产出环境有滨岸相、潮坪和台地等环境中。

2. 楔状交错层理和槽状交错层理

楔状交错层理和槽状交错层理主要分布于侏罗系夏里组、拉贡塘组及沙木罗组地层中，代表水体能量较高的环境。楔状交错层理层系厚度达35cm，前积纹层倾角为8°～10°，属大型交错层理。其产出环境为滨岸相、潮坪及三角洲相等环境。

3. 波状交错层理、脉状交错层理和透镜状层理

三者主要见于中侏罗统雀莫错组、沙木罗组中。其岩性为紫红色-灰绿色薄层-中层泥质粉砂岩与粉砂质泥岩互层。它表明泥、砂都有供应，并且是在较活跃的水动力条件与较缓慢的水动力条件交替的情况下形成的，该类层理多数形成于潮坪沉积环境。

4. 沙纹层理

沙纹层理是层系厚度小于3cm的交错层理。研究区内这类沉积构造不发育，仅见于中侏罗统夏里组紫红色中层状粉砂岩沉积中。其产出环境为潮坪相。

5. 包卷层理

研究区包卷层理不发育，仅见于班戈上侏罗统拉贡塘组灰黑色中层状泥质粉砂岩及粉砂质板岩中，该层理体现了流水改造和重力滑动的复合作用，见于斜坡相环境中。

（二）层面、底面构造

1. 波痕

波痕较少，仅见于研究区侏罗系夏里组中，其岩性为中-细粒砂岩，波长为6～11cm，波高0.5～1.2cm，波痕指数为8～12，波脊呈直线形，属不对称浪成波痕。

2. 侵蚀面

侵蚀面仅见于上侏罗统雪山组中，位于砾岩的底部，侵蚀面冲刷起伏大小不一，大者达 0.3m，冲刷侵蚀面之上为细—中砾岩，砾岩中砾石以次圆为主，砾石具定向排列。

(三)化学成因的构造

化学成因构造的石盐假晶主要见于它们往往呈立方体散布于层面上或岩层内部。石盐假晶是在石盐晶体埋藏后经溶解、充填而形成的。它们的存在说明石盐晶体生长时水体盐度的增高和埋藏后孔隙水盐度的降低。石盐的晶体印痕和假晶大多产于温暖气候下的潮坪等沉积物中。

三、化石生态标志

藏北地区侏罗系中化石较多，如腕足类、双壳类、层孔虫、六射珊瑚、菊石、放射虫、有孔虫、介形虫和孢粉等(图版Ⅰ—Ⅹ)，主要化石门类有腕足类、层孔虫、双壳类和菊石等。以下讨论主要门类的古生物化石的生态特征。

(一)腕足类

研究区腕足类化石较丰富，主要见于侏罗系布曲组和索瓦组中。腕足类大多数为可适应盐性跨度较小的正常浅海生物，该区产有腕足类：*Burmirhynchia flabilis*, *B. asiatica*, *Holcothyris tanggulaica*, *H. cooperi*, *Kotchithyris denggensis* 等(图版Ⅷ，图版Ⅸ)。

1. 形态构造

腕足类具有背、腹壳，多数具有肉茎孔或三角孔构造，由肉茎孔内可以伸出肉茎构造固着于海底。有些腕足类没有明显的铰合构造，而有些则具有明显的铰合构造，其中有铰牙和铰窝，腕足类靠内部纤毛腕的摆动而滤食微生物或有机质。

2. 生活方式和习性

腕足动物只有在幼虫期数天内能够在海水中自由浮游，并以该方式来扩展它们的生活领地，然后就长期栖息于海底，并以固着为生。腕足动物的固着形式较多，但关岭新铺晚三叠世早期卡尼期腕足动物的固着形式只有三种：①从腹壳茎孔伸出肉茎，将贝体潜入于海底淤泥或砂质泥内，并在一定的时间内穴居于洞穴内；②从三角孔伸出肉茎，插入于海底钙质软泥内，并以背、腹壳后顶区为支撑点固着于海底钙质软泥表层上；③以腹壳顶区自由躺卧于海底钙质软泥上，贝体的前半部(拖曳部)高高翘出于钙质软泥面，以便于摄取食物取食物(曾庆銮，2009；肖传桃，2017)。

从藏北地区侏罗系腕足类形态构造来看，腕足类多数外形多呈圆三角形，壳体较大且壳较厚，具有铰合构造和肉茎孔等主要构造，多保存于生物屑泥晶灰岩及砂屑灰岩中，少数保存于泥质灰岩中，其生活方式属于从腹壳茎孔伸出肉茎，将贝体潜入于海底淤泥或砂质泥内生活，综合分析认为它们生活于正常开阔浅海环境中。

（二）双壳类

藏北地区双壳类化石较丰富，主要见于侏罗系雀莫错组、布曲组、夏里组和索瓦组中。双壳类大多数为可适应盐度跨度较大的浅海生物。该区产有双壳类 *Anisocardia*, *Pseudotrapezium*, *Camptonectes*, *Protocardia*, *Anisocardia*（*A.*）, *Liostrea*, *Lopha*, *Lamprotula* 等（图版Ⅵ、图版Ⅶ）。

1. 形态构造

双壳类具有左、右壳，多数具有左右对称的两壳，由肉茎孔内可以伸出肉茎构造固着于海底。双壳类多数具有明显的铰合构造，其中有齿系和齿窝，有些种类具有两耳和足丝凹口，有些内部具有外套湾，有些呈珊瑚形态，有些一壳厚一壳薄可以营固着生活。

2. 生活方式和习性

双壳纲的生活方式复杂多样，基本生活方式有壳体固着、钻孔、正常底栖、足丝附着、深埋穴居五种（肖传桃，2017）。第一类为壳体固着的类型；第二类为钻孔、穴居生活；第三类正常底栖，通常壳两瓣对称，前后差异不大，水管不发育，没有足丝及其相关构造（足丝凹口、耳等），铰合及开闭机构发达以适应抵抗风浪、急流、敌害等；第四类足丝附着，是以足丝暂时或永久地附着于水中物体上，足丝向前腹方伸出，使足和壳的前部退化，壳形显著不等侧，与足丝有关的构造很发育，由于在水底表面生活无外套湾；第五类深埋穴居，是在泥沙中挖掘洞穴，长期或永久的穴居，通常壳体伸长，喙不突出，外套湾深，有些由于水管不再缩回形成前、后张口。

从藏北地区侏罗系双壳类形态构造来看，*Liostrea* 为左壳固着、右壳作为口盖，能够造礁，适应较浅的水体。有些双壳类外形多呈圆三角形，两壳对称，厚、重，壳面具有瘤状突起等，具有铰合构造，如 *Lamprotula* 等，应适宜于海水较动荡的正常底栖爬行生活，多数双壳类如 *Pseudotrapezium*, *Protocardia*, *Anisocardia* 等两壳对称，外套湾不显著，适宜于正常浅海正常底栖爬行生活；少数具有耳的种类如 *Camptonectes*，可能适宜于足丝附着海底生活。上述双壳类多保存于该区侏罗系的生物屑泥晶灰岩、泥灰岩、粉砂质泥岩及砂屑灰岩中，综合分析认为它们总体生活于浅海环境中。

（三）菊石

藏北地区菊石化石较丰富，主要见于该区侏罗系桑曲色组、雀莫错组、夏里组和索瓦组中。主要化石有 *Psiloceras*, *Schloihemia*, *Ariatites*, *Suiciferites*, *Dorsetensia*, *Erymnoceras*, *Virgatosphinctes*, *Aulacosphinctes* 等（图版Ⅵ-1～8）。

1. 形态构造

菊石属于平旋壳型头足类，具有住室、胎壳、气室和体管等构造，侧面形态分为外卷、半外卷、半内卷和内卷，气室中充满气体，因此，菊石具有游泳能力。

2. 生活方式和习性

由于菊石具有各种不同的壳形和壳饰，游泳能力有所差别：比较光滑扁平的壳体，特别是具有流线型的壳体及内卷的壳是一种善于快速或长距离游泳的类型。两侧对称平旋状壳体，便于在水中保持平衡，显然有利于游泳。体管细小且气室内无沉积物的类型，一般是沿水平方向或尖端向上斜的游泳种类，而体管粗并靠近腹部，气室、体管沉积物发育者属于栖息海底的类型。

从藏北地区菊石的发育形态构造来看，曲色组的菊石 *Psiloceras*，*Schloihemia*，*Ariatites*, *Suiciferites* 等具有流线型的壳体，半内卷至内卷，可抵抗深水压力，是一种善于快速或长距离游泳的类型，它们产于深灰色粉砂岩、页岩，夹深灰色泥灰岩和微晶灰岩中，共生的底栖生物较少，因此，总体代表了较深水陆棚环境。而雀莫错组、夏里组和索瓦组中的菊石 *Dorsetensia*，*Erymnoceras*，*Virgatosphinctes*，*Aulacosphinctes* 等具有半外卷至外卷的壳体，抵抗水压能力较弱，产于生物碎屑灰岩及钙质页岩等岩性中，可能不适宜于较深水游泳。

（四）放射虫

藏北地区放射虫化石较丰富，主要见于侏罗系东巧蛇绿岩群中，主要化石有 *Paronella*, *Crucella*, *Pseudoeucyrtis* 和 *Spongocapsa* 等（图版Ⅴ）。

1. 形态构造

放射虫属于单细胞的原生生物，个体很小，为 0.1～2.5mm，其骨骼通常包藏在细胞中，由细胞质所分泌。除骨针外放射虫骨骼的壳壁结构有三种主要类型：①网格状，由小棒（bar）按一定几何模式在二维空间排列，形成小孔，并相连成网状；②海绵状，由细短的小棒在三维空间不规则地交错连接而成，常分辨不出清晰的孔形；③具孔板状，壳壁致密均质，其上排列稀疏、大小不等的孔。

2. 生活方式和习性

由于放射虫个体极小，囊外细胞质多泡，可以增加浮力，因此，放射虫属于浮游生物，一般生活于水层的表面附近，在海中漂游，藏北地区放射虫均产于东巧蛇绿岩群的硅质岩中，代表深水盆地环境。

（五）层孔虫

藏北地区层孔虫化石较丰富，主要见于侏罗系桑卡拉佣组和沙木罗组中，可以分为柱状、枝状、筒状和块状层孔虫四种形态类型(图版Ⅰ～Ⅳ)。主要化石有枝状 *Cladocoropsis*，柱状和筒状 *Milleporidium*, *Parastromatopora* 以及块状的 *Milleporella* 和 *Xizangstromatopora* 等。

1. 形态构造

层孔虫硬体构造较为复杂，具有星根、轴柱、共骨、中柱、泡沫组织、虫室、骨素等构造，并具有典型的层状构造，为层孔虫阶段生长的产物。其群居的软体组织位于众多的虫室内，且能分泌钙质骨骼。层孔虫固着于硬底上生活，靠从流动的水体中滤食微生物为生。

2. 生活方式和习性

层孔虫是一类营群体生活的海洋底栖固着型动物，层孔虫固着于硬底上生活，靠从流动的水体中滤食微生物为生，其要求的生态环境为温暖、清洁、氧和光线为充足、循环较好的正常浅海。

尽管层孔虫生存的环境大体相似，但不同形态的层孔虫生存的微环境有差异。在该区中，枝状层孔虫如 *Cladocoropsis* 等圆枝状体直径细小，不利于生活于高能环境，一般生活于水体相对安静的环境中，这一结论由其枝状体间多为泥晶方解石充填得到证实。而筒状层孔虫和块状层孔虫因共骨较结实，可形成抗浪格架，其生态环境的能量为相对高的水体，这一结论由其共骨间含有(充填)一定数量的生物碎屑和粉屑等颗粒甚至有亮晶方解石等得到证实。

（六）六射珊瑚

藏北地区珊瑚化石较丰富，主要见于研究区内侏罗系桑卡拉佣组，少量分布于沙木罗组中，主要化石六射珊瑚以 *Schizosmilia rollieri* 和 *Actinastraea* 为代表。其形态构造和生态特征在第三章第一节已经阐述过，在此不做赘述，它们代表正常浅海环境。

四、地球化学标志

目前，地球化学标志的研究包括常量元素、微量元素和稳定同位素三个方面，其中在利用常量元素和微量元素来判别沉积环境时，一般要综合利用多元素进行分析，各项数据互相验证，以合理解释其中的异常现象，而不能仅仅依靠这些元素个别挑选的比值。

通过对工区内曲瑞恰乃布曲组和夏里组剖面进行了元素分析(表5-1，表5-2)，对其沉积环境进行探讨。

（一）硼（B）含量

从表 5-1 可以看出，该内中侏罗统布曲组微量元素硼的含量变化范围为 61.5～141.5ppm[①]，平均为 97.88ppm。研究表明，淡水沉积中硼含量为 44ppm，半咸水相中为 70ppm，咸水相（海相）为 102ppm。按照这一观点，该区内仅一个样品为 61.5ppm，其余均大于 70ppm，因此为半咸水相-咸水相沉积环境，即盐度值较高，这一结论与布曲组沉积背景相吻合。

表 5-1　中侏罗统布曲组元素地球化学特征

序号	样品号	Zn/ppm	V/ppm	Ti/ppm	Ga/ppm	B/ppm	Al/%	B/Ga	Al/Ti	V/Zn
1	GP-1-Q	83.6	108	4923	21.9	117.8	8.85	5.4	17.9	1.3
2	GP-2-Q	90.0	113	5262	21.4	105.7	8.86	4.9	8.9	1.3
3	GP-3-C	90.6	112	5010	20.8	114.8	8.89	5.5	9.3	1.2
4	GP-4-Q	89.2	117	4910	21.3	108.6	8.79	5.1	10	1.3
5	GP-5-C	96.1	72.8	4162	17.1	61.5	7.78	3.6	12.9	0.75
6	GP-6-C	115	107	4372	18.1	92.1	8.87	5.1	15.6	1
7	GP-7-C	89.3	153	5117	22.6	141.5	9.36	6.3	9.9	1.7
8	GP-11-C	84.2	61.3	3619	16.0	80.7	7.54	5.1	13.4	0.7
9	GP-13-C	85.4	88.6	4336	14.5	80.3	7.80	5.5	10.6	1.04
10	GP-14-C	78.9	101	4542	18.3	92.5	8.79	5.1	11.1	1.29
11	GP-18-C	62.2	109	4892	20.7	81.2	8.42	3.9	10.1	1.75

表 5-2　中侏罗统夏里组微量元素分析数据

序号	样品号	B/ppm	Sr/ppm	Ba/ppm	Ga/ppm	V/ppm	Ni/ppm	Sr/Ba	B/Ga
1	QP-1-C_1	138.7	200	244	5.4	94.2	15.7	0. 82	25.7
2	QP-2-C_1	91.4	229	145	5.8	72.7	22.5	1.58	15.8
3	QP-4-C_1	68.6	150	127	3. 0	57.6	2.6	1.18	22.9

表 5-2 表明，该区中侏罗统夏里组微量元素硼的含量变化范围为 68.6～138.7ppm，平均为 99.57ppm。按照上述观点，研究区当时的沉积环境应是半咸水相-咸水相沉积环境，即总体盐度较高，这一结论与其地质背景吻合。

（二）w（B）/w（Ga）值

藏北地区中侏罗统布曲组样品中 w（B）/w（Ga）值变化范围为 3.6～6.3，平均为 5.1。李成凤和肖继风（1988）通过对胜利油田东营凹陷沙河街组微量元素研究后认为，当 w（B）/w（Ga）值小于 1.5 时为淡水相，当 w（B）/w（Ga）值为 1.5～3 时为半咸水相，w（B）/w（Ga）值为 4～5 时为咸水相。根据上述结论表明，藏北地区内布曲组为咸

① ppm 表示百万分之一。

水相沉积，这一结论与微量元素硼较好地吻合。

藏北地区中侏罗统夏里组样品中 $w(B)/w(Ga)$ 值变化范围为 15.8～25.7，平均为 21.5。根据上述观点表明，中侏罗统夏里组为咸水相沉积，即古盐度值较高，这与当时的地质背景一致。

（三）$w(Al)/w(Ti)$ 值

布曲组 $w(Al)/w(Ti)$ 值最小为 8.9，最大为 17.9，平均为 11.8。在高加索的陆相黏土岩中，$w(Al)/w(Ti)$ 值为 70～120，海相碳酸盐岩 $w(Al)/w(Ti)$ 值为 15～70，也就是说陆相沉积中 $w(Al)/w(Ti)$ 值明显高于海相沉积。该区内布曲组 $w(Al)/w(Ti)$ 值明显较低，为海相沉积环境。

（四）$w(V)/w(Zn)$ 值

通过研究发现，在高加索地区陆相岩石中 $w(V)/w(Zn)$ 值一般为 0.12～0.4，在古生代海相地层中 $w(V)/w(Zn)$ 值明显增加，为 0.25～4。通过对该区内 $w(V)/w(Zn)$ 值研究发现其最小值为 0.7，最大值达 1.75，明显属于海相地层。

（五）$w(Sr)/w(Ba)$ 值

藏北地区土门地区中侏罗统夏里组样品中 $w(Sr)/w(Ba)$ 值为 0.82～1.58，平均为 1.2。赵澄林（2001）通过研究后认为，淡水沉积物中的 $w(Sr)/w(Ba)$ 值小于 1，而海相沉积物中的 $w(Sr)/w(Ba)$ 值应大于 1。按照上述观点，该区中侏罗统夏里组应是以海相沉积为主，局部为淡水环境，而在该区双湖地区夏里组为一套碎屑岩。土门地区为三角洲相-局限台地亚相，因此地球化学标志与地质标志总体相吻合。

在安多东巧地区上侏罗统沙木罗组含礁层系中，作者测试了大量的微量元素和同位素，并专门对沙木罗组生物礁层系的古环境、古气候和古海平面变化进行了详细的分析和研究（详见第六章）。

第二节　沉积体系与沉积相特征

在藏北地区侏罗系的岩性岩相、沉积构造、生物生态及地球化学标志等分析基础上，对该区的侏罗系沉积体系进行了划分，并划分为 6 大沉积体系，即陆相沉积体系、海陆过渡沉积体系、滨岸沉积体系、镶边台地沉积体系、大陆架沉积体系、大陆坡-盆地沉积体系。上述沉积体系包括 9 种相类型、21 种亚相和 31 种微相（表 5-3），同时，建立了研究区露头沉积相标准剖面。

表 5-3　沉积体系与相类型划分

沉积体系	相	亚相	微相	主要层位
陆相	湖泊	滨湖、浅湖	滨湖砾岩、浅湖砂坝	雪山组
海陆过渡	三角洲	三角洲平原、三角洲前缘、前三角洲	水下分流河道、分支间湾、河口砂坝、远砂坝	雪山组
滨岸	无障壁滨岸	前滨、临滨、过渡带	前滨石英砂岩、临滨粉砂岩潮上泥坪、潮间砂泥混合坪、双壳障积岩、潮下沙坪、潮沟砾岩、潮下低能海湾	马里组、雀莫错组、布曲组、夏里组、沙木罗组
	有障壁滨岸	潮上坪、潮间坪、潮下坪、潟湖		
镶边台地	碳酸盐台地	开阔台地、局限台地	鲕粒滩、生物屑滩、核形石滩、滩间海、双壳障积礁、层孔虫障积礁、层孔虫-六射珊瑚障积骨架礁	沙木罗组、布曲组、索瓦组
	台地边缘	浅滩、生物礁	生物屑滩、砂屑滩、六射珊瑚骨架礁、层孔虫-六射珊瑚障积骨架礁	桑卡拉佣组
大陆架	浅海陆棚	内陆棚	砂泥质陆棚	曲色组
大陆斜坡-盆地	大陆斜坡盆地	浊流、颗粒流、泥石流、碎屑流	砂质碎屑流、砂质浊流、砂质颗粒流、硅质盆地、泥质盆地	拉贡塘组、东巧蛇绿岩群

一、陆相沉积体系

陆相沉积体系在藏北地区侏罗系不太发育，主要发育于土门地区雪山组中—上部，属于湖泊相沉积，滨浅湖亚相。

滨浅湖亚相的岩相组合包括 $C_2+C_5+C_{9\text{-}2}$ 的组合。颜色呈紫红色，体现了浅水氧化环境，主体岩性为紫红色中层状岩屑砂岩，夹紫红色页岩，底部为一套紫红色中至厚层细—中砾岩。其中，砾岩中的砾石大小为 3～8cm，含量为 50%～55%，砾石以次圆为主，成分复杂，有灰岩砾岩、砂岩砾石等，砾石长轴具有定向排列特征，砂岩中发育大型交错层理。据以上特征分析认为，砾岩属于滨湖亚相，砂岩属于浅湖亚相。

二、海陆过渡沉积体系

海陆过渡沉积体系在藏北地区侏罗系不太发育，主要发育于土门地区夏里组及索瓦组顶部—雪山组下部，属于三角洲相沉积，按沉积特征不同可细分为三角洲平原、三角洲前缘和前三角洲三个亚相。该区三角洲相的岩相组合主要包括 $C_5+C_7+C_{9\text{-}1}$ 的组合。

(1) 三角洲平原亚相：主要由分支流河道、分支间湾和沼泽沉积组成。其中分支流河道沉积由河道滞留沉积和边滩沉积构成。河道滞留沉积由含泥砾中砂岩组成，砂岩底部具冲刷侵蚀面构造；边滩沉积由中细砂岩组成，具板状交错层理或槽状交错层理。分支间湾沉积由粉砂岩及粉砂质泥岩组成，水平层理发育，富含植物化石碎片。沼泽沉积由泥岩夹煤层组成，具块状层理(李思田，1996)。

(2)三角洲前缘亚相：主要由分支流河口砂坝和远砂坝沉积组成。河口砂坝沉积由细砂岩夹粉砂岩组成，具波状交错层理。远砂坝沉积由粉砂岩与泥岩互层沉积组成，发育微细交错层理、水平层理、垂直生物潜穴构造等。

(3)前三角洲亚相：主要由泥岩、粉砂质泥岩组成，具块状层理，含植物碎片和双壳类化石。

三、滨岸沉积体系

滨岸沉积体系在藏北地区较为发育，主要发育于侏罗系马里组、雀莫错组、布曲组、夏里组、沙木罗组。按其有无障壁可以划分为无障壁滨岸相和有障壁滨岸相，各相特征描述如下。

(一)无障壁滨岸相

无障壁滨岸相位于连通性很好的海岸地带，海浪作用一般较强，但不同地带水动力状况不同，造成沉积物的性质、粒度、床沙特征、沉积构造、海岸地貌等方面不同。藏北地区无障壁滨岸发育较少，主要分布于双湖地区的中侏罗统雀莫错组、夏里组。无障壁滨岸相可进一步分为前滨、临滨、过渡带等亚相，所包括的岩相组合为 C_{5-1}+C_7+C_{9-1} 的组合。

1. 前滨亚相

前滨亚相位于海滩较低的逐渐向海倾斜的地带，地势平坦，这里波浪作用强，沉积物成熟度高。在该区前滨沉积主要见于双湖曲瑞恰乃地区夏里组，沉积物主要为浅灰-灰白色中层状细粒石英砂岩，矿物成分以石英为主，含量多在90%以上，其次为少量长石和岩屑，砂岩颗粒为次圆-圆状，分选性较好—好，发育平行层理、楔状交错层理及板状交错层理。

2. 临滨亚相

临滨亚相位于平均低潮面与正常浪基面之间的潮下带，临滨带上部砂岩比例高、粒度粗，发育交错层理及波状层理；临滨下部砂岩少、泥岩多，粒度细，交错层理少见，主要发育水平纹层、浪成沙纹和小型流水沙纹等，生物遗迹化石及生物挠动构造增多。该区临滨亚相主要发育于双湖地区的雀莫错组和夏里组，沉积物以浅灰色细砂岩、粉砂岩及泥岩互层，沉积构造主要为水平纹层、浪成沙纹等。

3. 过渡带亚相

过渡带亚相位于临滨与正常浪基面之间过渡地带，水深变化较大；沉积物粗于陆棚泥岩(粉砂级)，细于临滨砂岩；生物种类多，发育生物扰动。研究区临滨亚相主要发育于双湖地区的雀莫错组，沉积物以浅灰色页岩为主，夹有黄灰色薄层粉砂岩，沉积构造主要为水平纹层。

(二)有障壁滨岸相

有障壁滨岸相多发育于多湾的海岸区，由潮坪及潟湖(或局限台地)组成。潮坪位于潮间-潮上地带，无强烈风浪作用，地势平缓略带倾斜，具明显的潮汐周期；潟湖是海岸障壁岛后面的浅水盆地，位于潮下。藏北地区有障壁海岸相主要发育于土门地区雀莫错组、索县马里组、巴青-双湖布曲组及安多东巧沙木罗组。潮坪相可进一步分为潮上坪、潮间坪、潮下坪。该相类型为 $C_2+C_{5\text{-}2}+C_7+G_4+C_{8\text{-}2}$ 等岩相的组合(图 5-6)。

1. 潮上坪亚相

潮上坪亚相主要发育于土门地区雀莫错组下部和中部，岩性为紫红色及浅灰-浅灰绿色泥岩、粉砂质泥岩，见有水平层理及透镜状层理和植物碎片化石。

2. 潮间坪亚相

潮间坪亚相分布较广，见于土门地区雀莫错组、索县马里组、巴青-双湖布曲组及安多东巧沙木罗组。岩性为厚层状紫红色页岩、砂质页岩与中薄层状浅灰色、灰绿色粉砂岩互层。发育脉状层理、波状层理、透镜状层理，产有双壳类和腕足类化石。

3. 潮下坪亚相

潮下坪亚相分布较广，见于索县马里组及安多东巧沙木罗组。其岩性为浅黄色、灰色薄层-中层细砂岩、中砂岩、细砂岩夹粉砂岩和煤线，含有大量的细砂岩，可见平行层理和双向交错层理，可见植物化石；潮间下砂坝主要有黄色薄层粉砂岩，见有较丰富的植物化石碎片；潮沟与潮下砂坝主要由灰色中厚层状小砾岩与细、中砂岩互层，砂岩中有见板状交错层理、楔状交错层理及平行层理，产有双壳类和腕足类化石。

四、镶边碳酸盐台地沉积体系

镶边碳酸盐沉积体系在藏北地区较发育，主要分布于索县中侏罗统桑卡拉佣组、羌中南地层分区以及类乌齐-左贡分区的布曲组和安多东巧上侏罗统沙木罗组。该沉积体系位于陆架边缘高能带环境，属陆缘海型，可进一步分为开阔台地相和台地边缘相两种类型，各相沉积特征如下。

(一)碳酸盐台地相

碳酸盐台地相指位于台地边缘生物礁或浅滩与海岸之间的广阔海域，水体能量较强。该相带在研究区内分布较广，主要分布于索县中侏罗统桑卡拉佣组、安多东巧上侏罗统沙木罗组和羌中南地层分区与类乌齐-左贡分区的布曲组中，进一步分为开阔台地和局限台地两个亚相。

1. 开阔台地亚相

开阔台地亚相在研究区内分布较广，主要分布于安多东巧上侏罗统沙木罗组和羌中南地层分区类乌齐-左贡分区的布曲组中，其岩性包括亮晶鲕粒灰岩、亮晶生物屑灰岩、亮晶核形石灰岩、泥晶生物屑灰岩、泥晶灰岩、双壳类障积岩、层孔虫障积岩及层孔虫-六射珊瑚障积骨架岩等岩相类型，可构成 $G_1+G_2+G_3+M_1+B_1+B_2+B_3$ 和 $G_1+G_3+M_1+B_4$ 两种开阔台地亚相组合(图 5-2，图 5-3，图 5-4 中的 C_1、C_2 亚组合)。化石较为丰富，总体属于开阔台地环境沉积。亮晶颗粒灰岩属于台内浅滩沉积，泥晶灰岩及泥晶生物屑灰岩属于滩间海沉积，各类障积岩、骨架岩属于台内生物礁沉积微相。

2. 局限台地(潟湖)亚相

局限台地(潟湖)亚相主要发育于羌中南地层分区及类乌齐-左贡分区的布曲组中，岩性为浅灰-灰色-深灰色泥晶灰岩为主，间夹泥灰岩和页岩，可构成 M_2+M_3 岩相组合，层厚较薄，生物化石稀少，结合下伏雀莫错组和上覆夏里组分析，(M_2+M_3 组合)代表水体不够畅通的半局限-局限台地或潟湖亚相。

(二) 台地边缘相

该相类型在研究区内分布较局限，主要见于索县中侏罗统桑卡拉佣组。台地边缘相多位于碳酸盐台地与台地前缘斜坡之间的地带，该相带海水波浪作用较强。因此，经常发育高能环境的浅滩沉积，在台地边缘浅滩基础上生物礁易于生长。该沉积相带可进一步分为台地边浅滩和台地边缘生物礁两种亚相类型，它们可构成 $G_1+G_3+B_6+D_1$ 台地边缘礁岩相组合(图 5-4 中的 B 亚组合)。

1. 台地边缘浅滩亚相

藏北地区台地边缘浅滩亚相分布于索县中侏罗统桑卡拉佣组。岩性主要为浅灰色中至厚层状亮晶砂屑灰岩、生物碎屑灰岩及泥晶灰岩，岩石中见有平行层理及交错层理，总体属于浅滩亚相、生物屑滩微相沉积。

2. 台地边缘礁亚相

台地边缘礁亚相也主要发育于索县中侏罗统桑卡拉佣组。造礁生物主要为六射珊瑚和层孔虫等，造礁生物基本垂直层面生长，礁体沉积一般为块状，成层性不明显。岩性以六射珊瑚骨架岩为主，其次为层孔虫-六射珊瑚障积-骨架岩等，其底部为砂屑灰岩浅滩沉积物。礁盖部分为泥晶灰岩，上述特征表明其居于礁亚相沉积。

五、大陆架沉积体系

大陆架沉积体系位于滨岸沉积体系与大陆斜坡之间的地带，往往发育于台地沉积体系不太发育的沉积区。藏北地区该沉积体系主要见于羌中南地层分区的曲色组中，代表性沉积相为浅海陆棚相，可进一步分为内、外陆棚两个亚相。

浅海陆棚相类型见于双湖地区南部的曲色组中。其岩性下部以灰色、灰绿色页岩为主，夹浅灰色薄层钙质粉砂岩，可构成 $G_{9\text{-}1}$+G_7 外陆棚亚相岩相组合，页岩在区域上见有游泳型菊石化石，页岩中水平层理发育，推测为外陆棚亚相；上部为浅灰色中层状含生物屑泥晶灰岩及泥晶灰岩，可构成 $G_{9\text{-}1}$+M_3 内陆棚亚相岩相组合，其中见有正常底栖型双壳类、腕足类化石及苔藓虫和菊石化石，属于内陆棚亚相。

六、大陆斜坡–盆地沉积体系

大陆斜坡-盆地沉积体系位于大陆架向海一侧的深水区域，水体处于风暴浪基面之下，能量较低。其中，大陆斜坡的沉积物以深水原地沉积为主，并多次发育有碎屑流、泥石流、颗粒流及浊流等重力流沉积。深水盆地发育原地泥质及硅质沉积。该沉积体系在藏北地区主要见于洛隆地层分区上侏罗统拉贡塘组和木噶岗日分区的上侏罗统东巧蛇绿岩群。

（一）大陆斜坡相

大陆斜坡相主要见于洛隆地层分区上侏罗统拉贡塘组和木噶岗日地层分区东巧东巧蛇绿岩群东巧，其岩性可构成（图 5-5 中的 A、B、C 亚组合）三个大陆斜坡盆地相岩相组合。拉贡塘组岩性为浅灰色中层状中砾岩、浅灰色中层状含砾粗砂岩、灰色中层状细砂岩、灰黑色中层状含砾粉砂岩、含砾粉砂岩及灰色中层状粉砂质板岩，发育粒序层理、平行层理、沙纹层理和包卷层理及遗迹化石，总体属于大陆斜坡相沉积。东巧蛇绿岩群深灰色薄层泥岩夹浅灰色中层含砾砂岩及薄层细砂岩和粉砂岩，此外，硅质岩、硅质泥岩、泥岩较发育，含砾砂岩底部见侵蚀面，粒序层理、平行层理，总体也呈现了大陆斜坡相特征。大致可以分为以下几个亚相，即颗粒流、碎屑流、泥石流和浊流，同类沉积也见于藏北康玉地区（喻安光，1997）。

1. 碎屑流亚相

碎屑流是由泥水混合物支撑并搬运且重力作用大于基质强度时发生在斜坡上的一种层流，碎屑流堆积物被非黏性的颗粒填隙。该区碎屑流主要见于拉贡塘组上部，其次见于东巧蛇绿岩群上部。其下为颗粒流，之上为浊流沉积。以中砾岩为主（C_1），其次为角砾岩。单层厚为 30～50cm，砾石大小为 3～10cm，少数达 25cm，含量为 55%～60%。砾石成分主要为石英砂岩，胶结物成分为硅质，横向延伸不远，呈透镜状。

2. 泥石流亚相

泥石流亚相多见于拉贡塘组中部，与颗粒流及浊流沉积交互产出。其下为浊流沉积，其上为颗粒流沉积。以砾粉砂岩(C_6)为特征及含砾细砂岩为特征，砾石漂浮在基质之中，单层厚10～30cm，其中含有砾石，大小为2～15mm不等，含量为5%～8%，砾石多以次圆状为主。

3. 颗粒流亚相

颗粒流是以颗粒相互碰撞产生的扩散应力支撑的重力流。这种扩散应力可以支撑粗砂和砾石，因此颗粒流常含有较粗大的颗粒(高振中和段太忠，1990；许强等，2010)。颗粒流沉积的鉴别标志如下：①呈块状、层状、透镜状夹于灰黑色页岩或板岩中；②颗粒分选性中等，磨圆度较好，杂基较少到无，多为块状；③颗粒流沉积最显著特征之一是发育逆粒序；④砾石略平行于层面，有的呈叠瓦状排列；⑤颗粒流沉积的周围均为较深海环境的泥页岩、泥质粉砂岩等，说明颗粒流经过了一定距离的搬运，为深海异地沉积物。

藏北地区颗粒流沉积岩性由下而上依次出现逆粒序的粉砂岩、含砾粉砂岩及含砾粗砂岩特征(C_8+C_3岩相)，顶底一般为粉砂质板岩，这些特点表明其搬运方式并非碎屑流和浊流，只有颗粒流的机制才能形成。颗粒流的形成需要相当大的坡度(18°～28°)。在地质历史上，颗粒流的实例很少，其实用价值不高，因此人们不太关注，但是颗粒流可以反映当时坡折带的地形，具有一定的地质研究意义，该区出现该类沉积，说明该时期班公-怒江洋盆出现较陡的斜坡。

4. 浊流亚相

浊流亚相主要发育于拉贡塘组下部和上部。岩石类型有杂砂岩、岩屑石英砂岩、粉砂岩和粉砂质板岩，剖面结构上表现出中、细粒砂岩与粉砂岩或板岩互层。砂岩中杂基含量大于10%，砂级碎屑含量为57%以上，以石英为主，呈次棱角状、棱角状外形，分选性差。粉砂岩中的泥质含量及板岩中的砂质含量均较高，粉砂质板岩中见有包卷层理。浊流沉积组合样式表现为：a—d段、a—b段、b—c段和c—d段等。

(二)盆地相

盆地相位于碳酸盐台地斜坡以下向海一侧的深水区。该环境水体深度大，水动力条件极差，水体循环基本停滞，处于还原状态，几乎无底栖生物，以漂游生物为主。盆地相环境中形成的产物一般色暗、粒细、水平层理发育，常含远洋浮游和漂浮生物化石组合，缺乏原地的浅海生物组合。

该区该相带见于安多东巧蛇绿岩群，沉积物主要为黑色、深灰色薄层硅质泥岩、硅质岩及黑色页岩($G_{9\text{-}3}$)，硅质岩中见有丰富的放射虫化石，沉积特征上与上述大陆斜坡相交互出现。

第三节 沉积环境演化

因研究区侏罗纪生物礁在不同时期分布于不同的地层分区中，而不同地层分区在侏罗纪不同时期经历了不同的沉积环境演化过程，因此，以下分别阐述三个地层分区的沉积环境演化情况。

一、羌中南与类乌齐–左贡分区侏罗纪海侵–海退沉积序列

羌中南地层分区与类乌齐–左贡地层分区都位于班公–怒江缝合带的北侧地区，其侏罗纪地层单位一致。该区缺失早侏罗世早期沉积物，早侏罗世晚期曲色组沉积期由于海平面的快速上升发育了浅海陆棚相页岩、粉砂岩及生物屑灰岩，产有游泳型菊石及底栖型双壳类和腕足类化石(图 5-7)。至雀莫错组沉积期早期，海平面下降，发育了潮坪相沉积，见有透镜状层理等。随着第二次海平面的上升与下降，在雀莫错组晚期发育了滨岸相的细砂岩与云岩互层沉积。至布曲组，该区大致经历了两个海平面变化旋回，形成了碳酸盐台地沉积，其中，在研究区东部巴青马如乡一带，发育了三套由固着类双壳类 *Liosrtrea* 形成的生物礁，应属于离海岸较近的生物礁，由于海平面的下降，水体相对闭塞和浑浊，最终导致了每一次造礁事件的结束。在研究区西部双湖地区，布曲组未见有生物礁。至夏里组沉积期，研究区大致经历了两个海平面变化旋回(尹青等，2014)，以发育临滨与前滨交互的滨岸相沉积，其中见有底栖型腕足类和双壳类化石。至索瓦组—雪山组沉积期，研究区大致经历了两个海平面变化旋回，索瓦组发育了碳酸盐台地沉积，并以开阔台地与局限台地交互沉积为特征；至雪山组沉积期，研究区逐渐海退，以发育了三角洲和湖泊相沉积而结束侏罗纪沉积史。

二、比如–洛隆–班戈地层分区侏罗纪海侵沉积序列

比如–洛隆及班戈地层分区都位于班公–怒江缝合带的南侧地区，缺失下侏罗统沉积，其中上经历了潮坪—台地—大陆斜坡沉积演化史。中侏罗世早期即马里组沉积期，研究区开始了第一个海平面变化旋回，以发育潮坪相沉积物为特征，见有底栖型腕足类和双壳类化石。至桑卡拉佣组沉积期，开始了第二个海平面变化旋回，由于海平面进一步上升，研究区发展为开阔台地及台地边缘滩礁环境，在浅滩基础上发育了台地边缘生物礁，造礁生物以大型底栖固着型六射珊瑚为主，其次为柱状层孔虫，它们形成了台地边缘骨架礁及障积–骨架礁。进入晚侏罗世拉贡塘组沉积期，由于大洋的拉张作用，研究区发生了海平面快速上升事件，由原来的台地边缘礁环境发展为大陆斜坡环境，由于斜坡较陡，沿斜坡发育了大量重力流沉积，重力流类型包括浊流、碎屑流、泥石流和颗粒流，从沉积物的组合来看，该时期大致经历了四个海平面变化旋回(图 5-8)。

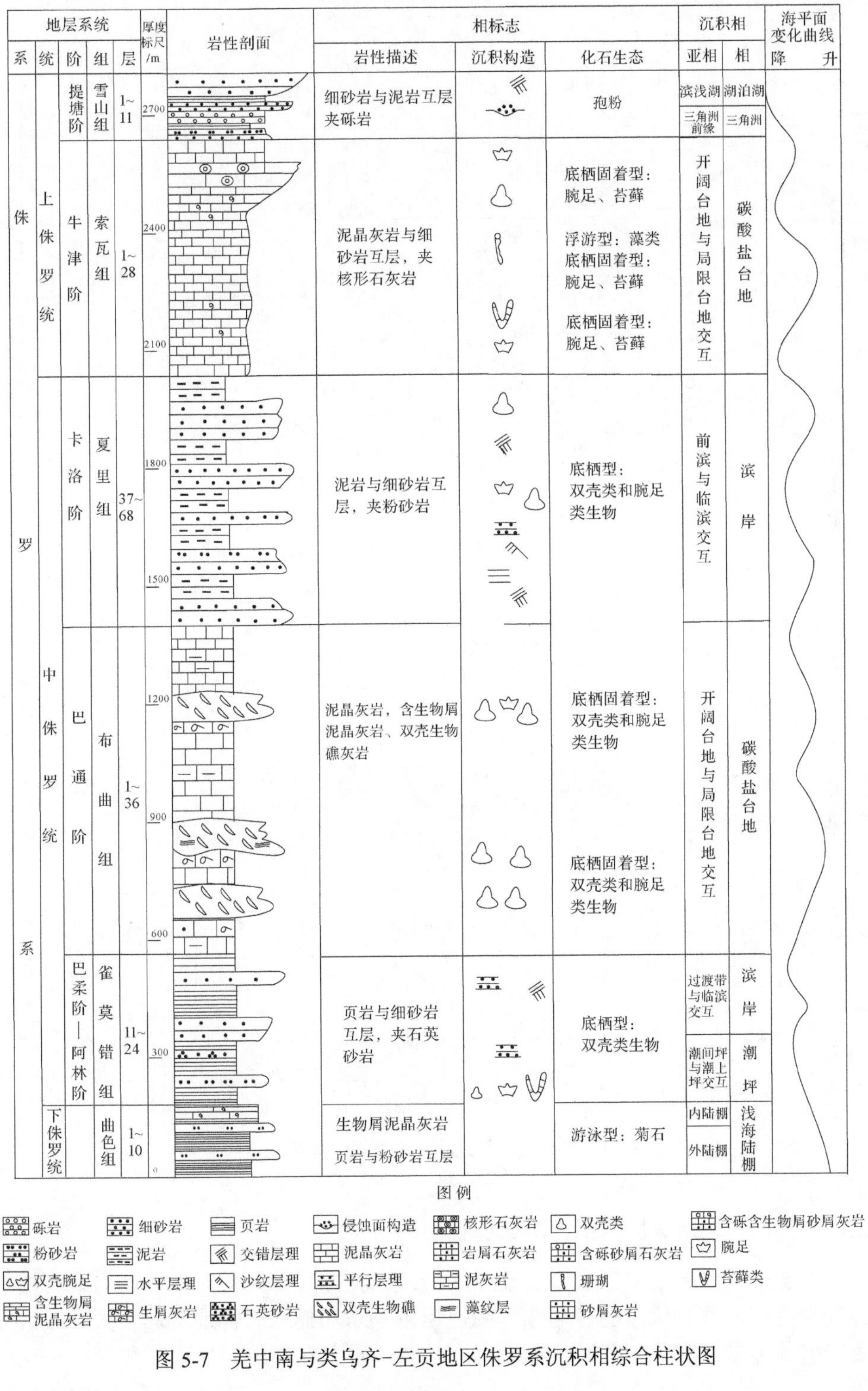

地层系统					厚度标尺/m	岩性剖面	相标志			沉积相		海平面变化曲线
系	统	阶	组	层			岩性描述	沉积构造	化石生态	亚相	相	降　升
侏罗系	上侏罗统	提塘阶	雪山组	1~11	2700		细砂岩与泥岩互层夹砾岩		孢粉	滨浅湖 三角洲前缘	湖泊湖 三角洲	
		牛津阶	索瓦组	1~28	2400 2100		泥晶灰岩与细砂岩互层，夹核形石灰岩		底栖固着型：腕足、苔藓 浮游型：藻类 底栖固着型：腕足、苔藓 底栖固着型：腕足、苔藓	开阔台地与局限台地交互	碳酸盐台地	
	中侏罗统	卡洛阶	夏里组	37~68	1800 1500		泥岩与细砂岩互层，夹粉砂岩		底栖型：双壳类和腕足类生物	前滨与临滨交互	滨岸	
		巴通阶	布曲组	1~36	1200 900 600		泥晶灰岩，含生物屑泥晶灰岩、双壳生物礁灰岩		底栖固着型：双壳类和腕足类生物 底栖固着型：双壳类和腕足类生物	开阔台地与局限台地交互	碳酸盐台地	
		巴柔阶—阿林阶	雀莫错组	11~24	300		页岩与细砂岩互层，夹石英砂岩		底栖型：双壳类生物	过渡带与临滨交互 潮间坪与潮上坪交互	滨岸 潮坪	
	下侏罗统		曲色组	1~10	0		生物屑泥晶灰岩 页岩与粉砂岩互层		游泳型：菊石	内陆棚 外陆棚	浅海陆棚	

图例

砾岩　细砂岩　页岩　侵蚀面构造　核形石灰岩　双壳类　含砾含生物屑砂屑灰岩
粉砂岩　泥岩　交错层理　泥晶灰岩　岩屑石灰岩　含砾砂屑石灰岩　腕足
双壳腕足　水平层理　沙纹层理　平行层理　泥灰岩　珊瑚　苔藓类
含生物屑泥晶灰岩　生屑灰岩　石英砂岩　双壳生物礁　藻纹层　砂屑灰岩

图 5-7　羌中南与类乌齐-左贡地区侏罗系沉积相综合柱状图

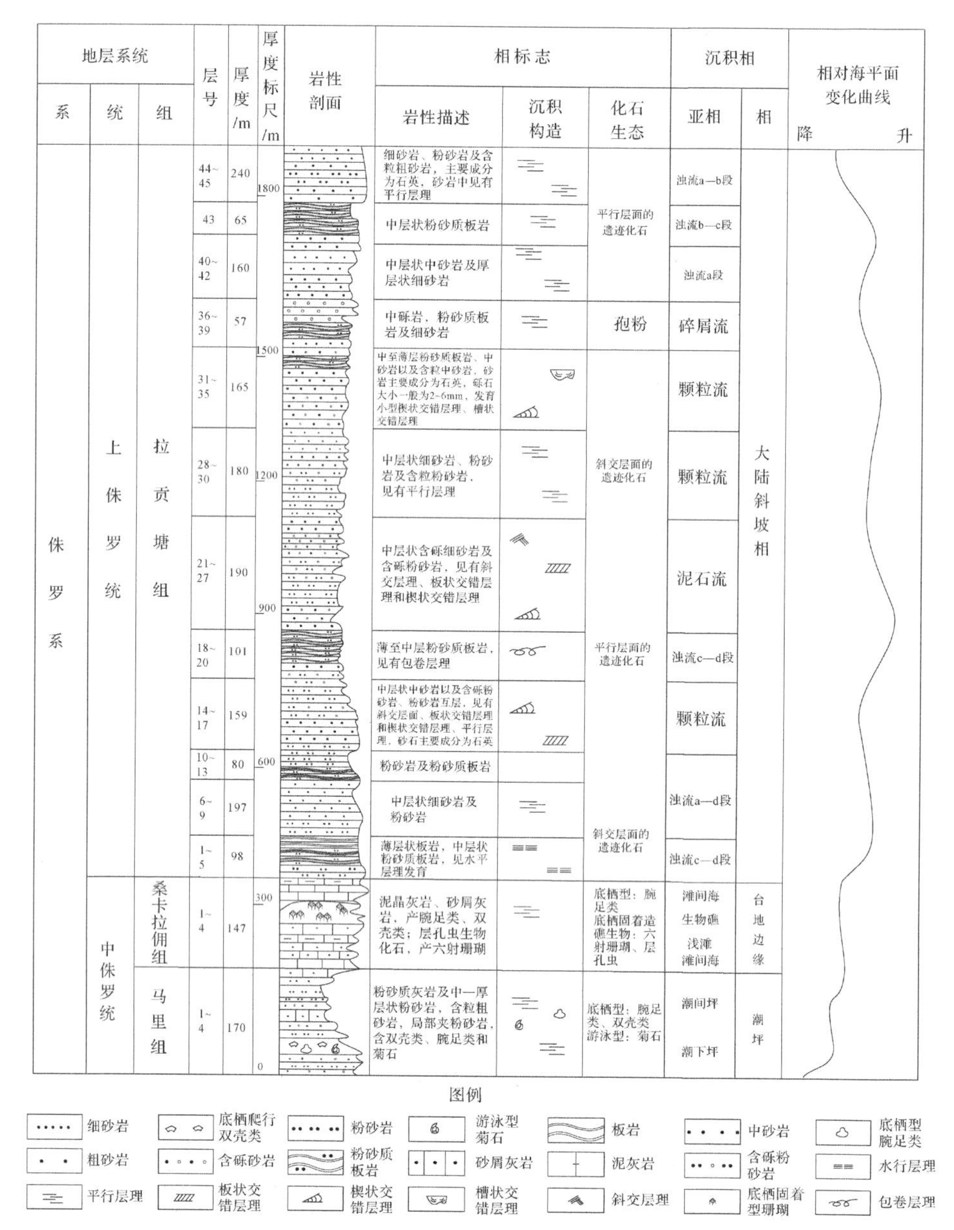

图 5-8　比如-洛隆-班戈地区侏罗系沉积相综合柱状图

三、木嘎岗日地层分区侏罗纪海退沉积序列

木嘎岗日地层分区位于班公-怒江缝合带的内部，侏罗纪时期以发育东巧蛇绿岩群为特征，其时代可能跨越侏罗纪，但由于东巧蛇绿岩群地层厚度大，且较分散，出露零星，因此，其时代可能存在争议。进入东巧蛇绿岩群沉积期，由于大

洋的拉张作用，研究区除了发生大量的海底超基性、基性喷发外，交互发育了大陆斜坡相和盆地相的沉积作用，斜坡相沉积物主要为重力流沉积，重力流类型包括浊流和碎屑流两种类型，浊流以a—c段、a—e段和d—e段，盆地相以发育硅质盆地和泥质盆地为主，其中，硅质盆地相中发育较多的漂游型放射虫。从沉积物的组合来看，该时期大致经历了两个海平面变化旋回(图5-9)。之后该区发生过海退事件，表现为东巧蛇绿岩群之上不整合覆盖沙木罗组沉积，反映了东巧蛇绿岩群形成之后，研究区曾经发生过俯冲事件而抬升出海平面之上。

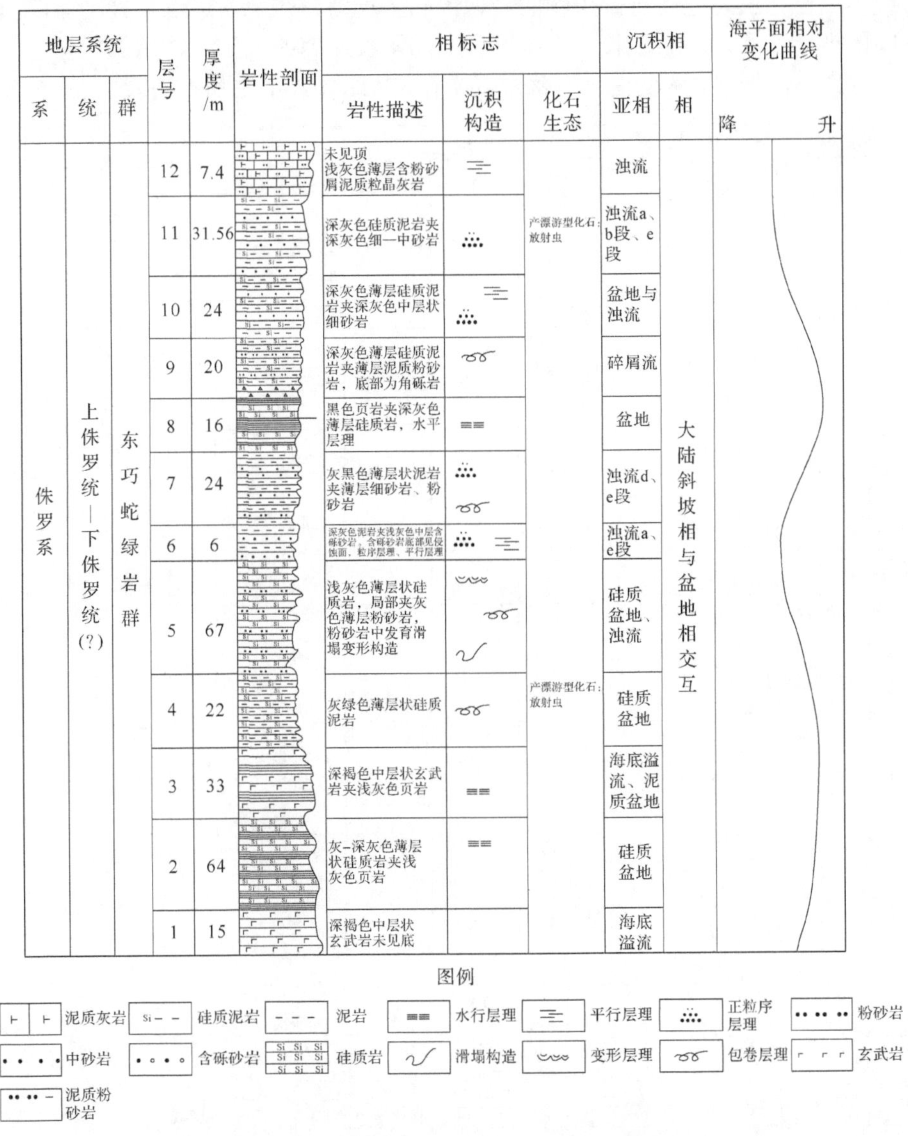

图5-9　木嘎岗日地层分区侏罗系东巧蛇绿岩群沉积相综合柱状图

经过一段时间的风化、剥蚀作用之后，该区又开始下降接受沉积。晚侏罗世中期末，由于拉萨地体与其北侧的欧亚陆块的碰撞、拼合，导致了中特提斯洋的闭合和海平面大幅度下降而使比如盆地北部地区暴露地表，遭受剥蚀和风化作用，形成了研究区上侏罗统上部沙木罗组与东巧蛇绿岩群之间的角度不整合面。晚侏罗世晚期，以雅鲁藏布江缝合带为代表的新特提洋盆的扩张处于鼎盛期(刘训等，1992；王冠民和钟建华，2002)，导致了海平面的上升，海水由南向北入侵。随着海平面的上升及次级海平面的周期性变化，研究区纵向上出现了三次造礁事件，形成了以层孔虫为主要造礁生物的台地内部生物礁。在三次造礁事件之后，随着时间的推移和礁体不断生长，由于可容空间增长速率的大于生物礁的生长速率，该区水体不断加深，致使造礁群落难以生存，从而导致了生物礁的衰亡(图 5-10)。

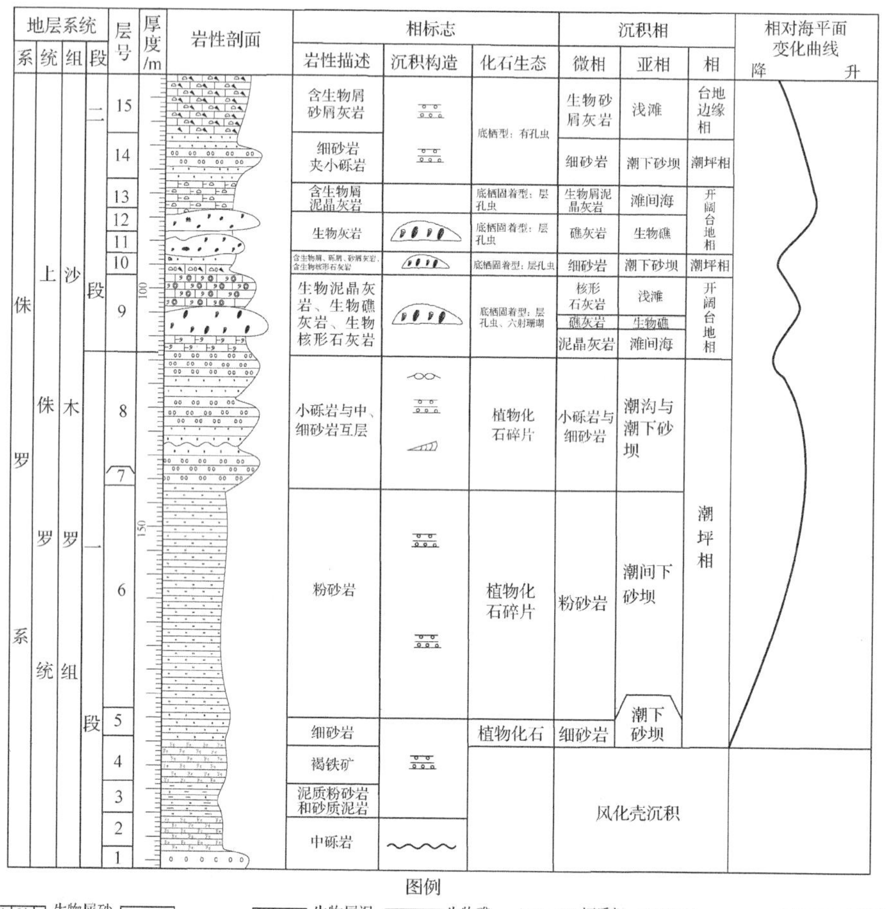

图 5-10　木嘎岗日地层分区上侏罗统沙木罗组沉积相综合柱状图

第六章　含礁层系古环境与古气候

海相碳酸盐岩稳定同位素及微量元素的组成对了解古海平面变化、构造活动、全球气候冷暖变化、生物灭绝及古海水温度、盐度等具有十分重要的意义。因此，元素地球化学被越来越多的应用于古环境、古气候研究。由于上侏罗统沙木罗组生物礁纵向层系多，横向延伸远，本书以安多东巧沙木罗组剖面为例，应用地球化学元素讨论含礁层系的古环境与古气候演化特征。

第一节　样品选择与测试结果

样品本身质量及其所处位置是数据有效性的首要前提，因此新鲜面的选择极为重要，并且每一个层位都要采集到。本节的测试结果均来源于藏北安多东巧地区沙木罗组地层中采集到的 18 个样品，共测试了 14 种微量元素、2 种稀土元素、7 种常量元素及 $\delta^{13}C$、$\delta^{18}O$（表 6-1～表 6-3）。

表 6-1　安多东巧地区常量元素　　　　（单位：%）

收样编号	送样编号	Na_2O	MgO	Al_2O_3	SiO_2	K_2O	Fe_2O_3	CaO
2010D15S118	DQ−15−wl	0.08	/	0.86	5.84	0.08	0.94	54.96
2010D15S119	DQ−14−wl	0.04	18.33	2.39	10.68	0.51	1.05	41.68
2010D15S120	DQ−13−wl	0.24	/	1.88	9.97	0.27	1.03	50.3
2010D15S121	DQ−12−wl	0.02	/	0.49	4.87	0.03	0.92	55.24
2010D15S122	DQ−11−wl1	0.21	/	2.64	17.44	0.35	1.85	39.67
2010D15S123	DQ−11−wl2	0.03	/	0.71	5.77	0.06	1.25	54.66
2010D15S124	DQ−10−wl	0.44	0.41	4.57	32.38	0.81	2.47	22.83
2010D15S125	DQ−9−wl	0.05	/	0.82	5.87	0.06	1.22	55.03
2010D15S126	DQ−8−wl	0.38	/	2.35	22.94	0.45	1.21	34.07
2010D15S127	DQ−7−wl	0.27	0.42	3.99	25.33	0.42	3.7	27.25
2010D15S128	DQ−6−wl	0.17	/	2.49	22.53	0.34	2.08	32.72
2010D15S129	DQ−5−wl	0.2	/	2.52	26.82	0.42	2.18	30.3
2010D15S130	DQ−4−wl	0.04	1.52	5.88	70.35	1.2	8.06	0.55
2010D15S131	DQ−3−wl1	0.4	/	2.35	23.81	0.49	1.32	32.55
2010D15S132	DQ−3−wl2	0.01	1.08	0.27	77.53	/	4.11	0.32
2010D15S133	DQ−2−wl	0.04	1.02	7.87	16.6	0.14	38.64	1.3
2010D15S134	DQ−1−wl1	0.03	24.23	0.37	19.66	/	3.72	19.92
2010D15S135	DQ−1−wl2	0.02	4.48	0.24	7.57	/	1.1	50.1

注：“/”表示未测出数据，下同。

表 6-2　安多东巧地区微量元素分布　　（单位：μg/g）

收样编号	送样编号	Ti	V	Cr	Mn	Co	P	Ni	Cu	Zn	Rb	Sr	Y	Zr	Nb	La	Pb
2010D15S118	DQ–15–wl	0.07	5.7	56.5	145.6	/	162.4	23.2	/	/	4.3	243.1	9.6	/	8.3	/	/
2010D15S119	DQ–14–wl	0.084	8.7	26.3	124.4	/	355.7	21.3	11.8	3.8	19.4	135.3	13.2	6.9	16.9	4	23.7
2010D15S120	DQ–13–wl	0.152	15.7	212	132.1	/	163.9	33.4	/	/	6	258.1	12.4	8.4	10	/	24
2010D15S121	DQ–12–wl	0.05	0.2	56.3	67.8	/	121.5	30.7	/	/	1.5	225.7	8	/	8.3	/	13.8
2010D15S122	DQ–11–wl1	0.156	27.2	3778.8	630.3	11.5	149.4	190	/	14.9	14.1	196.8	12.6	35.7	11.9	5.5	26
2010D15S123	DQ–11–wl2	0.052	5.7	91.2	122.6	/	106.6	52.2	/	/	4.9	248.8	8.6	/	8	/	/
2010D15S124	DQ–10–wl	0.226	38.5	3965	613.1	21.9	273.5	377.5	5.3	32.4	28.8	129.5	14.5	90	14.4	36	14.3
2010D15S125	DQ–9–wl	0.061	/	170	256.4	/	123.7	51.9	5.8	6.9	5.1	315.3	9.9	/	8.9	/	9.2
2010D15S126	DQ–8–wl	0.148	15.3	160.6	384.9	2.9	154.2	42.7	/	/	15.6	188	14.4	22.2	12.4	4.6	7.5
2010D15S127	DQ–7–wl	0.357	59.4	13119.6	920.6	20.1	203.6	347.9	4.2	66.2	11.9	139.2	14.2	97.6	13.4	18.3	24.1
2010D15S128	DQ–6–wl	0.252	41	5944.9	820.9	7.6	160.9	137.6	3.7	23.2	10.8	169.1	14.3	39.5	13	10.9	5.1
2010D15S129	DQ–5–wl	0.237	28.4	4986.5	1142.2	9.1	163.8	141.4	3.8	19	6.6	155	13.6	42.9	12.6	21.8	7.7
2010D15S130	DQ–4–wl	0.413	79.7	2365.5	207.1	57.3	285.4	1501.8	11.7	58	46.3	27	16	269.5	19.2	95.2	34.4
2010D15S131	DQ–3–wl1	0.171	19.3	235.2	436.6	/	187.3	74.9	5.4	/	13.8	184.7	13.5	27.5	12.9	8.8	11.2
2010D15S132	DQ–3–wl2	0.015	16.5	6199.1	407.6	79.6	57.9	1366.7	5.5	/	/	0.4	5.5	/	14.2	84.7	4.5
2010D15S133	DQ–2–wl	0.292	256.5	2600.3	1759	243.1	2006.1	5123.5	/	75	/	29.2	12.9	29.7	6.1	141.8	14
2010D15S134	DQ–1–wl1	0.026	5.4	1138.7	1132.5	26.9	112.1	1131	6.9	16.6	/	237.9	7	15.8	10.8	28.3	/
2010D15S135	DQ–1–wl2	0.041	8.4	159.7	44.5	0.9	124.4	273.8	0.9	/	4.4	137.5	8.1	/	8.9	/	/

表 6-3　安多东巧地区碳氧同位素含量　（单位：‰）

样品编号	$\delta^{13}C_{PDB}$	$\delta^{18}O_{PDB}$
DQ-1-wl1	−7.6	−13.1
DQ-1-wl2	−6.0	−14.0
DQ-2-wl	/	/
DQ-3-wl1	+0.1	−6.1
DQ-3-wl2	/	/
DQ-4-wl	/	/
DQ-5-wl	−1.4	−7.5
DQ-6-wl	−1.2	−8.1
DQ-7-wl	−2.2	−8.6
DQ-8-wl	+0.5	−6.5
DQ-9-wl	+1.8	−5.8
DQ-10-wl	+1.1	−9.1
DQ-11-wl1	+1.4	−5.6
DQ-11-wl2	+2.3	−3.9
DQ-12-wl	+2.4	−4.0
DQ-13-wl	+1.6	−5.0
DQ-14-wl	+0.8	−6.7
DQ-15-wl	+2.1	−3.5

一、微量元素测试结果

据测试结果分析，Sr、P、Ti、Mn、Cr、Ni、Co 元素含量分别为 0.4～315.3μg/g、57.9～2006.1μg/g、0.015～0.413μg/g、44.5～1759μg/g、26.3～13119.6μg/g、21.3～5123.5μg/g、0.9～243.1μg/g，平均值分别为 167.8μg/g、272.911μg/g、0.16μg/g、519.34μg/g、2514.79μg/g、606.75μg/g、43.72μg/g。个别点出现异常，是由于测量误差或第四纪碎屑混入造成的。

二、碳氧同位素测试结果

在 MAT-252 质谱仪上完成样品的碳氧同位素测试，测值以 PDB 标准计算，并将测试结果绘于图 6-1 中。其中 $\delta^{13}C$ 分布区间为−7.6‰～2.4‰，平均值为−0.29‰，$\delta^{18}O$ 为−13.1‰～−3.5‰，平均值为−7.17‰。碳同位素从正到负均有分布，反映了沉积环境的多样性。

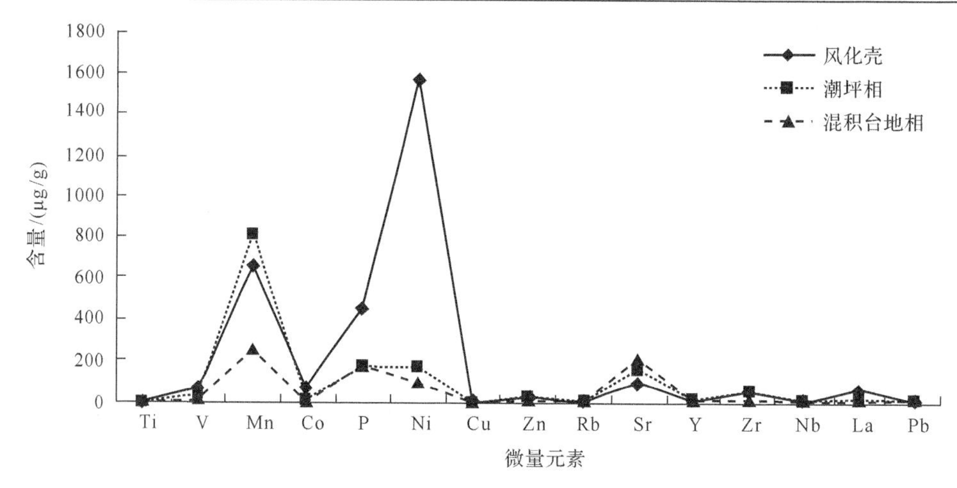

图 6-1　不同沉积相中各微量元素平均值

第二节　微量元素分析结果与讨论

一、微量元素与海平面变化关系

据图 6-1 和图 6-2 中各微量元素的含量分布可看出，在风化壳沉积区，V、Mn、Co、P、Ni、Sr 等微量元素均出现异常高值。说明风化作用强烈，导致元素迁移速率较快，出现含量局部富集的现象。同时，褐铁矿是陆上强氧化环境下发育的特征产物，反映了典型的风化壳沉积，对海平面变化并无指示意义。

真正能够帮助了解古海平面变化的是潮坪区及台地区的微量元素。经表 6-2 及图 6-3～图 6-6 分析，第 4 层微量元素含量相对于上一层明显增加，在第 5 层含量却骤然降低。而正好在第 4 层沉积末期发育了一个海平面上升旋回，可容空间增长速率高于沉积物堆积速率，水体淡化，导致微量元素含量降低。第 5～8 层元素含量大体呈现先上升后下降的趋势，同时海平面的变化亦是先上升后下降。由此说明，在一定程度上，微量元素变化易受海平面升降影响，即海平面上升，其相对含量呈上升趋势；海平面下降，对应的含量也有下降趋势。

微量元素 V、Co、Zr、La 在沙木罗组第 9 层消失，这可能是由于海平面上升速率过快，海水骤然淡化所致。分析相邻地层数据变化可知，此类元素含量整体趋势是递减至消失再递增。这与第Ⅱ旋回层序发育期，海平面的变化趋势基本相符。

在第 11 层又出现 Co、Cu、Zn、Zr、La、Pb 等一系列元素消失的情况，这可能是又一旋回开始的体现。由于水体快速上升导致水动力条件在短时间内增强，使沉积物的堆积速率极小，致使这些元素在水体中的百分含量几乎降到零。即使在 12～15 层水动力条件相对稳定的台地相中，这些元素含量依然消失或者部分出现。

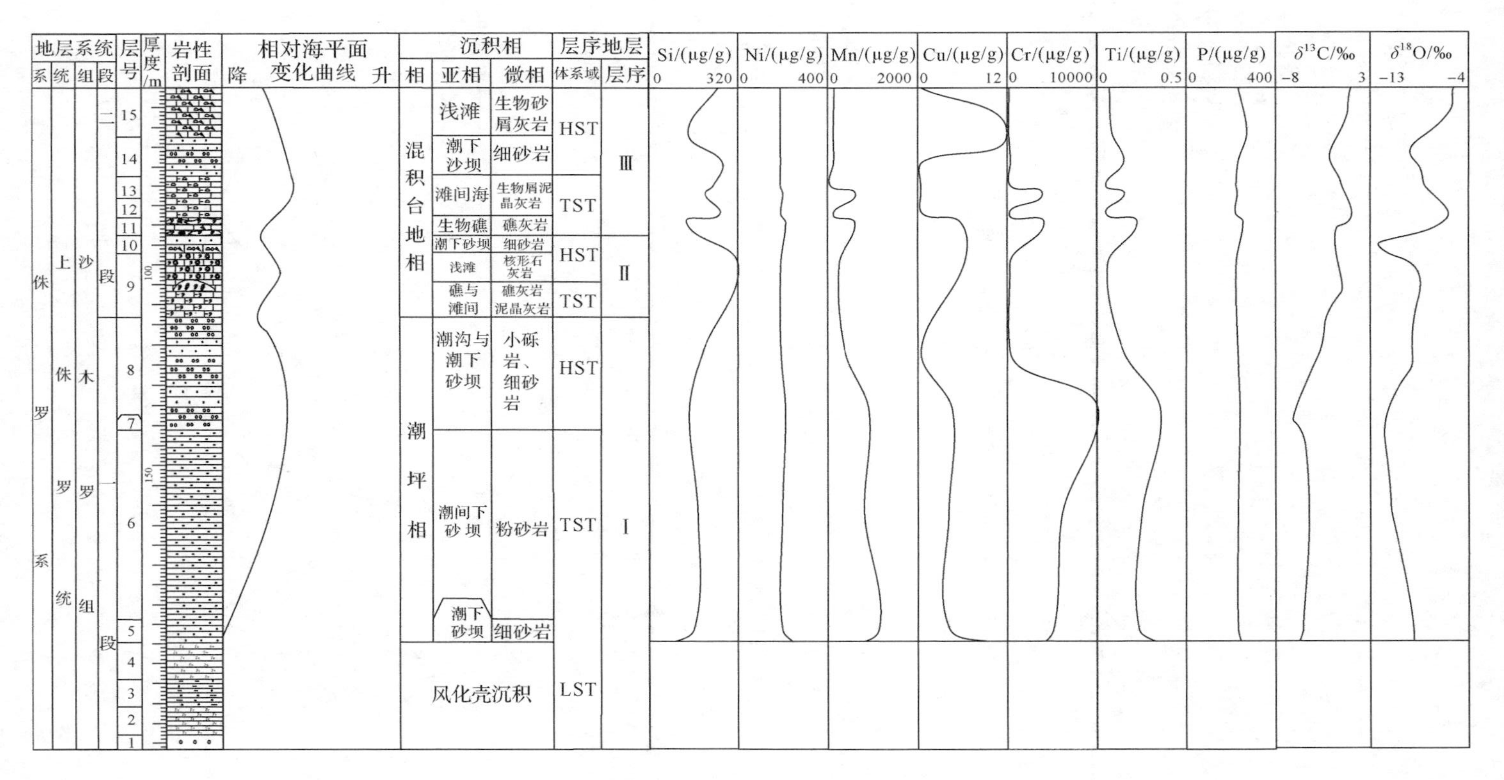

图6-2 安多东巧地球化学元素变化曲线图

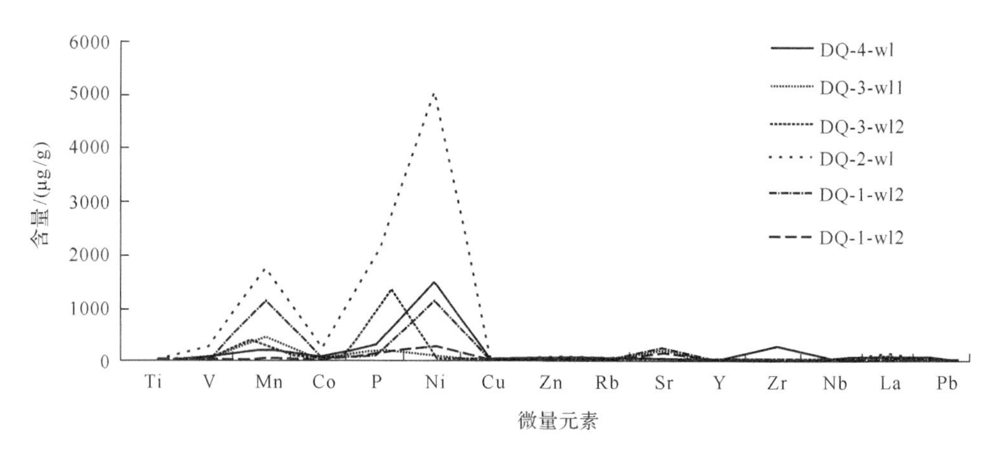

图 6-3　1～4 层各微量元素变化趋势图

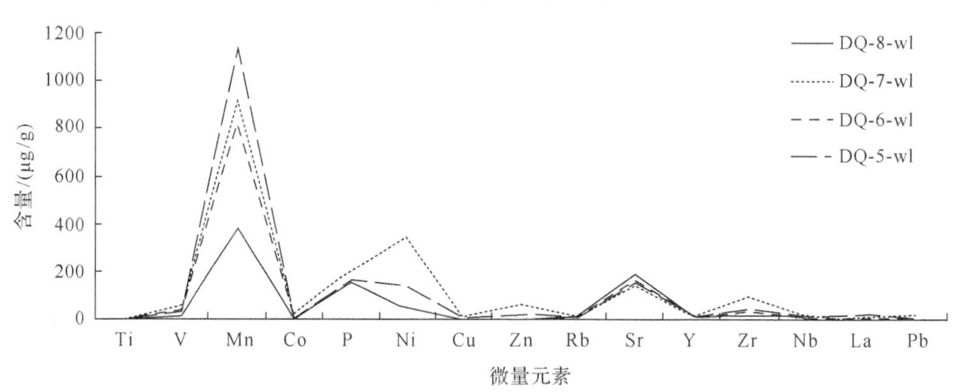

图 6-4　5～8 层各微量元素变化趋势图

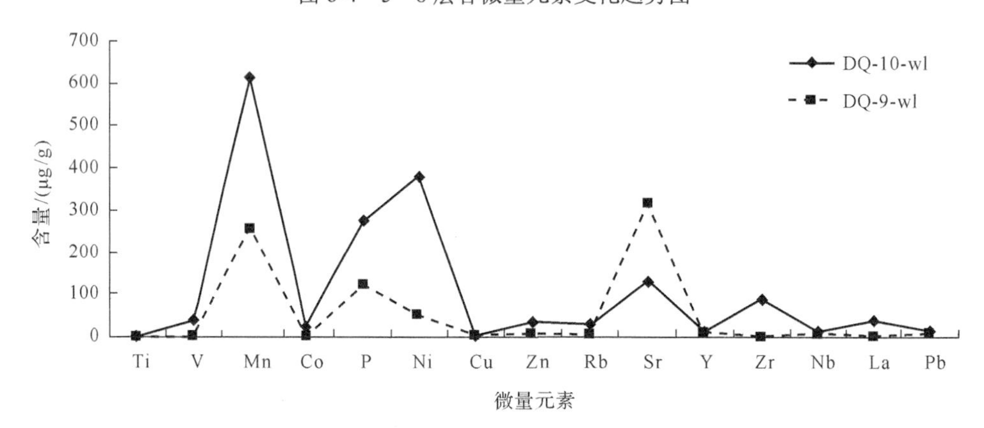

图 6-5　9、10 层各微量元素变化趋势图

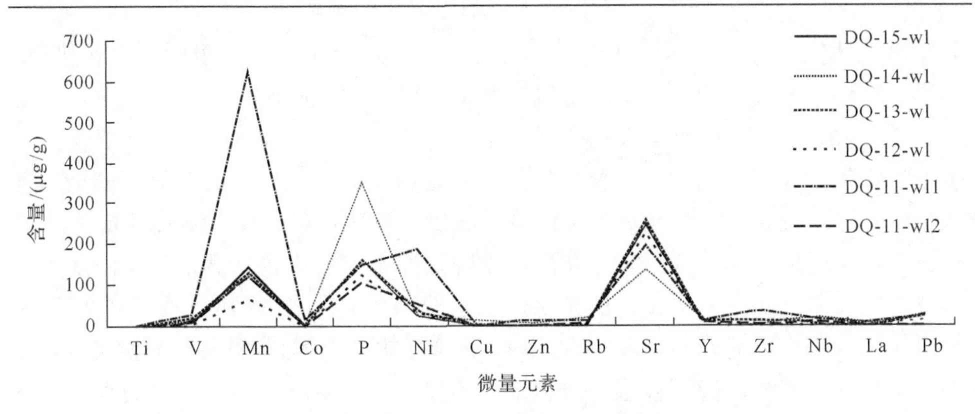

图 6-6　11～15 层各微量元素变化趋势图

总体说来，微量元素的变化趋势能够很好地反映海平面的升降趋势。据此可知，研究区晚侏罗世共发生三次海平面升降旋回。第一次发育在 J_3s_1 中部，持续时间较长，水动力条件变化比较稳定；J_3s_2 共发育两次变化相对较快的大的海平面升降，甚至出现元素骤减消失的现象。

二、微量元素指示的古环境、古气候特征

沉积环境、气候背景在一定程度上控制了微量元素的含量、组合及其比值关系，这些元素与周围物理化学条件之间存在着复杂的地球化学平衡。这就为利用沉积物微量元素变化重建古环境、古气候提供了科学依据。因此要选取对古气候、古环境反映比较敏感，沉积后比较稳定，以自生为主的多个微量元素及有关比值相互印证，来对该区的古环境、古气候进行重建。

(一)微量元素与古环境关系

Sr 在自然界不易沉淀，通常以游离态存在于水体中，故海洋中沉积物的 Sr 含量远大于陆上(邹建军等，2007)。因而可以根据 Sr 含量的变化区分沉积环境究竟是陆相、海陆过渡相还是海相。除风化壳沉积段亏损外，其他层位均以不同程度富集，且每次海平面的上升都伴随着 Sr 含量相对上一层的骤然增加。第 5 层 Sr 含量相对于第 4 层骤然上升，说明沉积环境发生明显改变，海平面上升，由陆相变为海陆过渡相。随着海侵的持续，水体进入相对淡化阶段，Sr 含量减小，以还原环境为主。在高位体系域时期，海平面处于上升晚期及下降早期，水体最终会进入相对浓缩的咸化阶段，Sr 含量呈现由小变大的趋势，沉积环境也由还原环境向氧化环境过渡。总体说来，第 5～8 层整体处于半氧化半还原环境。在第 9、第 11 层也分别出现了 Sr 含量骤然增加的情形，预示着出现了两次较强的水动力事件，发育两个旋回，其具体变化过程与上述类似。

$w(Sr)/w(Ca)$ 值与海平面的升降呈正相关关系，呈现三个明显的旋回过程，并

且在第 15 层比值依然有增大趋势，即海平面可能会持续上升。虽然有三次波动，但增大趋势大于减小趋势，沉积环境整体上由氧化向还原过渡。

Ni 在整个沙木罗组处于聚积状态，以风化壳沉积区最为强烈。Ni 元素含量与生物的富集程度密切相关，主要靠生物体死亡后原地堆积产生的有机质输送到沉积物中。与 P、Zn、Pb 等元素在沉积及埋藏后易发生迁移相比，Ni 是判断进入沉积物有机质通量大小的理想指示。由第 4 层到第 5 层，Ni 含量骤然变小，是水体迅速上升抑制陆源有机质迁入的结果，标志着一个上升半旋回的开始，沉积环境向半氧化半还原环境发展。第 10 层(即第Ⅱ层序的高位体系域)含量骤然增加，是由于水体逐渐变浅，能量较强。肢体细长的枝状层孔虫难以适应较强的水动力及较高盐度，致使一期造礁群落 *Milleproridium-Cladocoropsis* 逐步衰亡，有机质含量增加。第 11 层(即第Ⅲ层序的海侵体系域)Ni 含量骤然增加的原因亦是如此，从而第二个造礁群落 *Cladocoropsis-Milleporidium-Milleporella* 衰亡，并发育一套亮晶砂屑灰岩。紧接着，第Ⅲ层序中第二个次级海平面的上升导致了第三期造礁群落 *Milleporidium-Actinatraea* 的繁盛，而后由于水体上升速度过快，远超过生物礁的生长速率致使该区最后一期生物礁难以生存而衰亡。故研究区在晚侏罗世共经历了三次大的海平面升降，沉积环境也随之经历了氧化—还原—氧化的三次变化。

由于 Ni 和 Co 在氧化环境下相对富集，故 w(Ni)/w(Co)值常作为氧化还原环境的辅助判别指标，低值代表氧化环境，高值代表还原环境。其中，第 5～15 层 w(Ni)/w(Co)值较稳定，维持在 15 左右，仅有小幅升降过程。表明研究区继风化壳沉积后，由于大规模海侵，总体处于还原环境，但存在氧化—还原—氧化的过渡。

V 元素多为自生，易以黏土吸附形式在还原环境中富集，水体越深，泥质含量增加，V 元素含量越丰富(Huang et al.，2014)。其含量为 0.2～59.4μg/g，平均值为 37.2μg/g，变化剧烈，反映了氧化—还原环境的频繁变动。根据 V 与古水深的正相关关系，可以观察出三次明显的海平面波动。计算结果表明，w(V)/w(V+Ni)值为 0.17～0.3，为低氧带；w(V)/w(Cr)值小于 0.3 为氧化带。这说明并不是任何比值都可以在某一研究区适用，因此在研究时要进行多指标相互印证。

Mn 在海水中的沉淀主要是由于蒸发环境致使水体中 Mn^{2+}饱和而析出，所以离岸越近的氧化环境中 Mn^{2+}含量越高(徐立恒等，2009)。据表 6-2 可知，Mn 元素的平均含量在 J_3s_2 中仅为 261.54μg/g，而在 J_3s_1 上部其平均含量为 817.15μg/g。足以反映当时第 5～8 层的沉积环境为潮坪，处于海水强烈蒸发地带，Mn^{2+}饱和沉淀，特别是在第 5 层显示出异常高值。而在台地区，Mn 元素的富集程度明显下降，仅在第 11 层出现较大正异常值。说明 J_3s_2 沉积时期水体深度明显增加，总体过渡为还原环境，但由于次级海平面升降原因，存在氧化—还原—氧化的过渡。

Cu 主要存在于氧化的海水中，并且在沉积岩中的保存量基本与沉积时的初始量相当。据表6-2可知Cu在J_3s_2仅出现在第9、第10、第14层，由此说明J_3s_2既存在氧化环境也存在还原环境，故整个沙木罗组存在三次氧化与还原环境的变迁。

Cr亦是氧化还原环境的敏感元素，易在缺氧环境下发生富集(王随继等，1997)。通过分析元素地层曲线变化，可以发现其在每个层序的不同体系域中具有很强的规律性。在每个层序都会出现一次异常高值，验证了水体由浅变深，含氧量逐步下降至还原环境时元素富集的过程。

综上所述，研究区Sr、Ni、V、Mn、Cr、Cu及$w(Ni)/w(Co)$、$w(Sr)/w(Ca)$值的变化有较强的相似性，不仅可以反映三次海平面的波动(图6-2)，同时也说明沉积环境曾经历了氧化—还原—氧化共三次变化。整体上沙木罗组为滨浅海相沉积环境，继风化壳沉积后，广泛的海侵使其由强氧化环境向还原环境发展。具体共经历了三个阶段：①风化壳阶段的强氧化环境；②潮坪阶段的半氧化半还原环境；③台地区与三期生物礁建造相对应的三次氧化与还原环境转换。

(二)微量元素与古气候关系

Mn含量不仅可以指示氧化还原环境，同时也可以指示气候的干湿(徐立恒等，2009)。含量越高代表蒸发越强烈，气候越炎热。J_3s_1下部(第1～4层)Mn含量较高，平均为664.55μg/g，反映风化壳阶段气候炎热干旱。J_3s_1上部(第5～8层)Mn含量有逐渐递减趋势，范围为374.9～1142.2μg/g，说明潮坪区存在干旱向半干旱气候的过渡。J_3s_2段Mn含量存在两次较大波动，范围为67.8～630.3μg/g，平均值为261.54μg/g，变化剧烈，反映湿润—干旱—湿润的过渡。

Sr/Cu值对古气候变化较敏感(谢尚克等，2010)，通常1～10指示温湿气候，大于10指示干热气候。而通过样品测试结果得出的比值基本大于10，充分说明晚侏罗世研究区整体处于热带—亚热带气候背景。

Ti是陆源物质的代表，常被用于估算陆源碎屑物质的含量(王随继等，1997)。Ti值越大表明陆源物含量越丰富，代表在温暖潮湿的气候背景下水系发达，带来的陆源碎屑增多。分析表6-2，可以发现Ti元素在风化壳段的富集程度明显小于潮坪段的富集程度，二者平均含量分别为0.16μg/g、0.25μg/g。由此说明在潮坪相段陆源碎屑量较多，水系发达，较风化壳湿润，为半干旱-半湿润气候。而第9～15层中Ti含量的数次波动，不仅体现了台地相中碎屑岩与碳酸盐岩的混积现象，也体现了干湿气候的转换。

P元素的富集亦与生物量有关，该区发现的大量生物礁建造为P元素的富集提供了良好基础(王随继等，1997)。尤其在每个层序的高位体系域，P含量均较高，可能是由于可容空间增长速率减慢至与沉积物堆积速率相当甚至小于该速度率，使得水体变浅，能量加强，造礁生物的生存环境遭到破坏而原地堆积。经分析，第5～8层P元素分布较平稳，平均值为170.6μg/g，为半干旱半潮湿气候。

而后在第 10、第 11 层出现异常高值，正好对应着造礁群落期次。说明在台地区有多次湿润—干旱—湿润的过渡。

值得一提的是，几种常量元素指标也可以很好地印证上述判断。Na 是指示海水盐度的重要指标，高值反映干热气候，低值代表温湿气候(王冰，2012)。在第 5～8 层，基本为递增趋势，说明潮坪区气候干热。进入台地区后，Na 含量分布范围较大，为 0.02～0.44μg/g，出现频繁的干湿气候过渡，有多个峰值存在。其中，第 9 和第 10 层出现了湿润气候向干旱气候的陡转，这恰好与该区的第一个造礁群落 *Milleporidium-Cladocorpsis* 衰亡时间相符。在第 11～15 层先后有两个异常高值出现，代表气候两度由湿润变炎热，与该区第二和第三个 3 造礁期衰亡时间吻合。

w(Mg)/w(Ca)值可以反映古海水温度的变化，故经常用于古气候研究，亦是高值代表干热气候，低值代表温湿气候。在风化壳沉积段(第 1～4 层)平均为 1.65，指示干旱炎热气候，与其强氧化的沉积环境相符。往后出现三次较低值，指示研究区又发生了三次干湿气候转换。

综上所述，微量元素的分布特征不仅能够反映氧化还原环境的变化，也可以指示古气候的干旱与湿润。经分析，晚侏罗世研究区整体处于热带-亚热带环境的温暖气候背景，具体气候演化过程分为三个阶段：①风化壳区的干旱气候；②潮坪区的半干旱半湿润气候；③台地区三次干湿气候的频繁转换，分别与该区的三个造礁期相对应。

第三节　碳氧同位素分析结果与讨论

一、数据原始性检验

碳酸盐岩碳氧同位素分析也是重建古环境、古气候的一种常用方法(Chen et al.，2014)。但由于受到成岩后生作用的影响，造成古代海相碳酸盐岩中 δ^{13}C 值和 δ^{18}O 值显著变小，从而降低指相意义，丢失海洋沉积时的准确信息。因此在分析之前，要对第 5～15 层的样品记录原始性进行评估(刘建清等，2007)。

现阶段主要通过三个标准来进行检验：w(Mn)/w(Sr)、δ^{18}O 组成、δ^{13}C 与 δ^{18}O 相关性。一般情况下，w(Mn)/w(Sr)＜10 代表碳酸盐岩未遭受强烈蚀变，更严格的标准是小于 3，而且 δ^{18}O 不能小于−10‰，否则不能代表原始的碳、氧同位素组成，就 δ^{13}C 与 δ^{18}O 相关性方面尚且存在争议。多数学者认为，如果 δ^{13}C 与 δ^{18}O 不具有明显相关性，则表明海相碳酸盐岩基本保持了数据的原始性(郝松立等，2011；陈强等，2012)。但是有少数学者认为，δ^{18}O 比 δ^{13}C 更易受成岩作用影响，势必导致波动不同步。一旦二者具有良好相关性就说明 δ^{18}O 与 δ^{13}C 同步性较高，即所采样品受成岩作用影响较弱，原始性保存好，对古海洋环境的研究具有指示意义，而本书更倾向于后者。

现对所取样品的 $w(\mathrm{Mn})/w(\mathrm{Sr})$ 值进行计算得出，研究区沙木罗组地层中第 5～15 层的 $w(\mathrm{Mn})/w(\mathrm{Sr})$ 最大值仅为 0.26，远小于 3。所测定的 $\delta^{18}O$ 值最小为−9.1‰，表明样品未发生强烈蚀变。对样品的 $\delta^{13}C$ 与 $\delta^{18}O$ 进行相关性分析(图 6-7)，相关系数为 0.78 左右，具明显正相关关系。因此，样品中碳氧同位素均受成岩后生作用的影响较小，基本保留了沉积时的原始信息，从而得出的同位素地层曲线是可靠的。

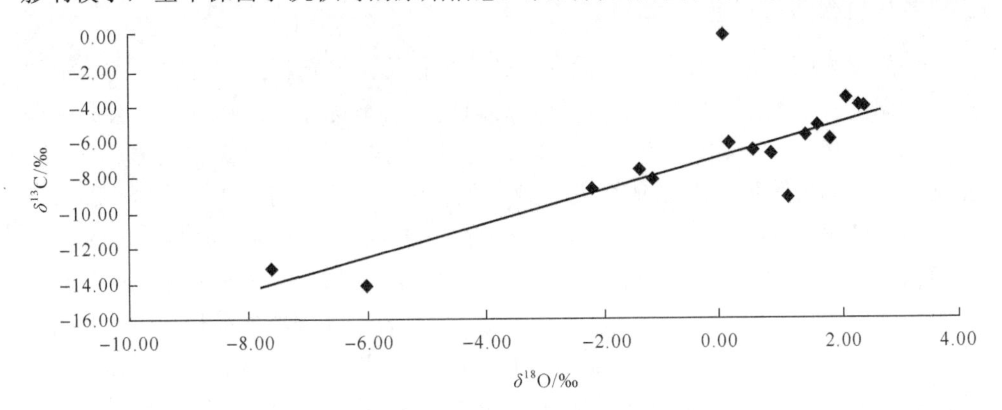

图 6-7　安多地区碳氧同位素相关性分析图

二、碳同位素演化分析

研究表明，古代海相碳酸盐岩碳同位素主要反映生产率及有机碳埋藏量，在该区与造礁群落演化关系密切。当海平面上升，气候温暖时，造礁生物繁盛，大量有机质吸收 $\delta^{12}C$ 并快速埋藏，使水体中 $\delta^{13}C$ 上升；反之，当海平面下降，气候寒冷或过于炎热时，造礁群落衰亡，因氧化剥蚀而带入海水中的 $\delta^{12}C$ 增多，$\delta^{13}C$ 则相对减少。故 $\delta^{13}C$ 值的正向偏移表示古海洋的生产力提高、海平面上升及气候变暖；负向漂偏移则表示古海洋的生产力降低、海平面下降及气候变冷。

研究区沙木罗组第 5～15 层 $\delta^{13}C$ 值分布在−2.2‰～2.3‰，与地史海相碳酸盐岩的 $\delta^{13}C$ 值(−5‰～5‰，PDB 标准)基本一致，具有良好环境指示意义。纵观碳同位素地层曲线可知，第 5～8 层 $\delta^{13}C$ 值基本为负，反映潮坪区的半氧化半还原环境，古海洋生产力较低，生物量较少。从第 8 层开始正偏，海平面首次上升，并在第 9 层出现首个峰值。这恰好与第一期生物礁建造发育时间吻合，此时水体环境适宜生物礁繁育，海洋生产力高。随之进入高位体系域末期，海平面下降，生物礁衰亡，$\delta^{13}C$ 值下降。第 11 层 $\delta^{13}C$ 值再一次上升，说明发育海侵体系域沉积，第二个造礁群落取代上一个造礁群落，而后由于可容空间的增长速率小于沉积物的堆积速率，水体不断变浅，能量不断加大，致其衰亡。又一次级海平面旋回的发育，致使本区进入第三造礁期，出现 $\delta^{13}C$ 又一峰值。

故碳同位素演化趋势与上述研究结论相符，晚侏罗世研究区古环境经历了风化壳阶段的氧化环境、潮坪阶段的半氧化半还原环境及台地区与三期生物礁建造相对应的三次氧化与还原环境转换。同时，三个旋回也体现了 J_3s_2 时期古气候温暖潮湿—干旱炎热—温暖潮湿的变化，但沙木罗组总体上是由干旱炎热气候向温暖潮湿气候过渡。

三、氧同位素演化分析

碳酸盐岩氧同位素值是古气候的一个重要指标，一定程度上反映了古海水的盐度及温度。研究表明，氧化条件下，轻氧同位素被优先蒸发，使盐度较高的海水中相对富集 $\delta^{18}O$。因此，海平面升降、温度高低与 $\delta^{18}O$ 值呈负相关关系，即海平面下降，温度降低，$\delta^{18}O$ 值增大；海平面上升，温度升高，$\delta^{18}O$ 值减小。

研究区第 5～15 层 $\delta^{18}O$ 值分布在–7.5‰～–3.5‰，符合地史海相灰岩的 $\delta^{18}O$ 值范围(–10‰～–2‰，PDB 标准)。相比之下，第 1～4 层样品 $\delta^{18}O$ 值有下偏趋势，反映风化壳阶段干旱炎热的气候。第 5～8 层依然为较大幅度负漂移成负值，代表半干旱半湿润的古气候。第 9 层 $\delta^{18}O$ 值上升，说明当时气候温暖、盐度适中，适宜生物礁的生长。第 10 层 $\delta^{18}O$ 值陡然下降，变化幅度达 3.3‰，意味着气温升高事件发生，一期生物礁衰亡。紧接着又急速上升，第 11 层的温湿气候造就了该区第二期生物礁建造的繁盛。而后 $\delta^{18}O$ 值逐渐下降又上升，代表第三期造礁群落的成功演替。

总体上，$\delta^{18}O$ 值的变化趋势与 $\delta^{13}C$ 值大致相同，但下降幅度较大，也经历了三次下降—上升—下降的旋回，对应着海平面的三次升降，以及氧化还原环境的三次转化。研究区总体 $\delta^{18}O$ 值为负向偏移，说明沉积期整体处于热带-亚热带气候的相对还原环境中，即整体由相对氧化的风化壳沉积向相对还原环境过渡，由干旱气候向相对温湿气候过渡。具体经历了风化壳区的干旱气候、潮坪区的半干旱半湿润气候及台地区的三次干湿气候转换。

四、*Z*值分析

Keith 和 Weber(1964)把 $\delta^{13}C$ 和 $\delta^{18}O$ 二者结合起来指示古盐度，并用公式 $Z=2.048(\delta^{13}C+50)+0.498(\delta^{18}O+50)$ 以区分海相石灰岩和淡水石灰岩。当 $Z>120‰$ 时为海相石灰岩；当 $Z<120‰$ 为淡水石灰岩；当 $Z=120‰$ 为未定型石灰岩。

经分析，第 5～8 层 Z 的平均值为 121‰(图 6-8)，代表潮坪区碳酸盐岩成因既有大气淡水也有海水参与。而第 9～15 层 Z 的平均值为 128‰，为明显的海相碳酸盐岩，与地史过程一致。由此说明 Z 值对该区沉积环境具有判别意义。将 Z 与 $\delta^{13}C$、$\delta^{18}O$ 进行相关性检验，相关系数分别为 0.98 和 0.82，相关性极高。故该区可以用 Z 作为定量指标来判别古盐度，并且其变化趋势与碳氧同位素一致。均在台地阶段第 9～15 层经历了三次小幅波动，代表着盐度的三次高低转化，即氧化还原环境、干湿气候的三次过渡。

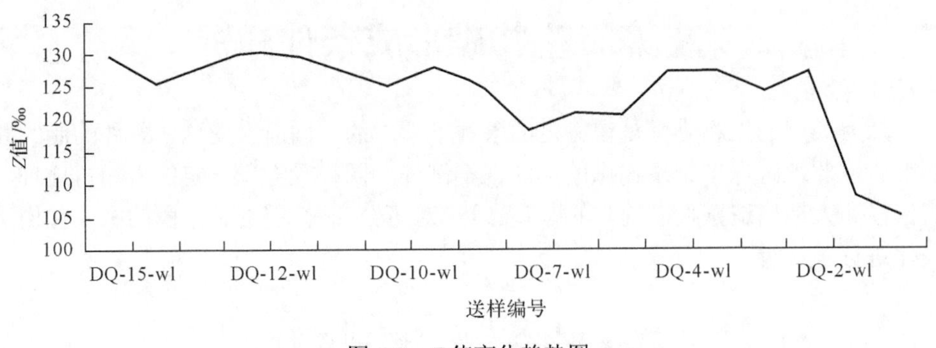

图 6-8　*Z* 值变化趋势图

第七章　生物礁形成条件分析

任何类型的生物礁都是在特定的条件下形成的，同时又受这些条件的制约和影响。藏北地区侏罗纪生物礁的形成也不例外，同样受控于一定的岩相古地理、古气候和大地构造条件制约，在此基础上，对班公-怒江缝合带中段的中生代构造演化进行了浅析。

第一节　岩相古地理条件

一、硬底的存在是生物礁发育的基础

在研究区内，侏罗纪生物礁无论发育于何种沉积相带内，它们均构筑于浅滩亚相基础之上，礁基几乎均有亮晶砂屑灰岩、亮晶生物屑灰岩或亮晶核形石灰岩组成，其中，多发育交错层理。在东巧地区，礁基以亮晶砂屑灰岩和亮晶核形石灰岩为特征，其次为钙质砂岩；索县地区则以亮晶生物屑灰岩为主，其次为亮晶砂屑灰岩；巴青地区则以亮晶砂屑灰岩为主，其次为亮晶核形石灰岩，上述颗粒灰岩分别构成了三地礁基特色，因此硬底的存在是生物礁发育的基础。

在地台环境下，分布广泛的是较为平缓的扁平状礁或底宽而幅度相对小的单体礁等。

二、基底地形的形态控制了礁体的横向延伸规模

如果说浅滩是生物礁赖以存在的基础的话，那么，基底地形的形态控制了浅滩在横向上的连续性和延伸规模，而浅滩的横向连续性与生物礁的横向延伸规模有着密切联系，浅滩的横向连续性越好，生物礁的横向延伸规模越大，反之，生物礁的横向延伸规模越小。因此，基底地形在控制浅滩在横向上的连续性和延伸规模的同时，最终控制了生物礁的横向连续性和延伸规模。研究区中侏罗统桑卡拉佣组生物礁具有厚度、规模较大，横向延伸较远的特点，体现了台地边缘礁的特点。上侏罗统沙木罗组生物礁在横向上多具有横向延伸规模小，数量多的特征，这种现象可能与当时的古地理条件密切相关，当班公-怒江缝合带拼合后，所残留的盆地基底地形在拼合过程中受到较大影响而不平整，从而造成生物礁在横向上规模较小而数量较多的特征。

三、相对海平面变化控制了生物礁的厚度和纵向上的连续性

研究表明，相对海平面变化与沉积物的类型和结构之间存在着密切关系，而且表现为前者对后者的控制。对于碳酸盐岩而言，当相对海平面上升较快时，由于沉积物可容空间的增长速率明显高于沉积物的堆积速率，从而形成追赶型碳酸盐体系，其沉积物多为泥晶结构。当相对海平面上升较稳定或略小于沉积物的堆积速率时，由于沉积物可容空间的增长速率等于沉积物的堆积速率，从而形成平衡型碳酸盐体系，其沉积物多为亮晶颗粒结构。若生物礁的形成条件大致介于前两者之间，其相对海平面上升速率略大于沉积物的堆积速率。然而，只有当这种条件得以稳定维持时，生物礁才能连续生长，并且可形成较大的厚度。在研究区，由于生物礁形成于班公-怒江缝合带拼合后的残余盆地的大地构造和岩相古地理背景下，其相对海平面的变化不稳定，导致沙木罗组生物礁在纵向上发育的不连续和厚度不大等特征，而且生物礁的衰亡多半是由于相对海平面上升较快，致使沉积物可容空间的增长速率明显高于沉积物的堆积速率所致。

第二节　古气候条件

生物古地理研究表明(殷鸿福等，1988)，在侏罗纪时期，班公-怒江缝合带南北两侧的冈底斯板块和羌塘-昌都板块均发育热带生物群，如在早侏罗世，羌塘-昌都板块发育有 *Gleviceras-Arnioceras* 菊石动物群和 *Cladophlebis-Ptilophyllum* 植物群；中侏罗世则发育有 *Dorsetensia-Oppellia* 菊石动物群、*Burmirhynchia-Holcothyris* 腕足类动物群和 *Lopha-Anisocardia* 双壳类动物群；晚侏罗世发育有菊石 *Virgatosphinctes-Perisphinctes* 菊石动物群。此外，在侏罗纪羌塘-昌都板块发育了较多的白云岩、灰岩、紫红色碎屑岩，早—中侏罗世多数层段还发育了煤层和石膏沉积，晚侏罗世地层中也发育了煤线。

根据第六章中碳氧同位素及微量元素的分析对古气候古盐度有良好的指示性，可知在安多东巧沙木罗组沉积期的古气候大致经历了三次炎热—潮湿—炎热的变化旋回。此外，桑卡拉佣组的大型六射珊瑚骨架礁本身也能指示相应的气候条件。

上述特征表明，研究区在侏罗纪处于热带地理位置，为该区生物礁的发育创造了良好的条件。

第三节　大地构造条件

藏北地区侏罗纪生物礁主要沿班公-怒江缝合带一线展布，并产于该缝合带以

北的中-东段地区。迄今为止，有关班公-怒江缝合带的原型盆地性质和演化出现过不同的认识。黄汲清和陈炳蔚(1987)、罗建宁(1995)、费琪和邓忠凡(1996)认为其属中特提斯洋盆，西藏自治区地质矿产局(1993)将其称为“基麦里中间大陆板块”南缘的“裙弧边缘海”；余光明和王成善(1990)将之称为走滑成因的弧背盆地；吴应林等(1996)认为属于狮泉河-措勤火山岩浆弧前盆地。本书认为尹光候等的观点较为合理，该观点认为班公-怒江缝合带东段经历了克拉通化阶段、克拉通阶段、怒江洋盆扩张阶段、俯冲消减阶段、闭合-碰撞阶段和碰撞期后阶段(尹光侯和侯世云，1998)。总之，班公-怒江缝合带在三叠纪—侏罗纪时期是一个小洋盆，而且应属于中特提斯洋的一部分，在小洋盆周缘的台地内或台地边缘，形成了生物礁的发育条件。大地构造条件详细内容见本章第四节。

第四节　班公-怒江缝合带中段地质演化浅析

在上述含礁层序区域地层、沉积体系和生物礁古生态学与古环境等研究基础上，通过对生物礁的层位在横向和纵向上的变化分析，本书以现代板块构造理论等大地构造学理论为指导，对班公-怒江缝合带中段在中生代时期的地质演化进行分析。

一、班公-怒江缝合带中段中生代沉积充填过程

班公-怒江缝合带中段中生代地质演化大致经历了以下几个阶段。

(一)二叠纪

二叠纪时期，位于特提斯构造域东段的青藏高原进入了“泛裂谷化”的鼎盛时期。据已有资料表明，石炭纪—二叠纪洋盆已具有一定的规模，发育了一套远洋深海硅泥质复理石沉积(蒋光武和谢尧武，2009)。左贡-沙龙附近沉积了以砾岩为主夹灰岩及少量砂页岩等，其中基性火山岩非常发育。左贡澜沧江以东以砂页岩沉积为主，下部含煤，上部夹灰岩，组成砂页岩夹灰岩的含煤沉积，大体显示为滨海向浅海演变的海进序列(赵政璋等，2001)。洋盆以北总体表现为被动大陆边缘沉积，说明二叠纪班公-怒江洋东段处于大洋扩张时期。

班公-怒江缝合带西段申扎-班戈地区，早二叠世主要为灰岩组成的浅海碳酸盐沉积，属于稳定的碳酸盐台地。继续向西措勤-狮泉河一带，早二叠世沉积下部碎屑岩成分增多，为碳酸盐岩-页岩相沉积，早二叠世研究区西段总体上表现为海水东深西浅的地理格局。到晚二叠世，由于藏南运动导致冈底斯-念青唐古拉区海水大量退出，形成大面积的陆缘剥蚀区(赵政璋等，2001)。

研究区西部班戈县江错北岸二叠系浦帮组主要为灰绿色砂质板岩和细砂岩，

发育平行层理及包卷层理，夹有粉砂岩及页岩，局部夹有生物屑砂屑灰岩，推测可能属于一套碎屑岩潮坪相至复理石斜坡相沉积。

(二)三叠纪

在索县-左贡地区的南羌塘盆地均未发现早—中三叠世沉积，推测该区处于剥蚀状态，可能与班公-怒江洋盆在东段已经处于俯冲状态有关(蒋光武和谢尧武，2009)。羌塘中部双湖地区早—中三叠世地层出露较为完整；下三叠统底部为砂砾岩，下部以砂岩为主夹灰岩，局部夹薄层煤线，上部为灰岩。总体上，下三叠统组成了由近海含煤碎屑岩相演变为浅海碳酸盐岩-细碎屑岩相的海进序列，中三叠统则是这一演变进程的继续和发展(赵政璋等，2001)。班公-怒江缝合带西段早—中三叠世沉积主要出露于日土县多玛一带，其下部为灰岩及白云质灰岩，中部为条带状泥灰岩、基性火山岩夹放射虫硅质岩，上部为中厚层状白云岩，总体上属浅海碳酸盐沉积，但中部发育基性火山岩及放射虫硅质岩，说明该段早—中三叠世仍具有较强烈的裂陷作用。

近年来，西藏地质调查院一分院在研究区南侧那曲地区首次发现了早—中三叠世沉积，且主要为一套砂岩，夹硅质岩、灰岩及火山岩(西藏地质调查院一分院，2005)，硅质岩中产放射虫，时代为早—中三叠世。说明早—中三叠世班公-怒江洋盆在那曲-班戈一带主洋盆处于扩张状态。

至晚三叠世早期，班公-怒江缝合带东部表现为晚三叠世早期海进、晚期海退的沉积序列，昌都地区晚三叠世基本上表现为此类沉积，其下部为砾岩、砂砾岩夹砂岩及粉砂岩、页岩等，向上细碎屑岩成分增多，局部夹灰岩；中部由灰岩、泥质灰岩组成；上部为砂岩、粉砂岩及泥岩夹煤层。这是一套早期为滨海碎屑岩夹碳酸盐岩相、中期浅海碳酸盐岩相、晚期滨海和近海含煤碎屑岩相组成的完整的海水进退旋回(赵政璋等，2001)。

班公-怒江缝合带中段东部索县地区上三叠统巴贡组为一套潮坪碎屑岩及滨岸沼泽相细砂岩、粉砂岩、页岩的沉积；而在班公-怒江洋盆以南索县热布地区为一套砂、板岩互层的深水复理石沉积。在研究区西部江错地区上三叠统确哈拉群沉积了红柱石、堇青石黑色板岩，黑色千枚岩、千枚状板岩，夹泥岩、石灰岩及灰岩透镜体和少量安山岩、流纹岩等。在班戈县达如错附近则沉积了一套斜坡相细碎屑岩复理石沉积，上部夹灰岩透镜体和泥灰岩以及少量的安山岩、流纹岩等，至申扎以杂色碎屑岩为主，下部夹火山岩，上部夹泥灰岩及石膏，体现了滨浅海环境。

(三)侏罗纪

早侏罗世时期，班公-怒江缝合带东段昌都地区以陆相碎屑岩为主，其岩性主要为紫红色、灰绿色石英砂岩、泥岩、粉砂岩夹含砾粉砂岩及砾岩透镜体。昌都、芒康一带多见海相白云质泥晶灰岩等夹层，属次稳定型近海泛滥平原或三角洲等海陆交互环境(赵政璋等，2001)。

在研究区内，班公-怒江缝合带南、北两侧均没有发现早侏罗世早期的沉积，推测该时期为剥蚀状态。在班公-怒江缝合带西段色哇一带则形成了以灰色页岩、粉砂岩为主，夹黑色灰岩、生物碎屑灰岩及泥灰岩的次稳定型沉积，所产生物以菊石为主，腕足类及双壳类等底栖生物较少，反映了较深的陆棚环境。

中侏罗世—晚侏罗世时期，由于受雅鲁藏布江洋盆持续扩张的影响(简平和郭敦一，2003；耿全如和赵智敏，2011)，海水重新进入班公-怒江地区。昌都地区、芒康一带由紫红色、灰绿等杂色砂岩、粉砂岩、泥页岩夹少量的灰岩及白云岩组成的海陆交互相沉积。在类乌齐、左贡一带以碳酸盐岩为主夹杂色砂砾岩，局部夹中基性火山岩，与下伏上三叠统呈不整合接触(赵政璋等，2001)。

研究区东部班公-怒江缝合带以北的索县地区中侏罗世发育了一套滨浅海碎屑岩-台地边缘相沉积，下部为马里组滨浅海碎屑岩沉积，上部桑卡拉佣组为台地边缘相碳酸盐沉积，其中发育台地边缘生物礁，可能不整合覆盖于嘉玉桥群之上。在研究区内班公-怒江缝合带以南班戈县赛龙及江错北岸上侏罗统拉贡塘组发育为一套大陆斜坡相沉积，以各类重力流沉积为主(图 5-8)。

值得指出的是，在班公-怒江缝合带以北东巧鄂容沟附近发育了一套以海底超基性、基性火山岩夹硅质岩为特征的深水斜坡-盆地相沉积-火山组合——东巧蛇绿岩群(时代可能跨越整个侏罗纪)(图 5-9)，其上部所夹的硅质岩虫产放射虫可与日土地区同期放射虫组合对比，时代为晚侏罗世。在东巧琼那出露的上侏罗统沙木罗组为一套陆源碎屑岩与碳酸盐岩混合沉积，其上部发育台地内生物礁沉积。其底部为风化壳沉积，并角度不整合于东巧蛇绿岩群顶部的超基性岩体之上。

(四)白垩纪

早白垩世羌塘地区出现了一些山间盆地红色砂砾岩夹砂泥岩沉积，其中产淡水双壳类等，局部洼地堆积了粗安岩、安山岩及霞石玄武岩等碱质中基性火山岩，说明当时有火山活动(赵政璋等，2001)。研究区内班公-怒江缝合带以南则表现为海退的沉积序列，且呈现出自东向西退出的方式。在研究区东部下白垩统多尼组主要为海陆交互含煤沉积，研究区西部多尼组则为一套滨浅海碎屑岩为主夹碳酸盐沉积。早白垩世晚期，研究区西部郎山组在纳木错一带厚为 300m，向东逐渐尖灭，向西厚度逐渐增加，在日土-革吉一带最后可达 4300m。

而在班公-怒江缝合带西段则是表现为海进的沉积旋回，班戈东巴-改则、川巴一带为滨海相沉积；早白垩世中期为碎屑岩夹灰岩沉积，其中除含海相生物化石外，还见有半咸水甚至淡水生物化石，似属滨海环境；晚期是以灰岩为主的浅海沉积，或属浅海碳酸盐台地沉积(赵政璋等，2001)。狮泉河-革吉一带早白垩世沉积下部以碎屑岩为主，有时夹泥灰岩、灰岩、放射虫硅质岩甚至含煤线及中基性火山岩；上部以灰岩为主，在灰岩上部尚含有碎屑岩、基性火山岩、凝灰岩及放射虫硅质岩夹层，其岩相复杂，变化较大，反映了构造活动较强的环境特征(赵政璋等，2001)，推测西段班公-怒江洋盆可能处于消减闭合的阶段。

由上述可知，早白垩世班公-怒江缝合带东、中、西段古地貌变化明显，东段已经抬升为陆地并发育陆相沉积；中段仍为海相沉积，但表现为海退沉积，东部水体较浅，西部海水较深，表明海水由东向西退出研究区；西段则由于受中段海退的影响则发育海侵系列的沉积，明显表现为东浅西深的地理格局。

晚白垩世时期，研究区内海水已经全部退去，整体上表现为山间河流相沉积。研究区内缝合带以北索县一带竟柱山组角度不整合于多尼组之上，发育以棕红色厚层-块状砾岩、紫红色中层状砂岩沉积为主，局部夹少量粉砂、泥岩等辫状河相沉积；在东巧赛乃巴布一带上白垩统竟柱山组下部为冲积扇相沉积，主要由角砾岩、砾岩、砂岩和泥质粉砂岩组成。角砾岩和砾岩中、砾石大小混杂、磨圆度较差，显示泥石流沉积特征；上部主要由棕红色沉火山角砾岩、沉凝灰岩、粉砂岩、粉砂之泥岩组成，为辫状河相沉积。其中出现了大量的沉火山角砾岩和沉凝灰岩，其岩石学地球化学研究表明东巧赛乃巴布火山岩代表活动陆缘或碰撞后的构造环境。

在缝合带南侧，当雄县纳木错南岸竟柱山组其岩性为一套棕红色厚层块状粗-中砾岩、角砾岩，局部夹少量砂岩沉积，表现为一套干旱气候条件下的洪积扇相沉积，并以泥石流沉积为主，约占90%以上，局部夹河道砂岩沉积，该剖面角度不整合石炭系旁多群之上。江错乡拉弄竟柱山组岩性主要为一套褐红色砂岩、粉砂岩与粉砂质泥岩互层的曲流河相沉积。在江错一带采集的燕山晚期的花岗岩样品，岩石地球化学研究结果表明其为同碰撞及同碰撞-板内花岗岩，对其进行成因类型判别，显示样品为S型花岗岩，说明江错一带的花岗岩石为拉萨板块和羌塘板块碰撞拼合的同期产物。

晚白垩世研究区内总体上表现为陆相河流沉积，但是由于缝合带南北两侧地理格局的差异，其表现上有所不同。缝合带北侧多为山间河流沉积，由于其北侧靠近羌塘中央隆起带，多发于泥石流、砾石沉积，砾石磨圆较差，河道砂沉积较少，表明其靠近物源区。由于拉萨板块和羌塘板块碰撞，导致东巧一带火山活动，并发于一套沉积火山角砾岩、沉凝灰岩等。缝合带南侧江错地区由于距离其南部的念青唐古拉山较远，多发育褐红色砂岩、粉砂岩与粉砂质泥岩互层的曲流河相沉积，而距离源区较近的当雄纳木错则发育了洪积扇相沉积，并以泥石流沉积为主。

二、生物礁的发现在班公-怒江缝合带演化中作用

生物礁的生长、发育对环境有较为严格的要求。生物礁生长的地理位置一般处于热带-亚热带的浅海地区，它对海水的深度、温度、盐度、清洁度及水体能量

的变化等均较为敏感，某一或某些外部条件的改变都会引起生物礁的死亡。大地构造位置相对稳定、阳光充足的地区均有利于生物礁的生长和发育，例如，被动大陆边缘、或弧后残余盆地或具有广阔大陆架的热带浅海地区均是生物礁生长发育的有利区域。相反，生物礁的存在也反映出相对稳定的大地构造环境。

据沉积演化研究表明，在索县地区，班公–怒江洋盆于晚三叠世晚期开始俯冲，至早侏罗世由于受俯冲作用的影响，索县–左贡一带上升为陆遭受剥蚀，中侏罗世雅鲁藏布江洋盆的扩张导致海水进入，索县地区形成了一套海侵系列的沉积，中侏罗统马里组和桑卡拉佣组不整合于嘉玉桥群之上。据此可以推测，中侏罗统上部桑卡拉佣组生物礁及左贡分区布曲组的双壳类生物礁形成的环境可能为班公–怒江洋盆闭合后的残余洋盆。

东巧生物礁发育于晚侏罗统沙木罗组上部，角度不整合于东巧蛇绿岩群的超基性岩体之上。对东巧蛇绿岩群中的橄榄岩进行岩石地球化学研究表明，东巧蛇绿岩群形成于弧后扩张环境，并结合前人对东巧蛇绿岩测年结果，东巧蛇绿岩形成于早侏罗世中期(赖绍聪和刘池阳，2003；夏斌等，2008；孙立新等，2011)。以上现象可能说明班公–怒江洋盆东巧段在向北俯冲的过程，形成了一个弧后扩张带，并发育了深水斜坡–盆地相沉积和海底溢流型岩体。由于洋壳继续俯冲，陆壳抬升遭受剥蚀，表明东巧弧后扩张带已经完全闭合。之后到晚侏罗世中期，由于雅鲁藏布江洋盆扩张此时达到鼎盛时期，海水由东南方向进入研究区，形成了沙木罗组含礁层，并角度不整合于超基性岩体之上。沙木罗组上部台内生物礁的发育则表明其形成于较稳定的弧后扩张带闭合后的残余弧后盆地中。而班公–怒江主洋盆在研究区内东、西部可能已经同时于早侏罗世闭合。

可见，班公–怒江洋盆的闭合后的稳定环境控制着生物礁的发育，生物礁形成于班公–怒江洋盆闭合之后相对稳定的残余盆地。生物礁发育的层位标定了班公–怒江洋盆闭合时间的上限，班公–怒江洋盆最终闭合时间在研究区东部索县一带不会晚于中侏罗世早期，在研究区西部不会晚于晚侏罗世，班公–怒江主洋盆在研究区内可能于早侏罗世就已经俯冲、消减完毕。

三、班公–怒江缝合带中段二叠纪—白垩纪构造演化浅析

班公–怒江缝合带的演化过程历来是颇受争议的焦点，这些争议主要集中在缝合带的性质、班公–怒江洋盆开启、闭合的时间、俯冲的方向等几个方面。对缝合带性质的争议主要表现为班公–怒江缝合带所代表的洋盆是一个经历较为完整威尔逊旋回，即大陆裂谷、原洋裂谷、洋盆扩张、俯冲消减及残余洋盆等阶段的洋盆，还是它只是一个弧后扩张盆地或者是其他性质的大洋盆地。其中王建平(2000)、王冠民和钟建华(2002)、蒋光武和谢尧武(2009)认为班公–怒江缝合带是一个比成熟的缝合带，其东段、西段都经历了较为完整的大洋演化阶段。本书赞同这一观点，

认为班公-怒江缝合带代表的班公-怒江洋盆在中段也经历了较完整的威尔逊旋回，曾经是一个较为成熟的大洋。赵政璋(2001)认为班公-怒江缝合带蛇绿岩代表的不是真正意义上的大洋盆地，而是由于雅鲁藏布江洋扩张、向北俯冲消减作用下在其北部产生的一个弧后盆地，属于小洋盆。潘桂棠等(1983，2006)、潘裕生(1984)、潘桂棠和陈智梁(1997)则认为青藏高原特提斯演化具有多岛弧盆系构造的特点，而班公-怒江缝合带只是青藏高原内部中生代发育的多个小型条带状盆地中的一个。

由于在缝合带性质认识上的不同观点，从而导致了对班公-怒江洋在开启、闭合的时间、俯冲方式、方向上等诸多方面的争议。由于班公-怒江缝合带所处的大地构造位置的特殊性——位于特提斯构造域的东段，很多学者曾将它的形成与特提斯地质的演化结合起来，认为班公-怒江洋盆在特提斯演化过程中处于一个重要的阶段。而在关于特提斯演化的研究中，对于它演化阶段的划分也呈现出百家争鸣的状态。但主流观点主要集中在以下两个方面：①有些学者从时代的角度来划分特提斯的演化，将古生代以前称为原特提斯阶段，古生代称为古特提斯阶段，中生代则代表了中特提斯阶段，古近纪则为新特提斯阶段；②有些学者则从空间角度对其进行划分，认为古特提斯洋阶段指晚古生代就存在的以龙木错-金沙江及南昆仑蛇绿岩为代表的、存在于劳亚大陆和冈瓦纳大陆之间的大洋，它于晚二叠世闭合。中特提斯阶段指班公-怒江蛇绿岩带为代表。新特提斯洋阶段指在冈瓦纳大陆内部裂开的、以雅鲁藏布江蛇绿岩为标志的洋盆，由于洋壳向北俯冲消减作用，它于古近纪初闭合。然而一些学者在对班公-怒江缝合带内的蛇绿岩研究中发现，班公-怒江缝合带内既存在古生代的蛇绿岩，也同时存在中生代的蛇绿岩。对于这一穿时现象，又引出了许多不同的论断。有的认为，这说明班公-怒江洋盆的演化经历了多期的旋回，它可能在古生代曾经开启闭合过，于中生代再次开启，代表了它不是一个真正成熟的大洋，很有可能是岛弧性质的洋壳，它开启闭合的方式像“手风琴”一样，经历过多次的开启、闭合。有人认为，这正好说明了班公-怒江洋盆是一个成熟的大洋盆地，其洋壳的形成从早古生代时期就已经开始，一直持续中生代，最终于白垩纪闭合，只是洋壳开启的方式表现为“剪刀张”呈逐渐打开的模式，然后再逐渐闭合。还有些人则认为，班公-怒江洋是在古特提斯的基础之上继承和发展起来的。说明特提斯演化过程在整个地质历史时期是连续的，古特提斯的消亡引起了中特提斯的产生，而以班公-怒江洋为代表的中特提斯向南俯冲消亡，导致以雅鲁藏布江洋为代表的新特提斯洋的弧后扩张。

本书综合班公-怒江缝合带及其两侧的地层特征、沉积学及生物礁发育特征、岩石地球化学特征，以及沉积演化史等研究，初步认为班公-怒江缝合带中段索县-东巧段，二叠纪—白垩纪经历了较完整的威尔逊旋回，即二叠纪大洋裂谷幼年期—微型大洋阶段；早三叠世—中三叠世大洋成年期—洋盆扩张阶段；晚三叠世—早侏罗世大洋衰退期—洋盆俯冲消减阶段；中侏罗世—早白垩世大洋残余期—残余洋盆阶段；晚白垩世大洋遗痕期—板块碰撞造山阶段，即班公-怒江缝合带总体属于主洋盆，东巧区属于弧后盆地带。

(一)二叠纪大洋裂谷幼年期——微型大洋阶段

据已有资料表明(尹光侯和侯世云，1998；蒋光武和谢尧武，2009)，班公-怒江缝合带东段洋盆于泥盆纪就已经开始发育，至石炭纪—二叠纪发育有深海相的硅质岩、硅质板岩夹黏土岩。硅质岩夹多层中钛、低钾拉班玄武岩，属典型的洋中脊玄武岩(MORB)。在扎玉学巴、碧土据谁等地发育深部幔源洋岛火山岩，标志着除班公-怒江洋盆扩张脊外，还存在地幔柱热点，这说明二叠纪班公-怒江洋东段已具有相当规模的大洋存在(图 7-1)。

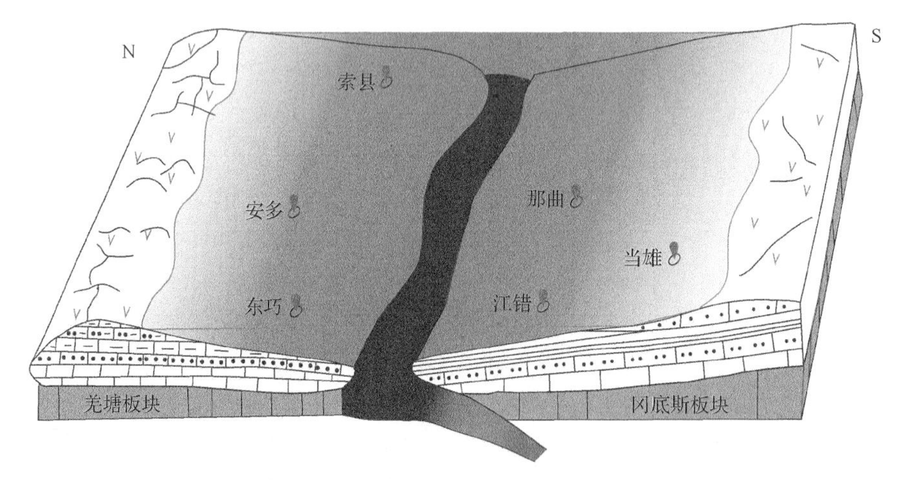

图 7-1　二叠纪大地构造演化模式图

(二)早—中三叠世大洋成年期——洋盆扩张阶段

自晚二叠世班公-怒江缝合带东段已经由扩张转为俯冲消减状态，到三叠纪时期东段处于主洋盆俯冲消减阶段，在类乌齐—东达山—澜沧江一带发育活动陆缘火山沉积，玄武岩具高铝、低钛、高钾岛弧火山岩的特征。洋盆消减作用在丁青-卡玛多和邦达-碧土一线形成了高压变质带(蒋光武和谢尧武，2009)。

早—中三叠世研究区以北的羌塘盆地，大部地区处于剥蚀状态，缺少沉积，据推测可能与班公-怒江洋盆东段的消减俯冲作用而使羌塘地块抬升有关。伊光侯和侯世云(1998)、王成善和伊海生(2001)认为晚二叠世末期的华里西运动使其褶皱隆起，直到中三叠世一直处于剥蚀状态。班公-怒江洋盆以南冈底斯-腾冲地层区则受念青唐古拉山隆起的影响，早—中三叠世绝大部分地区也都处于剥蚀状态，仅在其北侧接近班公-怒江洋和其南侧雅鲁藏布江的边缘地区有少许露头(潘桂棠等，2006)。

据《1∶25万那曲县幅地质调查成果与进展》，在研究区内仅在那曲地区发现了早—中三叠世沉积，其主要为大套砂岩夹硅质岩、灰岩和火山岩，硅质岩中产放射虫，时代为早—中三叠世。在其测区南、北侧新发现了一套蛇绿岩，用U-Pb法测定其同位素年龄为259～242Ma，为晚二叠世—中三叠世早期(西藏地质调查院一分院，2005)。说明在研究区那曲一带晚二叠世—中三叠世早期已经形成了洋壳。而在班公-怒江缝合带西段的日土县多玛一带出露的下—中三叠统中，下部主要为灰岩及白云质灰岩，中部为条带状泥灰岩、基性火山岩夹放射虫硅质岩，上部为中厚层状白云岩；顶、底部属浅海碳酸盐沉积，但中部的基性火山岩及放射虫硅质岩象征该段早—中三叠世有较为强烈的裂陷作用(赵政璋，2001b)。以上研究结果表明早三叠世—中三叠世，研究区总体上处于洋盆扩张的阶段(图7-2)。

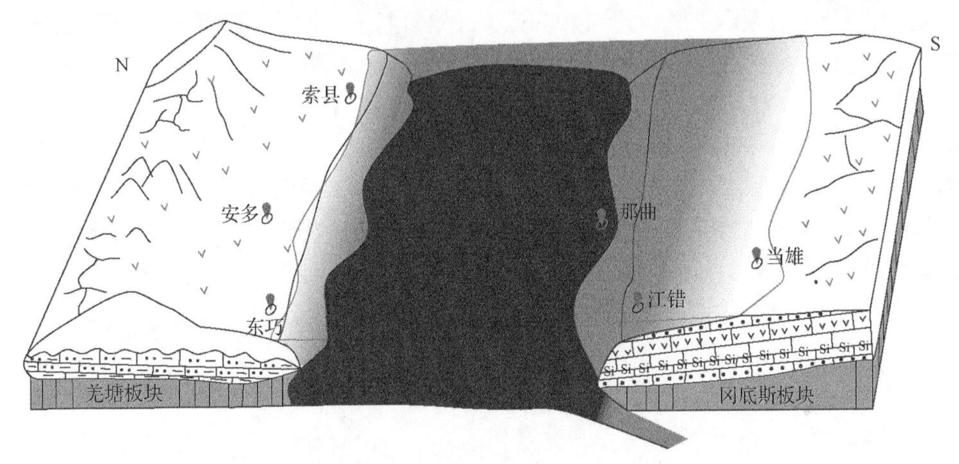

图7-2　早—中三叠世大地构造演化模式图

(三)晚三叠世—早侏罗世大洋衰退期——洋盆俯冲消减阶段

班公-怒江洋盆东段在扎玉—碧土一带发育了二叠纪—三叠纪洋岛型火山、火山碎屑岩和洋盆内海山碳酸盐沉积组合，该组合是主洋盆转入残余洋盆的重要标志。晚三叠世时期，在缝合带之东段地区形成了以甲丕拉组为代表的前陆盆地磨拉石沉积组合，且不整合覆盖于高压变质带、岛弧火山岩和晚三叠世碰撞花岗岩之上(蒋光武和谢尧武，2009)，这说明晚三叠世时期，班公-怒江洋盆东段已经处于残余洋盆及碰撞阶段。

在研究区班公-怒江洋盆以北，索县地区沉积了晚三叠世甲丕拉组、波里拉组、巴贡组的连续沉积组合。其中，甲丕拉组角度不整合于晚古生代地层之上，以红色碎屑岩为主，偶夹微晶灰岩，沉积序列为下粗上细的退积型沉积组合，其中双壳类、珊瑚等化石丰富，沉积时代为卡尼期—诺利期。波里拉组为滨浅海碳酸盐沉积，产双壳类、腹足类、珊瑚、腕足类和海百合等化石，时代为诺利期(王成善和伊海生，2001)。本节实测的巴贡组是一套潮坪碎屑岩—滨岸沼泽相沉积。因此，甲丕拉组、波里拉组、巴贡组表现了一次完整的海水进退旋回。由于晚三叠世班公-怒江洋盆东段闭合消减，海水由东向西退至该区，使早—中三叠世处于剥蚀状态的该区开始接受沉积，表现为晚三叠世早—中期甲丕拉组、波里拉组和巴贡组海侵—海退的沉积组合，说明随着东段的拼合和闭合，研究区此时也由早—中三叠世洋盆扩张转为俯冲消减状态。

班公-怒江洋盆以南上三叠统以为确哈拉群为代表，确哈拉群主要为一套深水复理石沉积，在研究区内由东到西，索县热布、班戈县江错、达如错、白拉乡等地均有出露。研究区东部索县热布为砂岩、板岩互层，厚 1800m。西部江错、达如错地区是一套复理石沉积，厚度大于 1400m，下段是红柱石、堇青石黑色板岩，厚 1000m，与下二叠统呈假整合接触；上段为黑色千枚岩、千枚状板岩夹泥岩石灰岩及灰岩透镜体和少量安山岩、流纹岩等火山岩组合。确哈拉群在研究区内由东到西厚度逐渐减少，东部形成了变质程度较低的板岩、西部江错、达如错地区则是变质程度较高的堇青石黑色板岩、黑色千枚岩等，到后期甚至出现了安山岩、流纹岩等火山岛弧型的火山岩-沉积岩建造，以上现象说明班公-怒江洋盆在研究区内于晚三叠世晚期开始俯冲。早侏罗世由于受洋盆俯冲消减作用的影响，海水逐渐退出该区，使研究区内班公-怒江缝合带两侧抬升遭受剥蚀，从而缺少早侏罗世早期沉积(图 7-3)。

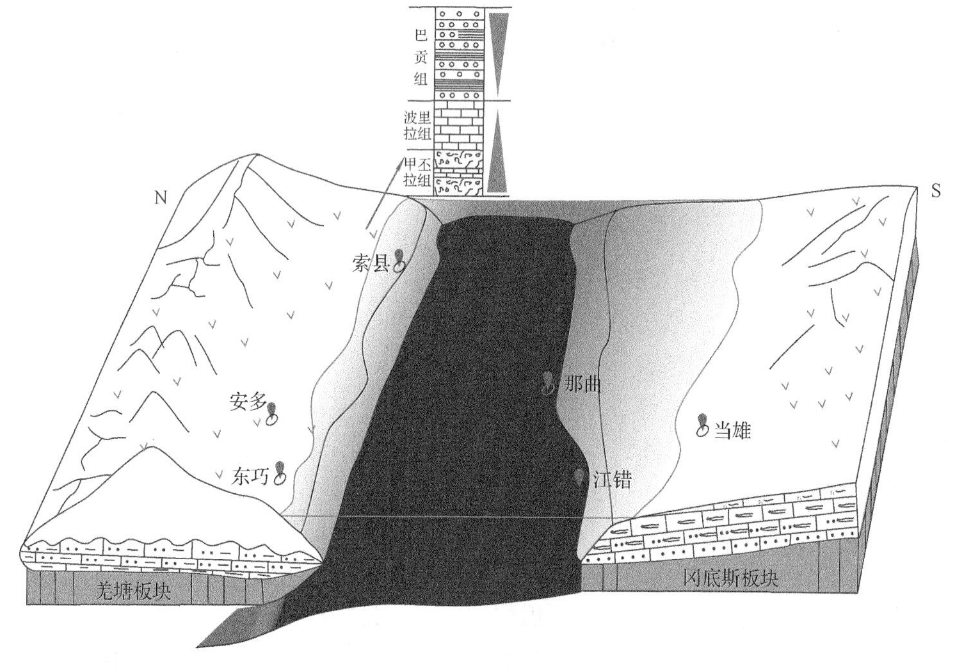

图 7-3　晚三叠世大地构造演化模式图

(四)中侏罗世—早白垩世大洋残余期-残余洋盆阶段

中侏罗世—晚侏罗世由于受雅鲁藏布江洋盆的持续扩张的影响(朱杰等，2005；耿全如和彭智敏，2011)，海水由东南方向进入研究区，班公-怒江缝合带以北索县地区发育中侏罗统马里组和桑卡拉佣组，两者表现为海侵系列的沉积，桑卡拉佣组上部发育由台地边缘型生物礁沉积组合，可能不整合覆盖于嘉玉桥群之上。此外，在其北部巴青布曲组发育了残余盆地内的台地内部近岸双壳类生物礁沉积组合。

在班公-怒江缝合带以北东巧鄂容沟附近发育了一套以海底超基性、基性火山岩夹硅质岩为特征的深水斜坡相-盆地相-火山相沉积组合——东巧蛇绿岩群。许多学者对东巧蛇绿岩都做过大量的研究(赖绍聪和刘池阳，2003；夏斌等，2008)，其研究结果表明，东巧蛇绿岩形成于岛弧环境，对其进行锆石 SHRIMP U-Pb 测年，其结果为 188.0Ma±2.0Ma，187.8Ma±3.7Ma(夏斌等，2008)，表明东巧蛇绿岩群形成于早侏罗世中期。对所采玄武岩岩石地球化学元素运用 FeO-FeO/MgO 变异图进行投点，落在靠近岛弧拉板玄武岩附近，表明其形成于岛弧环境。对东巧蛇绿岩体采集的橄榄岩样品做标准化稀土分配模式图，其表现为轻稀土富集型，稀土元素丰度较低，表明其分异程度较高，可能经历了多次的熔融分异过程。据此可以推测，班公-怒江洋盆中段于晚三叠世开始向北俯冲，早侏罗世俯冲闭合作用导致研究区抬升遭受剥蚀并缺失下侏罗统沉积，早侏罗世中期—晚侏罗世早期，在东巧一带形成了一个岛弧，并在岛弧后形成了一个弧后扩张环境，在东巧鄂容沟弧后扩张环境内形成了以东巧蛇绿岩群为代表深水斜坡相-盆地相硅质岩沉积组合。

此外，在索县、江错-蓬错一带发育混杂岩带，索县混杂岩主要由被强烈挤压变形的蛇绿岩挤压变形带、侏罗纪地层混杂带、白垩纪地层变形带等组成。江错-蓬错混杂岩则由被肢解的超基性岩体呈零星岩片产出，或逆冲推覆于上侏罗统拉贡塘组之上，或构造侵位于拉贡塘组之中。混杂堆积则是代表海沟、俯冲带的典型产物。

对缝合带南侧的江错玄武岩样品做标准化稀土分配模式图，为轻微的铕负异常，表明其为长石源成因，其稀土元素丰度较高，与东巧蛇绿岩群玄武岩相比平均高出 10 倍左右，对其进行 FeO-FeO/MgO 变异图进行投点，落在钙碱性玄武岩一侧，以上结果表明，江错一带玄武岩是典型的 MORB 组分，代表正常大洋岩石圈碎块。说明班公-怒江洋盆中段的俯冲带位于江错-蓬错-索县一带。班公-怒江缝合带以南班戈县赛龙日昂布及江错北岸拉贡塘组为一套大陆斜坡相重力流沉积组合，体现了俯冲带南缘的大陆斜坡构造环境(图 7-4)。

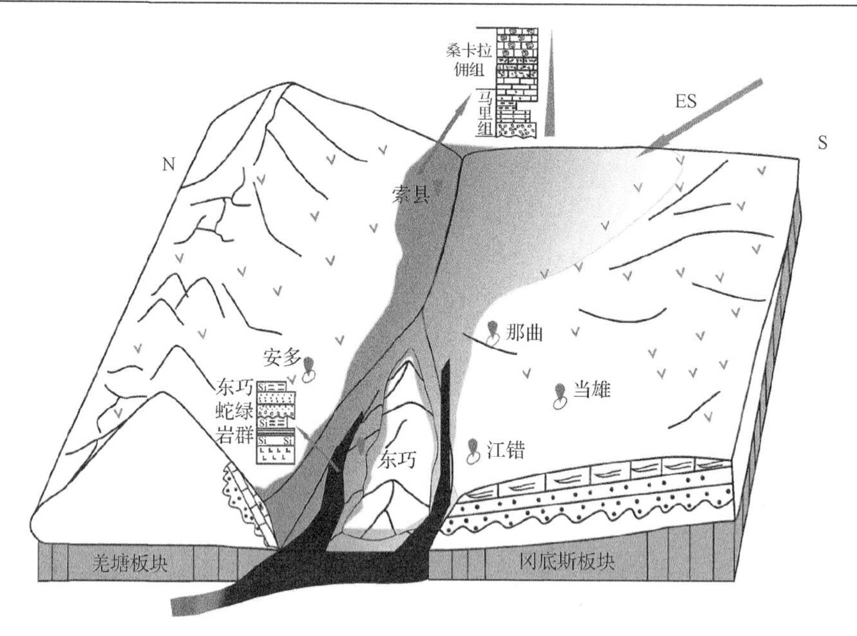

图 7-4　早—中侏罗世大地构造演化模式图

晚侏罗世时期，班公-怒江缝合带以北的东巧琼那沙木罗组不整合于东巧蛇绿岩群超基性岩体之上，沙木罗组上部发育的台地内部生物礁沉积组合说明其形成于班公-怒江洋盆闭合的残余弧后盆地。班公-怒江缝合带以南当雄县沙木罗组为典型的碳酸盐台地沉积，其中发育大量的造礁生物，但是没有形成礁体，可能始于其所处的大地构造位置靠近雅鲁藏布江洋盆北缘，海水由东南方向进入该区，但是由于其海水上升速度过快，致使造礁群落来不及形成礁体就已经死亡。

至早白垩世，由于班公-怒江洋盆在研究区内完全拼合，使羌塘地体进一步抬升，缝合带以北则抬升为陆，缺失了早白垩世沉积。班公-怒江缝合带以南则表现为海退的三角洲-湖盆沉积组合(图 7-5)。

(五)晚白垩世大洋遗痕期—板块碰撞造山阶段

晚白垩世，海水全部退出研究区，结束了青藏高原北部海相的沉积历史，转为造山阶段。缝合带以北东巧赛乃巴布上白垩统竟柱山组中部沉积了大量的沉火山岩、火山角砾岩、沉凝灰岩等，代表了陆壳碰撞后熔融作用等磨拉石组合。缝合带以南江错-蓬错一带则由于班公-怒江洋盆的拼合导致冈底斯板块与羌塘板块碰撞，据岩浆岩研究表明，白垩纪火山岩代表了活动陆缘或碰撞后的构造环境。在江错-蓬错一带所采燕山晚期的花岗岩样品经岩石地球化学分析多认为是同碰撞及同碰撞-板内花岗岩。进一步分析其成因类型，样品多为 S 型花岗岩，反映其为冈底斯板块与羌塘板块碰撞的产物(图 7-6)。

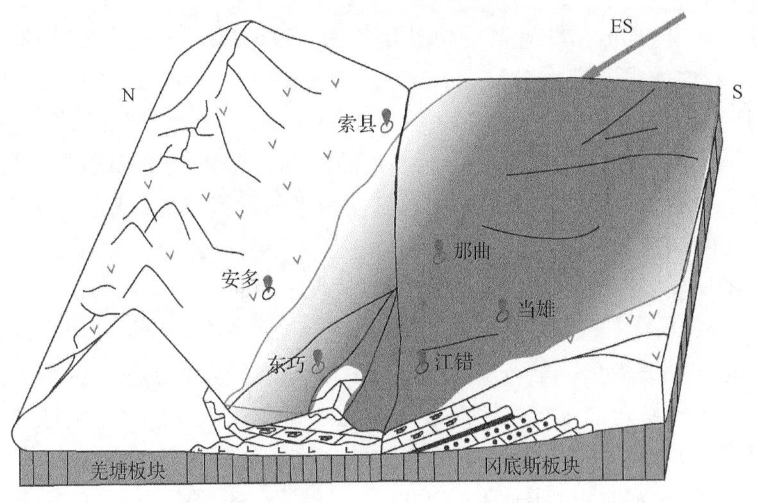

图 7-5　晚侏罗世—早白垩世大地构造演化模式图

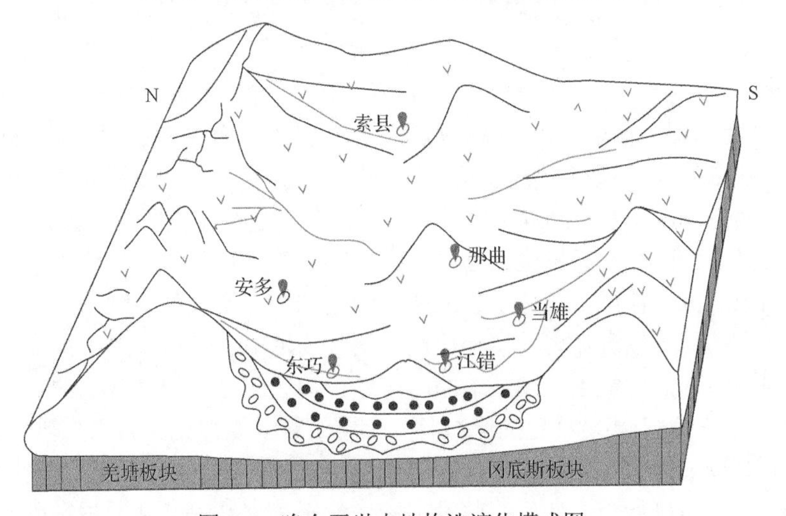

图 7-6　晚白垩世大地构造演化模式图

四、关于班公–怒江缝合带构造演化模式探讨

综合前面的研究结果，本书认为班公–怒江洋中段是一个经过了大洋裂谷、洋壳形成、扩张、俯冲消减、拼合，最后导致陆陆碰撞等较为完整的大洋盆地演化阶段的成熟大洋，与东、西段相似(王建平，2000；王冠民和钟建华，2002；蒋光武和谢尧武，2009)。但是从班公–怒江洋盆整个的演化过程来看，班公–怒江洋的演化又有明显的分段性。东段铜厂街辉长岩中的角闪石 K-Ar 等时线年龄为 385Ma，玄武岩 Nd 模式年龄为 293～251Ma，说明洋壳可能于中泥盆世产生，石炭纪—二叠纪为主洋盆扩张时期(蒋光武和谢尧武，2009)。中段那曲地区发现的

一套蛇绿岩，用 U-Pb 法测定其同位素年龄为 259～242Ma，为晚二叠世—中三叠世早期(西藏地质调查院一分院，2005)。西段舍玛拉沟蛇绿岩中的辉长 Sr、Nd 同位素测定结果为 191Ma±22Ma，为晚三叠世—早侏罗世(邱瑞照等，2004)。蛇绿岩测年结果表明了中、西段主洋盆扩张的时期。总体上，东段洋盆开启的时间早于中段，中段早于西段，表现为由东到西呈“剪刀张”式的开启方式(王冠民和钟建华，2002；蒋光武和谢尧武，2009)。但为什么班公-怒江洋盆的打开会呈现出“剪刀张”模式，而不是表现为东、中、西段同时开启。本书认为这可能是与班公-怒江缝合带中、西段所处的大地构造位置相关。它们位于的冈底斯板块和羌塘板块之间，自奥陶纪—早石炭世均属于稳定型的浅海相沉积，沉积了上万米沉积盖层，属于较稳定的区域。而东段与澜沧江、金沙江分别为中咱地块、昌都地块、扬子微板块所夹持，据已有资料表明，滇西金沙江洋最早的蛇绿岩记录为 375～352Ma 的晚泥盆世(简平等，2003)，与班公-怒江洋东段可能于同一时期开启。澜沧江缝合带中左贡吉盆蛇纹岩和俄咱辉长岩测年分别为 297Ma 和 303Ma，与金沙江缝合带中蛇绿岩形成的时间(300～294Ma)一致(刘勇和郭敦一，1998)。也说明班公-怒江洋东段主洋盆与澜沧江洋、金沙江洋主洋盆扩张为同一时期。而金沙江-红河断裂以西的滇西地块，属具有前寒武纪结晶基底的微大陆，据滇中新平矿区钻孔资料，在大红山群之下为哀牢山群，说明滇中、滇西具同一的基底，沿哀牢山西侧出现 1100～900Ma 的超基性岩带(贾建称和吴新国，2006)，则说明在晚寒武世滇西陆壳曾经发生过强烈张裂活动，而形成了早古生代以来的断陷盆地及其相应的沉积盖层。与位于青藏高原腹地的中、西段自奥陶纪—早石炭世沉积的上万米的稳定碳酸盐岩盖层相比则显得较为薄弱。所以本书推测，中泥盆世开始的裂陷活动，可能于东、西段同时开始，但首先会在地壳薄弱的东段表现出来，而中、西段位于相对稳定的区域且其上覆沉积盖层厚达上万米，则导致了中、西张裂需要较长的时间，较晚才会有所表现。此外，据沉积演化研究表明，中段洋盆开启的时间可能为二叠纪，假设中段洋盆于早二叠世开启，与东段开启的时间中泥盆世(蒋光武和谢尧武，2009)相差接近 100Ma。西段舍玛拉沟一带主洋盆形成的时间为晚三叠世—早侏罗世(邱瑞照等，2004)，假设洋盆开启的时间为晚三叠世，与中段相差为 60Ma。中段主洋盆扩张的时间为晚二叠世—中三叠世早期(西藏地质调查院一分院，2005)，假设中、西段洋盆开启的速率是相同的，那么中、西段洋盆开启的时差则仅为 30Ma，中、西段洋盆开启的时差则为 30～60Ma。明显晚于东、中段洋盆开启的时差 100Ma。据此可以认为中、西洋盆是逐渐打开的，而与东段具有一个明显的时间间隔，这表明班公-怒江洋盆整段的裂陷活动可能于中泥盆世同时开始，但是由于中、西段具有超厚的沉积盖层，东段洋盆打开后，又经历了较长的时间中段洋盆才逐渐打开，此后由东至西，洋盆逐渐开启。整体上就表现为从东到西呈“剪刀张”式的开始模式。

第八章　含油性研究

本章主要对与生物礁相关的部分地区地层的含油性特征进行分析评价，包括烃源岩和储集层特征的评价，旨在为研究区的进一步勘探与评价提供依据。

第一节　烃　源　岩

一、有机质丰度

影响碳酸盐岩有机质丰度的主要因素有矿物基质、热演化程度、成岩及成岩-后生作用，沉积环境及风化-氧化作用。热演化程度的增高，成岩作用及风化-氧化作用都会导致碳酸盐岩中有机质丰度降低；而在台地相区，可能存在着随黏土矿物含量增加，碳酸盐岩中的有机质含量增加的线性正相关关系；同样也明显地存在着不同相带碳酸盐岩的有机质丰度不同的特点。研究区内碳酸盐岩热演化程度较高，有机质经历了长时期的风化-氧化作用，而且碳酸盐岩也经历了多种成岩作用，造成有机质丰度降低，故在此选用原青藏项目经理部推荐的烃源岩评价标准来评价研究区碳酸盐岩有机质丰度(表 8-1)。

表 8-1　羌塘地区碳酸盐岩烃源岩有机质丰度评价标准(赵政璋，2001a)

	级别			
	非生油岩	较差生油岩	中等生油岩	好生油岩
有机碳/%	＜0.1	0.10～0.15	0.15～0.25	＞0.25
氯仿沥青“*A*”/ppm	＜50	50～200	200～400	＞400
总烃含量/ppm	＜40	40～80	80～200	＞200
生烃潜量/(mg/g)	＜0.1	0.1～0.15	0.15～0.25	＞0.25

(一) 雀莫错组

该组源岩主要出现在桌栽宁日埃剖面和土门公路二道班剖面。从所分析的四个样品的 TOC、氯仿沥青“*A*”、总烃含量(HC)、生油岩评价仪的分析结果来看(表 8-2)，有机碳含量最高达 0.22%，最低为 0.08%，平均值为 0.14%；氯仿沥青“*A*”含量不高，最多才达 12.20ppm，平均值仅 7.84ppm；总烃含量的分布范围为 2.44～6.49ppm，平均值 4.01ppm；S_1+S_2 最高达 0.16mg/g，最低为 0.05mg/g，平均值为 0.12mg/g。就 TOC 而言，一个样品未达到生油岩标准，两个样品(50%)进入差生油岩之列，一个为中等生油岩；从氯仿沥青“*A*”和总烃含量来看，源岩为非生油岩，而 S_1+S_2 则表现为两个样品为非生油岩，两个样品为中等生油岩(表 8-2)。总的看来，雀莫错组有机质丰度并不高，属较差烃源岩。

表 8-2　土门地区不同层位源岩有机质丰度

	地层		
	雀莫错组	夏里组	索瓦组
TOC/%	0.08~0.22 0.14(4)	0.09~0.66 0.32(6)	0.08~0.27 0.20(10)
氯仿沥青“*A*”/ppm	4.57~12.20 7.84(3)	5.34~64.80 17.16(6)	4.00~15.30 9.20(9)
总烃含量/ppm	2.44~6.49 4.01(3)	3.18~16.91 7.06	3.15~6.78 4.80(7)
S_1+S_2/(mg/g)	0.05~0.16 0.12(4)	0.03~0.29 0.10(6)	0.03~0.18 0.10(10)

注：数据中，上面数据为含量范围值；下面数据中括号外为平均值，括号内为样品个数，下同。

(二) 夏里组

该组源岩有机质丰度较高(表 8-2)，从所分析的六个样品来看：碳酸盐岩的有机碳含量的分布范围为 0.09%～0.66%，平均值为 0.32%；氯仿沥青“*A*”含量的平均值为 17.16ppm，只有一个样品的氯仿沥青“*A*”大于 50ppm，为 64.80ppm；总烃含量为 3.18～16.91ppm，平均值为 7.06ppm；S_1+S_2 的分布范围为 0.03～0.29mg/g，平均值为 0.10mg/g。就有机碳含量而言，50%的样品进入好的生油岩之列，从氯仿沥青“*A*”来看，只有一个样进入较差生油岩之列，其余均为非生油岩；而对于 S_1+S_2，则有 66.67%(四个样品)的样品属非生油岩，显然，TOC 与氯仿沥青“*A*”和 S_1+S_2 之间不存在对应关系(表 8-3)，在此情况下，以 TOC 作为评价碳酸盐岩有机质丰度的主要指标，因此，仅从分析数据来看该组为好-中等的生油岩。

表 8-3　土门地区不同剖面有机质丰度的变化

剖面	地层	TOC/%	S_1+S_2/(mg/g)	氯仿沥青“*A*”/ppm	HC/ppm
QP	索瓦组	0.17~0.27 0.22(6)	0.03~0.18 0.10(6)	4.0~13.30 8.12(6)	3.37~6.78 5.13(5)
	夏里组	0.32~0.66 0.49(3)	0.08~0.29 0.13(3)	5.87~10.60 8.57(3)	3.58
XP	索瓦组	0.08~0.25 0.17(4)	0.06~0.15 0.11(4)	7.49~15.30 10.79(3)	3.15~4.79 3.97(2)
	夏里组	0.12~0.24 0.18(2)	0.08~0.11 0.10(2)	8.06~64.80 36.43(2)	4.55~16.91 10.73(2)
AP	夏里组	0.09	0.03	5.43	3.18

从夏里组的分布来看，有机质丰度也存在一定的变化规律(表8-3)，研究区东北部QP剖面(青藏公路107道班)中，夏里组源岩有机碳含量的变化范围为0.32%～0.66%，平均值为0.49%；而研究区西北部的XP剖面(休冬日)的夏里组有机碳含量的变化范围为0.12%～0.24%，平均值为0.18%；研究区南部的AP剖面(阿木雀爬)中夏里组源岩有机碳含量更低，仅有0.09%。所以，总的看来，在夏里地层中，烃源岩表现为北部有机碳含量高于南部，而且东北部又高于西北部的特征。综合评价认为研究区东北部源岩为好生油岩，西北部源岩为中等生油岩，南部为非生油岩。

(三)索瓦组

由表8-2可见，索瓦组碳酸盐岩的有机碳含量的变化区间为0.08%～0.27%，平均值为0.20%；氯仿沥青"*A*"含量均小于50ppm；总烃含量的分布范围为3.15～6.78ppm，平均值为4.80ppm；S_1+S_2的变化范围为0.03～0.18mg/g，平均值为0.10mg/g。同样，索瓦组的评价也以TOC为主要依据，综合评价该组为中等生油岩。

平面上，索瓦组源岩的有机质丰度分布与夏里组一样，从所采样品分析结果来看(表8-3)，研究区东北部(QP)剖面的有机碳含量变化范围为0.17%～0.27%，平均值为0.22%；西北部XP剖面的有机碳含量变化范围为0.08%～0.25%，平均值为0.17%，也存在东北部源岩有机碳含量高于西北部的特征。但总的看来，索瓦组碳酸盐岩烃源岩仅为中等生油岩。

二、有机质类型

有机质类型是衡量烃源岩质量的一个重要指标，它对有机质的生烃潜力、生烃质量有影响。一般地，确定有机质类型的方法有干酪根元素分析、镜下鉴定、红外光谱、同位素分析及岩石热解分析，但随有机质演化程度的增高，很多判别有机质类型的参数值均失去意义，这尤其给处于高成熟至过成熟演化阶段的烃源岩的有机质类型判别增添了极大的困难。由于研究区烃源岩的演化程度较高，因此在判别有机质类型时以干酪根镜下鉴定为主，结合其他方法进行研究(表8-4)。

表8-4　烃源岩有机质类型划分标准(赵政璋，2001a)

	类型				
	$Ⅲ_1$	$Ⅲ_2$	Ⅱ	$Ⅰ_2$	$Ⅰ_1$
H/C(原子比)	＜0.7	0.7～1.0	1.0～1.3	1.3～1.5	＞1.5
HI/(mgHC/gTOC)	＜65	65～260	260～475	＞475	＞475
$\delta^{13}C_x$/%	＞-23.0	-24.5～-23.0	-26.0～-24.5	-28.0～-26.0	＜-28.0
2920/1600(干酪根)	＜0.8	0.8～1.7	1.7～3.0	＞3.0	＞3.0
1460/1600(干酪根)	＜0.25	0.25～0.5	＞0.5	＞0.5	＞0.5

(一)干酪根镜下鉴定

表 8-5 为干酪根镜下鉴定分类表。由表 8-5 可知，研究区烃源岩中有机质类型以 I_2型为主，另外还有少量的 I_1型和Ⅱ型。其中在 QP 剖面上，有机质类型为 I_2型(只有 QP-12-S_1为Ⅱ型)；而在 XP 剖面上，有机质类型有 I_1和 I_2两种，剖面下部为 I_2型，上部为 I_1型；桌栽宁日埃剖面(ZP)三层烃源岩中有机质类型最好，全为 I_1型，为研究区之最；而位于研究区中南部的土门公路二道班剖面(TP)、AP 剖面上，有机质类型为Ⅱ型。

表 8-5 土门地区侏罗系烃源岩中干酪根镜下鉴定表

剖面	地层	样号	岩性	腐泥组/%	壳质组/%	镜质组/%	惰质组/%	类型
QP	J_2x	5-S_1	泥晶灰岩	87	/	3	10	I_2
	J_2x	5-S_3	泥晶灰岩	73	2	5	20	I_2
	$J_{2-3}s$	8-S_3	泥晶灰岩	72	/	3	25	I_2
	$J_{2-3}s$	10-S_1	泥晶灰岩	85	/	5	10	I_2
	$J_{2-3}s$	10-S_2	泥晶灰岩	80	/	5	15	I_2
	$J_{2-3}s$	11-S_1	泥晶灰岩	85	/	5	10	I_2
	$J_{2-3}s$	12-S_1	泥晶灰岩	65	/	4	30	Ⅱ
XP	J_2x	4-S_1	泥晶灰岩	70	/	5	25	I_2
	J_2x	5-S_1	泥晶灰岩	70	/	5	25	I_2
	$J_{2-3}s$	11-S_1	泥晶灰岩	80	/	5	15	I_2
	$J_{2-3}s$	11-S_2	泥晶灰岩	80	/	5	15	I_2
	$J_{2-3}s$	14-S_1	泥晶灰岩	81	3	8	8	I_2
	$J_{2-3}s$	21-S_1	泥晶灰岩	90	/	5	5	I_1
ZP	J_2q	7-S_1	泥晶灰岩	90	1	5	4	I_1
	J_2q	10-S_1	泥晶灰岩	95	/	3	2	I_1
	J_2q	11-S_1	泥晶灰岩	92	/	5	3	I_1
TP	J_2q	12-S_1	泥晶灰岩	57	/	3	40	Ⅱ
AP	J_2x	5-S_1	泥晶灰岩	63	/	2	35	Ⅱ

(二)干酪根元素分析

利用 H/C、O/C 值(原子比)，在范氏图上可以直观地确定有机质类型，但由于研究区有机质演化程度较高，有机质在热演化过程中，出现脱 H、O，而富集 C 的特征，从而导致样品的 H/C 值下降，使得有机质发生腐殖化。由图 8-1 可以看出，由于 H/C 值下降，O/C 值下降，不同类型的有机质演化趋于一致，使研究区烃源岩中有机质类型主要表现$Ⅲ_2$型特征。值得注意的是，大多样品落在$Ⅲ_2$型边界线之下，这种现象的出现可能由以下几个方面因素影响造成：一是因样品采自于地表露头，长期的风氧化作用造成样品中有机质的氧含量相对增加，或者是沉积成岩时，台地相有机质发生弱氧化作用，而导致有机质发生腐殖化作用；二是因碳酸盐岩的干酪根分离提纯比较困难，造成纯度不够，产生系统误差。

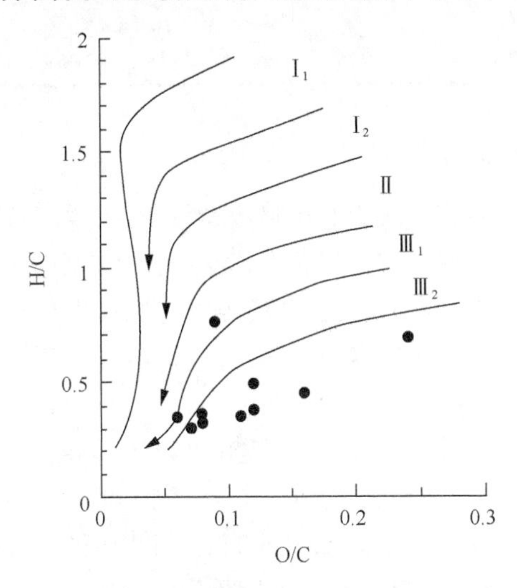

图 8-1　土门地区侏罗系烃源岩的 H/C-O/C 值(原子比)

结合地质背景分析，研究区烃源岩中原始有机质类型不可能为$Ⅲ_2$型或者更差，从样品所处的沉积环境来看，有机质类型应该更好，但由于多种因素的影响，造成干酪根类型的判别出现困难，具体分析应小心对待。

(三) 干酪根同位素分析

同位素的分析结果表明(表 8-6)，QP 剖面上烃源岩的 $\delta^{13}C$ 值的分布区间为 –25.4‰～–22.2‰，有机质类型为$Ⅲ_2$和Ⅱ型，其中剖面下部有机质类型较差，为$Ⅲ_2$型，剖面上部有机质类型较好，为Ⅱ型；XP 剖面上烃源岩的 $\delta^{13}C$ 值为–26.6‰～–24.2‰，有机质类型较为复杂，有$Ⅲ_1$、Ⅱ和$Ⅰ_2$型，其中以Ⅱ型为主；ZP 剖面上烃源岩有机质类型为$Ⅰ_2$型，AP 剖面上有机质类型为$Ⅰ_2$型。

干酪根同位素分析结果与镜下鉴定结果不一致的原因在于干酪根的分馏作用。研究结果表明，随有机质演化程度的增加，轻同位素减少，重同位素增加，结果导致 $\delta^{13}C$ 值增加，考虑到成熟度对 $\delta^{13}C$ 值的影响，干酪根原始类型应该比目前好一些。干酪根的分析结果也同样显示出 ZP 剖面上有机质类型为最好。

表 8-6　干酪根类型划分参数值

剖面	2920/1600	类型	$\delta^{13}C$/‰	类型
QP	0.11~0.76 / 0.39(5)	$Ⅲ_2$	–25.4～–22.2	Ⅱ、$Ⅲ_2$
XP	0.16~1.21 / 0.45(6)	$Ⅲ_2$	–26.6～–24.2	以Ⅱ为主
ZP	0.98	$Ⅲ_1$	–26.5	$Ⅰ_2$
AP	0.34	$Ⅲ_2$	–27.5	$Ⅰ_2$

（四）岩石 Rock-Eval 分析

由表 8-6 以看出，研究区源岩有机质类型以$Ⅲ_2$为主，只有一个样品表现出$Ⅲ_1$型特征，这个样品便是出现在 ZP 剖面上，反映了 ZP 剖面上烃源岩具有良好的母质类型，而其他剖面(QP、XP、AP)上烃源岩有机质类型相对较差。值得注意的是，同样是由于有机质演化程度对岩石热解氢指数 HI 和 H/C 有较大影响，而导致目前有机质类型与原始类型不一致。

其他热解指标如降解率(*D*)和类型指数(S_2/S_3)也可用于评价有机质类型(图 8-2，图 8-3)，判别标准如表 8-7 所示。研究区源岩热解数据显示，所有样品的 S_2/S_3 均小于 2.5，其分布范围为 0.05～0.33，平均值为 0.14；降解率(*D*)的分布范围为 0.75～16.60，平均值为 4.90；氢指数为 6～75mg/g，平均值为 26.95mg/g，结果表明有机质类型为Ⅲ型。热解 T_{max} 普遍大于 460℃的事实，反映了热演化作用对以上参数值产生了巨大的影响，也正是这种高演化程度导致了干酪根类型的“降级”，在分析评价时，应予以考虑。

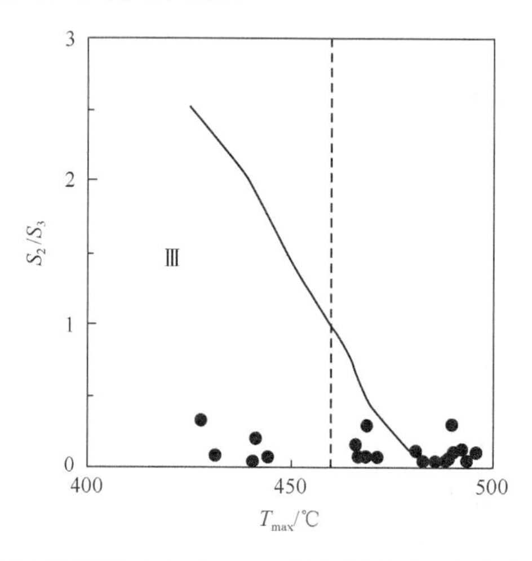

图 8-2　研究区烃源岩 S_2/S_3 与 T_{max} 关系(图版引自邬立言等，1986)

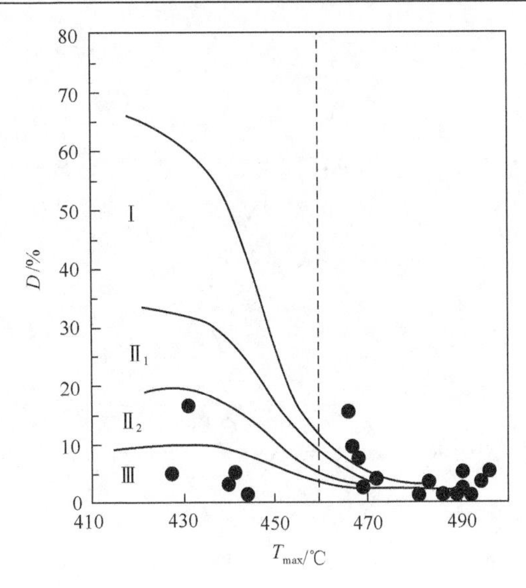

图 8-3　研究区烃源岩 D 与 T_{max} 关系(图版引自邬立言等，1986)

表 8-7　四类烃源岩有机质热解分类范围(邬立言等，1986)

类别	类型	S_2/S_3	D/%	HI/(mgHC/gTOC)
Ⅰ	腐泥	＞20	＞50	＞600
$Ⅱ_1$	腐殖-腐泥	5～20	50～20	250～600
$Ⅱ_2$	腐泥-腐殖	2.5～5	10～20	120～250
Ⅲ	腐殖	＜2.5	＜10	＜120

(五)生物标志物研究

生物标志物也可用于判别有机质的母质来源，一般常用指标有甾烷化合物的相对组成。图 8-4 和表 8-8 分别是研究区烃源岩甾烷相对组成，由图 8-4 和表 8-8 可见，研究区烃源岩中甾烷化合物中 C_{27} 甾烷(αααR)的相对含量大于 20%，为 20%～30%；C_{28} 甾烷的相对含量为 20%～30%；C_{29} 甾烷相对含量较高，为 45%～50%。与煤系地层烃源岩相比，很明显研究区烃源岩表现出相对高的 C_{27}、C_{28} 含量，而低的 C_{29} 甾烷含量，反映了低等水生生物对有机质构成的巨大贡献。一般认为 C_{28} 甾烷相对丰富，指示出藻类的较大贡献，研究区样品中 C_{28} 甾烷相对含量普遍较高，多数样品出现 $C_{28}>C_{27}$ 现象。

烃源岩检测出的长链类异戊二烯烷系列、长链烷基苯系列、长链烷基环己烷系列、长链三环萜烷系列、长链五环三萜烷系列及长链烷基萘烷系列等都为低等水生生物对烃源岩有机质构成提供了有力的证据。

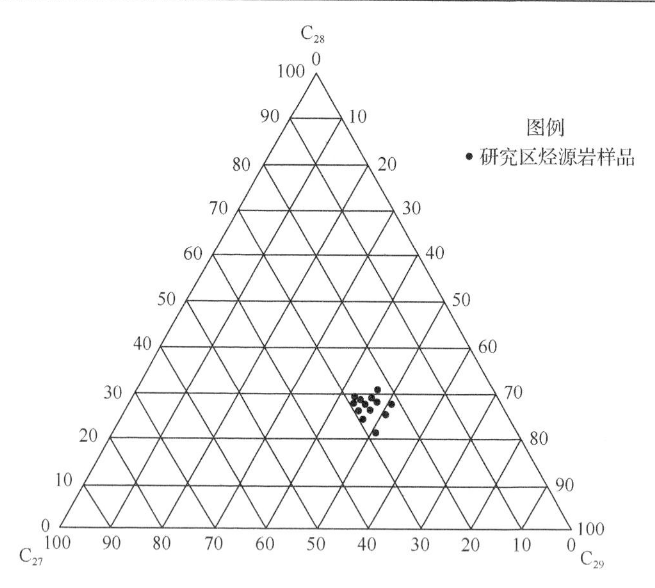

图 8-4　烃源岩 C_{27}-C_{28}-C_{29} 甾烷的相对分布图

表 8-8　土门地区侏罗系甾烷化合物的相对组成

样号	岩性	C_{27}/%	C_{28}/%	C_{29}/%	C_{27}/C_{29}	C_{28}/C_{29}
QP-5-S_1	泥晶灰岩	29.49	25.39	45.12	0.65	0.56
QP-8-S_1	泥晶灰岩	25.18	26.15	48.67	0.52	0.54
QP-9-S_1	泥晶灰岩	28.46	21.73	49.81	0.57	0.44
QP-10-S_2	泥晶灰岩	20.36	26.76	52.88	0.39	0.51
QP-11-S_1	泥晶灰岩	25.50	27.36	47.14	0.54	0.58
QP-12-S_1	泥晶灰岩	24.83	28.67	46.50	0.53	0.62
XP-4-S_1	泥晶灰岩	25.30	29.39	45.31	0.56	0.65
XP-5-S_1	泥晶灰岩	28.96	21.26	50.77	0.52	0.41
XP-11-S_2	泥晶灰岩	28.23	27.4	43.83	0.64	0.64
XP-21-S_1	泥晶灰岩	26.18	27.90	45.92	0.57	0.61
ZP-7-S_1	泥晶灰岩	24.07	24.91	51.02	0.47	0.49
ZP-10-S_1	泥晶灰岩	23.64	26.58	49.78	0.47	0.53
AP-5-S_1	泥晶灰岩	25.00	28.40	46.60	0.54	0.61
TP-12-S_1	泥晶灰岩	22.05	30.16	47.78	0.46	0.63

（六）族组成

利用可溶有机质的族组成也可能粗略划分有机质的类型（表 8-9）。研究区 QP 剖面上烃源岩中饱和烃相对含量为 40%～60%，芳烃相对含量小于 15%，非烃+沥青质相对含量 35%～60%，饱和烃/芳香烃大于 3，依据表 8-7 标准，有机质类型应为腐泥-腐殖型；XP 剖面上烃源岩中饱和烃的相对含量为 30%～55%，芳烃相对含量为 30%～60%，非烃＋沥青质相对含量为 35%～60%，饱和烃/芳香烃大于 1，综合研究有机质类型也为腐泥-腐殖型；ZP 剖面上烃源岩中饱和烃相对含量约占 50%，芳烃相对含量约占 10%，非烃＋沥青质相对含量约占 44%，饱和烃/芳香烃大于 3，有机质类型也为腐泥-腐殖腐泥型：TP、AP 剖面上烃源岩有机质类型与以上三条剖面相当。

表 8-9　中—新生代生油岩有机质类型划分表(黄第藩和李晋超，1982)

	类型				
	腐泥型	腐殖-腐泥型	腐泥-腐殖型	腐殖型	腐煤型
饱和烃/%	40～60	20～40	20～40	5～17	7～15
芳香烃/%	15～25	5～15	5～15	10～22	20～30
饱和烃/芳香烃	＞3	1～3	1～1.6	0.5～0.8	0.3～0.5
非烃+沥青质/%	20～40	40～60	60～80	60～80	60～70
非烃+沥青质/总烃	0.3～1	1～3	1～3	3.0～4.5	＞3

综合上面各项指标分析可知，由于多种地质因素的影响，有机质发生腐殖化作用造成有机质类型变差，使得很多判别有机质类型的指标不再适用，研究结果表明，目前有机质类型表现出Ⅲ型特征，但有机质的原始类型肯定不是Ⅲ型。就干酪根镜检分析可以看出，腐泥组在干酪根中所占比例很高，由此判断出烃源岩的原始有机质类型主要为 I_2 型。相比较而言，ZP 剖面上烃源岩的类型最好，镜检结果为 I_1 型；而 TP 剖面和 AP 剖面烃源岩类型为Ⅱ型；而 QP 剖面和 XP 剖面烃源岩有机质类型主要表现为 I_2 型。

三、有机质演化程度

能用于反映有机质演化程度的指标很多，本节主要利用镜质体反射率(R_o)、孢粉颜色及颜色指数(SCI)、T_{max}、包裹体均一化温度及生物标志物参数来确定烃源岩的演化程度。

(一)镜质体反射率(R_o)

研究区源岩的镜质体反射率(R_o)的分布区间为 1.14%～1.92%，大多数样品分布在 1.4%～1.9%，18 块样品的 R_o 平均值为 1.49%，反映了研究区整体处于有机质演化的高成熟阶段。

各剖面的 R_o 值显示出 QP 剖面上 R_o 的分布范围为 1.37%～1.92%(表 8-10)，平均值为 1.66%；XP 剖面上烃源岩的 R_o 分布范围为 1.21%～1.66%，平均值为 1.42%；AP 剖面上烃源岩的 R_o 达 1.72%，综合研究以上三条剖面的有机质演化已进入高成熟阶段，它们分别代表了研究区的夏里组和索瓦组。而 ZP 剖面烃源岩的 R_o 值为 1.14%～1.35%，平均值 1.24%；TP 剖面上烃源岩的 R_o 值也仅有 1.32%，从 R_o 值来看，ZP 剖面的雀莫错组有机质演化程度略低于研究区内的 QP、XP 面的夏里组和索瓦组，总体上，ZP 剖面雀莫错组上部源岩有机质处于成熟阶段，而下部有机质则处于高成熟阶段。研究区内各条剖面之间 R_o 值的差异，可能反映了不同地区烃源岩所经受的构造、沉积演化的不一致性，这个问题尚需进一步研究。

表 8-10　土门地区侏罗系烃源岩的热演化参数值

剖面	R_o/%	孢粉		T_{max}/℃	H/C 原子比
		颜色	SCI		
QP	1.37~1.92 / 1.66(7)	棕黑	/	427~496 / 477.67	0.32~0.45 / 0.38(4)
XP	1.21~1.66 / 1.42(6)	棕-棕黑	4.7	441~496 / 467.67	0.34~0.76 / 0.45(6)
ZP	1.14~1.35 / 1.24(3)	/	/	440~481 / 462.67	0.69
TP	1.32	棕黑	/	483	/
AP	1.72	/	/	469	0.30

（二）孢粉颜色与 T_{max} 值

孢粉化石及干酪根颜色是热变质作用的直接结果。孢粉粒在成岩作用过程中，颜色由浅变深，透明度降低，根据中国石油勘探开发研究院的研究，可将孢粉颜色划分为八段。研究区内只有部分烃源岩样品能测得孢粉颜色及颜色指数。QP 剖面上烃源岩的孢粉颜色为棕黑色；XP 剖面上烃源岩中孢粉颜色为棕—棕黑色；SCI 为 4.7；TP 剖面上孢粉颜色为棕黑色。研究区内烃源岩中有机质演化普遍处于高成熟至过成熟阶段。

统计结果表明，QP 剖面烃源岩的 T_{max} 值分布范围为 427～496℃，平均值为 477.67℃，其中夏里组的分布范围为 427～492℃，平均值为 454.33℃；索瓦组的 T_{max} 值分布区间为 481～496℃，平均值为 489.33℃。XP 剖面的 T_{max} 分布范围为 441～496℃，平均值为 467.67℃，其中夏里组的 T_{max} 值分布范围为 469～496℃，平均值 482.50℃；索瓦组 T_{max} 值的分布范围为 441～490℃，平均值为 467.25℃。ZP 剖面雀莫错组 T_{max} 值的分布范围为 440～481℃，平均值为 462.67℃。TP、AP 剖面 T_{max} 值分别为 483℃和 469℃。结合地质条件分析可以看出，QP 剖面、XP 剖面的夏里组、索瓦组烃源岩的有机质演化已进入湿气阶段，对应 R_o 值的分布区间为1.3%～2%。而ZP剖面上雀莫错组的有机质演化正处于生油阶段至凝析油、湿气阶段，对应的R_o值为1.24%，较QP、XP两剖面的演化程度低，这个结论与实测R_o值相符。这种现象反映了研究区内有机质演化的不均一性。

研究区内烃源岩的HI多数小于60mg/g，T_{max}值绝大多数大于460℃，而小于500℃，表明有机质演化已处于高成熟阶段为主(张水昌和童茂言，1992)。

(三)包裹体均一化温度

由包裹体均一化温度值可以看出，研究区内QP剖面上夏里组碎屑岩的包裹体均一化温度值的分布范围为148～178℃，平均值为157℃，反映有机质演化已进入高成熟阶段；XP剖面上索瓦组灰岩的包裹体均一化温度分布范围为114～140℃，平均值仅有128℃，但是高值仍达到140℃，表明有机质演化也进入了高成熟阶段。值得一提的是灰岩的包裹体均一化温度低于碎屑岩，其中原因尚需进一步研究。

(四)生物标志特征

从正构烷烃的峰型及碳优势指数(CPI)、奇偶优势(OEP)特征来看，研究区内烃源岩中正构烷烃分布为平滑型。OEP、CPI值趋近于1，表明有机质演化已达成熟阶段。

研究表明，烃源岩中C_{29}甾烷的20S/20(S+R)参数值普遍小于0.55，其中在QP剖面上这个参数的分布范围为0.41～0.46，平均值为0.44；在XP剖面上，其变化区间为0.40～0.48，平均值为0.45；在ZP剖面上，其平均值0.41；TP和AP剖面都为0.45。C_{29}甾烷的$\beta\beta/(\beta\beta+\alpha\alpha)$参数值更低，其中QP面上，$C_{29}$甾烷的$\beta\beta/(\beta\beta+\alpha\alpha)$值的变化区间为0.34～0.38，平均值仅0.361；XP剖面上其变化区间为0.37～0.42，平均值为0.41；ZP剖面上，C_{29}甾烷的$\beta\beta/(\beta\beta+\alpha\alpha)$的平均值为0.37；TP与AP剖面上分别平均值为0.40和0.38。另一个参数C_{31}藿烷22S/22(S+R)值在QP剖面上的变化区间为0.54～0.58，平均值为0.56；在XP剖面上其变化区间内0.54～0.58，平均值也为0.56；在ZP剖面上其平均值为0.58，在TP、AP剖面上平均值均为0.56。总的看来，C_{31}藿烷22S/22(S+R)值也远未达到其演化的平衡值0.65。

当有机质演化至成熟阶段—高成熟阶段时，生物标志物参数未能达到其平衡值的现象在碳酸盐岩地层中普遍存在(张水昌和童茂言，1992；包建平等，1996)。研究区碳酸盐岩烃源岩中甾萜烷的生物标志物参数也具这一特征，其形成可能与碳酸盐矿物对生物标志物的异构化作用有抑制作用(包建平等，1996)和碳酸盐岩对其中不同赋存形式的有机质的保存作用有关。

综合对研究区烃源岩的镜质体反射率(R_o)、孢粉颜色及SCI、包裹体均一化温度、岩石热解(T_{max})分析可以看出，有机质演化程度普遍较高，大多处于高成熟演化阶段。相比较而言，ZP 剖面上烃源岩的有机质演化程度比其他剖面略低。由于生物标志物参数本身的局限性及碳酸盐岩本身所具有的特性，导致生物标志物异构化参数在研究区不能反映有机质演化程度。

第二节 储 集 层

一、储层分类

常规物性及孔隙结构是表征储层最重要的参数，结合工区实际情况，以孔渗参数为主要依据并参考孔隙结构参数对储层进行分类。

由于多种因素特别是成岩作用及地表露头的影响，使研究区内储层以低孔低渗为特点，属非常规储层。考虑到羌塘盆地储层物性的实际情况，将土门地区碎屑岩储层分为好、中、差三种类型(表 8-11)。碳酸盐岩储集层分为Ⅰ、Ⅱ、Ⅲ三种类型(表 8-12)，各类储层特征如下。

表 8-11　土门地区碎屑岩储层分类表(纪友亮，2015)

	储层类型		
	Ⅳ(好储集层)	Ⅴ(中等储集层)	Ⅵ(差储集层)
ϕ/%	>8	8～4	<4
$K/10^{-3}\mu m^2$	>0.50	0.05～0.50	<0.05
岩性	中、细砂岩粉砂岩	细砂岩含泥粉砂岩	粉砂岩、灰(云)质、泥质粉砂岩
有效喉道半径/μm	>2	0.4～2	<0.04
S_e/%	>70	50～70	<50

注：S_e为退汞效率。

表 8-12　土门地区碳酸盐岩储集层分类表(纪友亮，2015)

	储层类型		
	Ⅰ	Ⅱ	Ⅲ
$K/10^{-3}\mu m^2$	>0.5	0.05～0.5	<0.05
R_{50}/μm	>2	0.05～2	<0.05
ϕ/%	>2	1～2	<1
岩性	颗粒灰岩	颗粒灰岩/粒屑泥晶灰岩	粒屑泥晶灰岩
S_e/%	>70	50～70	<50
孔隙结构类型	粗喉型	中、细喉型	微喉型
孔隙类型	粒内、粒间溶孔、裂缝	裂缝，沿裂缝、缝合线分布的孔隙，晶间、粒间溶孔	晶间微孔、晶间溶孔

注：R_{50}为孔隙喉道中值半径。

(一)碎屑岩储层分类

1. Ⅳ类储层(好的储集层)

Ⅳ类储层主要岩石类型为中、细砂岩，孔隙度ϕ大于8%，渗透率K大于$0.5\times10^{-3}\mu m^2$，排驱压力较低，以粗喉和中喉结构为特征。

2. Ⅴ类储层(中等储层)

Ⅴ类储层主要岩石类型为细砂岩、粉砂岩。ϕ为4%～8%，K为0.05×10^{-3}～$0.5\times10^{-3}\mu m^2$，排驱压力较低，以中喉结构为特征。

3. Ⅵ类储层(差的储层)

Ⅵ类储层主要岩石类型为细砂岩、粉砂岩，泥质粉砂岩。ϕ小于4%，K小于$0.05\times10^{-3}\mu m^2$，排驱压力较高，以细喉和微喉结构为特征。

(二)碳酸盐岩储层分类

1. Ⅰ类储层

Ⅰ类储层以粗喉型孔隙结构为主，要岩石类型为颗粒灰岩ϕ大于2%，K大于$0.5\times10^{-3}\mu m^2$，孔隙类型包括溶孔、裂缝、粒内溶孔、粒间溶孔等，该类储层储集空间大，连通性好。

2. Ⅱ类储层

Ⅱ类储层以中、细喉型孔隙结构为主，岩石类型包括颗粒灰岩，含颗粒泥晶灰岩等，ϕ为1%～2%，K为0.05×10^{-3}～$0.5\times10^{-3}\mu m^2$，主要孔隙类型为裂缝，沿裂缝、缝合线分布的孔隙、晶间溶孔、粒内溶孔等。该类储层孔隙空间虽小，但连通性较好。

3. Ⅲ类储层

Ⅲ类储层以微喉型孔隙结构为主，主要岩石类型有颗粒灰岩，含颗粒泥晶灰岩、泥晶灰岩等，ϕ小于1%，K小于$0.05\times10^{-3}\mu m^2$，以晶间微孔、晶间溶孔为主。

二、储层评价

前面已从宏观与微观、定性到半定量地论述了土门地区储层特征，但从整体上看，还不能完整反映该区储层储集性能的规律，为此特进行储层评价。

(一)评价标准

本书主要以地面露头资料为依据，因此在进行评价时主要参考以下三方面因素。

1. 常规物性参数

孔隙度的大小反映储集能力，渗透率能反映流体在储层中的畅通能力，由地下到地表尽管孔渗演化趋势有变化，但基本能反映相应的储集物性差异。

2. 孔隙结构参数

孔隙结构参数是从微观上反映孔喉能力，进而研究微观渗透能力。

3. 沉积相

通过沉积环境和相的研究可确定储层储集类型，并判断储层规模及内部构成，这有利于将有限的资料进行大面积推广，使对全区各时代层系储层有较清晰的认识。

（二）储层评价

1. 中侏罗统雀莫错组储层

土门地区中侏罗统雀莫错组以碳酸盐岩储层为主，广泛分布于土门地区的南部和北部，即北羌塘拗陷带和南羌塘拗陷带内，属台地浅滩-局限台地亚相沉积。孔隙度最大值为2.4%，平均值为2.24%，渗透率最大值为$1.3\times10^{-3}\mu m^2$，平均值为$8.89\times10^{-3}\mu m^2$，其中Ⅰ类储层厚度为5.05m，Ⅱ类储层厚度为85.23m，Ⅲ类储层厚为18.88m。

2. 中侏罗统夏里组储层

中侏罗统夏里组主要为砂岩储层，在土门地区的南部和北部均有分布，主要为三角洲砂体沉积。孔隙度最大值为7.5%，最小值为1.7%，平均值为3.5%，渗透率最大值为$19\times10^{-3}\mu m^2$，最小值为$0.018\times10^{-3}\mu m^2$，平均值为$5.016\times10^{-3}\mu m^2$。储层总厚度为92.2～161.09m。其中青藏公路107道班剖面夏里组储层总厚度为92.2m占该剖面地层厚度的52.3%，Ⅴ类储集岩厚度为29.73m，Ⅴ类储集岩厚度为62.47m。休冬日剖面夏里组储集岩总厚度为161.09m，占地层剖面总厚的54.19%，其中类储集岩厚度为38.9m，Ⅵ类储集岩厚度为122.19m。

3. 中—上侏罗统索瓦组

中—上侏罗统索瓦组主要为碳酸盐岩储层，属台地浅滩亚相-局限台地亚相-开阔台地亚相沉积，主要分布于该区的北部，即北羌塘拗陷带内。孔隙度最大为3.7%，最小值为0.96%，平均值为2%，渗透率最大值为$83\times10^{-3}\mu m^2$，最小值为$0.029\times10^{-3}\mu m^2$，平均值为$11.57\times10^{-3}\mu m^2$。储层厚度为159.28～202.27m，其中青藏公路107道班剖面索瓦组储层总厚度为159.28m，占地层剖面厚度的79.1%，Ⅰ类储集岩厚度为71.22m，Ⅱ类储集岩厚度为37.97m，Ⅲ类储集岩厚度为50.09m。休冬日剖面索瓦组总厚202.27m，占地层剖面总厚的50.3%，其中Ⅰ类储集岩厚度为 23.66m，Ⅱ类储集岩厚度为 120.19m，Ⅲ类储集岩厚度为 58.42m。

4. 上侏罗统雪山组

上侏罗统雪山组为碎屑岩储层，分布于土门地区的西北部，属三角洲砂体和滨浅湖砂坝沉积。薄片观察其面孔率一般为 2%～6%，以Ⅵ类储层为主，并发育有Ⅴ类储层。

综上所述，该区主要存在碎屑岩和碳酸盐岩储层，碎屑岩储层下三叠统康鲁组较好，中侏罗统夏里组次之，上侏罗统雪山组较差，碳酸盐岩储层以上侏罗统索瓦组较好，中侏罗统雀莫错组次之。

参考文献

白生海. 1989. 青海西南部海相侏罗纪地层新认识. 地质论评, 35(6): 529-536.

包建平, 王铁冠, 王金渝. 1996. 下扬子地区海相中, 古生界有机地球化学. 重庆: 重庆大学出版社.

常承法, 郑锡澜. 1973. 中国西藏南部珠穆朗玛峰地区地质构造特征以及青藏高原东西向诸山系形成的探讨. 中国科学, 1(2): 190-201.

陈国达. 1956. 中国的珊瑚礁. 地质知识, 9: 14-17.

陈强, 张慧元, 李文厚, 等. 2012. 鄂尔多斯奥陶系碳酸盐岩碳氧同位素特征及其意义. 古地理学报, 14(1): 117-124.

董得源, 汪明洲. 1983. 藏北安多一带晚侏罗世层孔虫的新材料. 古生物学报, 22(4): 413-427.

范嘉松. 1996. 中国古生代生物礁的研究的基本状况与今后的发展方向//范嘉松. 中国生物礁与油气. 北京: 海洋出版社.

范嘉松, 张维. 1985. 生物礁的概念, 分类及识别特征. 岩石学报, 1(3): 45-59.

范嘉松, 吴亚生. 1992. 我国生物礁研究中的问题及发展方向. 石油与天然气地质, 13(4), 463-464.

费琪, 邓忠凡. 1996. 西藏特提斯构造与海相油气前景. 中国地质大学学报(地球科学), 21(2): 113-118.

高振中, 段太忠. 1990. 华南海相深水重力沉积相模式. 沉积学报, 8(2): 9-20.

耿仝如, 彭智敏. 2011. 喜马拉雅东构造地区雅鲁藏布江蛇绿岩地质年代学研究. 地质学报, 85(7): 1116-1127.

龚文平, 肖传桃, 胡明毅, 等. 2004. 藏北安多-巴青地区侏罗纪生物礁类型及形成条件. 江汉石油学院学报, 26(4): 5-8.

郝松立, 李文厚, 刘建平, 等. 2011. 鄂尔多斯南缘奥陶系生物礁相碳酸盐岩碳氧同位素地球化学特征. 地质科技情报, 30(2): 53-56.

黄第藩, 李晋超. 1982. 中国陆相油气生成. 北京: 石油工业出版社.

黄汲清, 陈炳蔚. 1987. 中国及邻区特提斯海的演化. 北京: 地质出版社.

纪友亮. 1996. 油气储层地质学. 北京: 石油工业出版社.

贾建称, 吴新国. 2006. 羌塘盆地东部中生代沉积特征与构造演化. 中国地质, 33(5): 999-1004.

简平, 郭敦一. 2003. 滇川西部金沙江石炭纪蛇绿岩 SHRIMP 测年: 古特提斯洋壳演化的同位素年代学制约. 地质学报, 77(2): 217-228, 291-292.

蒋光武, 谢尧武. 2009. 青藏高原班公-怒江缝合带丁青-碧土段大地构造演化. 地质通报, 28(9): 1259-1266.

蒋忠惕. 1983. 羌塘地区侏罗纪地层的若干问题//青藏高原地质文集(3), 北京: 地质出版社.

赖绍聪, 刘池阳. 2003. 青藏高原安多岛弧型蛇绿岩地球化学及成因. 岩石学报, 19(4): 675-682.

李成凤, 肖继凤. 1988. 用微量元素研究胜利油田东营盆地沙河街组的古盐度. 沉积学报, (4): 103-110.

李书舜, 刘大成. 1986. 我国生物礁研究的新进展. 海洋地质与第四纪地质, 6(4): 105-110.

李思田. 1996. 含能源盆地沉积体系. 武汉: 中国地质大学出版社.

刘建清, 贾保江, 杨平, 等. 2007. 碳, 氧, 锶同位素在羌塘盆地龙尾错地区层序地层研究中的应用. 地球学报, 28(3): 253-260.

刘训, 傅德荣, 姚培毅, 等. 1992. 青藏高原不同地体的地层, 生物区系及沉积构造演化史. 北京: 地质出版社.

刘兆生. 1993. 新疆奇台北山煤田侏罗纪孢粉组合. 微体古生物学报, 10(1): 13-33.

陆亚秋, 龚一鸣. 2007. 海相油气区生物礁研究现状, 问题与展望. 地球科学(中国地质大学学报), 32(6): 871-878.

罗建宁. 1995. 论东特提斯形成与演化的基本特征. 特提斯地质, 第 19 号, 北京: 地质出版社.

马冠卿. 1998. 西藏区域地质基本特征. 地质通报, 17(1): 16-24.
潘桂堂, 陈智梁. 1997. 东特提斯地质构造形成演化. 北京: 地质出版社.
潘桂棠, 郑海翔, 徐耀荣, 等. 1983. 初论班公-怒江结合带//青藏高原地质文集(12). 北京: 地质出版社.
潘桂棠, 莫宣学, 侯增谦, 等. 2006. 冈底斯造山带的时空结构及演化. 岩石学报, 22(3): 521-533.
潘裕生. 1984. 班公-怒江带中段构造性质探讨. 地质科学, 17(2): 139-148.
青海地质矿产局. 1993. 青海区域地质志. 北京: 地质出版社.
青海地质矿产局. 1997. 青海省岩石地层. 武汉: 中国地质大学出版社.
邱瑞照, 周肃, 邓晋福, 等. 2004. 西藏班公-怒江西段舍马拉沟蛇绿岩中辉长岩年龄测定——兼论班公-怒江蛇绿岩带形成时代. 中国地质, 31(3): 262-268.
沈安江, 陈子炓, 寿建峰. 1999. 相对海平面升降与中国南方二叠纪生物礁油气藏. 沉积学报, 17(3): 367-373.
孙东立. 1981. 西藏中生代腕足动物群//青藏高原科学考察论文集(古生物). 第三分册. 北京: 科学出版社.
孙东立. 1982. 中国侏罗纪腕足动物群. 地层学杂志, 6(1): 56-59.
孙立新, 白志达, 徐德斌, 等. 2011.西藏安多蛇绿岩中斜长花岗岩地球化学特征及锆石 U-Pb SHRIMP 年龄. 地质调查与研究, 34(1): 10-15.
万晓樵. 1989. 西藏聂拉木地区侏罗纪有孔虫. 微体古生物学报, 6(2): 139-152.
汪明洲, 董得源. 1984. 藏北东巧层孔虫. 古生物学报, 23(3): 343-349.
王冰. 2012. 安徽沿江地区晚石炭世碳酸盐台地沉积, 演化及古气候古环境研究. 安徽: 合肥工业大学.
王成善, 伊海生. 2001. 西藏羌塘盆地地质演化与油气远景评价. 北京: 地质出版社.
王冠民, 钟建华. 2002. 班公-怒江缝合带西段三叠纪-侏罗纪构造-沉积演化. 地质论评, 48(3): 297-303.
王建平. 2000. 班公-怒江缝合带东段地质特征—特提斯演化//第 31 界国际地质大会中国代表团学术论文集. 北京: 地质出版社.
王思恩. 1985. 中国的侏罗系. 北京: 地质出版社.
王随继, 黄杏珍, 妥进才, 等. 1997. 泌阳凹陷核桃园组微量元素演化特征及其古气候意义. 沉积学报, 15(1): 65-70.
文世宣. 1982. 西藏侏罗纪双壳类//西藏古生物(四). 北京: 科学出版社.
邬立言, 顾信章, 盛志伟. 1986. 生油岩热解快速定量评价. 北京: 科学出版社.
吴亚生. 1997. 生物礁岩分类方案. 地质论评, 43(3): 281-289.
吴亚生, 范嘉松. 1991. 生物礁的定义和分类. 石油与天然气地质, 12(3): 346-349.
吴应林, 李兴根, 邱东洲. 1996. 青藏高原的构造演化与含油气盆地分析. 地球科学, 12(2): 130-135.
西藏地质调查院一分院. 2005. 1: 25 万那曲县幅地质调查成果与进展. 沉积与特提斯地质, 25(Z1): 91-95.
西藏自治区地质矿产局. 1993. 西藏自治区区域地质志. 北京: 地质出版社.
西藏自治区地质矿产局. 1997. 西藏自治区岩石地层. 武汉: 中国地质大学出版社.
夏斌, 徐力峰, 韦振权, 等. 2008. 西藏东巧蛇绿岩中辉长岩锆石 SHRIMP 定年及其地质意义. 地质学报, 82(4): 528-531.
肖传桃. 2017. 古生物学与地史学概论(第二版). 北京: 石油工业出版社.
肖传桃, 姜衍文, 刘秉理, 等. 1993. 中扬子地区早奥陶世早中期 Batostoma 属的发现及其地质功能和生态学研究. 科学通报, 38(14): 1314-1316.
肖传桃, 李艺斌, 胡明毅, 等. 2000a. 藏北地区侏罗纪生物礁的发现及其意义. 中国科学基金, 14(3): 52-56.
肖传桃, 李艺斌, 胡明毅, 等. 2000b. 西藏安多县东巧晚侏罗世生物礁的发现. 地质科学, 35(4): 501-506.
肖传桃, 李艺斌, 胡明毅, 等. 2000c. 藏北巴青中侏罗世 *Liostrea* 障积礁的发现. 中国区域地质, 20(1): 90-93.
肖传桃, 崔江利, 朱忠德, 等. 2004a. 湖北宜昌地区下奥陶统生物礁古生态学研究. 地质论评, 50(5): 520-529.

肖传桃, 龚文平, 胡明毅, 等. 2004b. 藏北地区中部侏罗纪生物地层层序. 江汉石油学院学报, 26(4): 1-4, 217.

肖传桃, 夷晓伟, 李梦, 等. 2011. 藏北安多东巧地区晚侏罗世生物礁古生态学研究. 沉积学报, 29(4): 752-760.

肖传桃, 柳成, 叶明, 等. 2014. 藏北索县-巴青地区中侏罗世生物礁古生态学研究. 沉积学报, 32(1): 27-35.

徐立恒, 陈践发, 李玲, 等. 2009. 普光气藏长兴—飞仙关组碳酸盐岩C, O同位素, 微量元素分析及古环境意义. 地球学报, 30(1): 103-110.

徐玉林, 万晓樵, 苟宗海, 等. 1989. 西藏侏罗, 白垩, 第三纪生物地层. 武汉: 中国地质大学出版社.

许强, 陈洪德, 赵俊兴, 等. 2010. 贺兰拗拉槽胡基台地区中奥陶统樱桃沟组深海重力流沉积特征. 海相油气地质, 15(2): 14-19.

杨群. 1990. 西藏日土县晚侏罗世放射虫的分类研究. 7(3): 195-218.

殷鸿福. 1988. 中国古生物地理学. 武汉: 中国地质大学出版社.

尹光侯, 侯世云. 1998. 西藏碧土地区怒江缝合带基本特征与演化. 中国区域地质, 17(3): 246-254.

尹青, 肖传桃, 伊海生. 2014. 藏北地区羌塘盆地中部中-晚侏罗世层序地层研究. 地层学杂志, 38(1): 71-76.

余光明, 王成善. 1990. 西藏特提斯沉积地质. 北京: 地质出版社.

喻安光. 1997. 西藏康玉地区拉贡塘组的重力流沉积. 岩相古地理, 17(6): 39-44.

曾鼎乾. 1988. 中国各地质历史时期生物礁. 北京: 石油工业出版社.

曾鼎乾, 刘炳温. 1984. 我国西南地区二叠纪生物礁. 天然气工业, 4(2): 1-2.

曾庆銮. 2009. 新铺地区晚三叠世早期腕足类及其古生态环境——兼论海百合类和双壳类假浮游古生态. 华南地质与矿产, (4): 59-80.

张国伟. 2016. 秦岭勉略造山带与中国大地构造. 北京: 科学出版社.

张望平. 1989. 中国东部一些地区侏罗纪孢粉组合//中国地质科学院地质研究所地层组. 中国东部侏罗纪—白垩纪古生物及地层. 北京: 地质出版社.

赵澄林. 2001. 沉积学原理. 北京: 石油工业出版社.

赵金科. 1976. 珠穆朗玛峰地区侏罗, 白垩纪菊石//珠穆朗玛峰地区科学考察报告(古生物). 第三分册. 北京: 科学出版社.

赵文津, 刘葵, 蒋忠惕, 等. 2004. 西藏班公-怒江缝合带——深部地球物理结构给的启示. 地质通报, 23(7): 623-635.

赵政璋. 2001a. 青藏高原羌塘盆地石油地质. 北京: 科学出版社.

赵政璋. 2001b. 青藏高原大地构造特征及盆地演化. 北京: 科学出版社.

赵政璋, 李永铁, 叶和飞, 等. 2001. 青藏高原地层. 北京: 科学出版社.

中国科学院南京地质古生物研究所. 1982. 川西藏东地区地层与古生物. 第二册. 成都: 四川人民出版社.

中国科学院青藏高原综合科学考察队. 1984. 西藏地层. 北京: 科学出版社.

钟建华, 温志峰, 李勇, 等. 2005. 生物礁的研究现状与发展趋势. 地质评论, 51(3): 288-300.

朱杰, 杜远生, 刘早学, 等. 2005. 西藏雅鲁藏布江缝合带中段中生代放射虫硅质岩成因及其大地构造意义. 中国科学(D辑: 地球科学), 35(12): 1131-1139.

邹建军, 石学法, 李双林. 2007. 北黄海浅层沉积物微量元素的分布及其早期成岩作用探讨. 海洋地质与第四纪地质, 27(3): 43-50.

Chen H, Xie X N, Mao K N, et al. 2014. Carbon and oxygen isotopes suggesting deep-water basin deposition associated with hydrothermal events (Shangsi Section, Northwest Sichuan Basin-South China). Chinese Journal of GEOC, 33(1): 77-85.

Dunham R J. 1970. Stratigraphic reefs versus Ecologic reefs. American Association of Petroleum Geologists Bulletin, 54: 1931-1932.

Heckel P H. 1974. Carbonate buildups in the geologic record: A review. Special Publication of SEPM, 18: 90-154.

Huang X W, Qi L, M Y M. 2014. Trace element geochemistry of magnetite from the Fe (-Cu) deposits in the Hami region, eastern Tianshan orogenic belt, NW China. Acta Geologica Sinica, 88 (1): 176-195.

Pan G T, Wang L Q, Li R S, et al. 2012. Tectonic evolution of the Qinghai-Tibet Plateau. Journal of Asian Earth Sciences, 53 (7): 3-14.

Pomar L. 1991. Reef geometries, erosion surfaces and high-frequency sea-level changes, upper Miocene Reef Complex, Mallorca, Spain. Sedimentology, 38 (2): 243-269.

Riding R. 1989. Reef construction by calcified algae and cyanobacterial. Symposium on Algae in Reefs, Albstracts, Granada.

Riding R. 2002. Structure and composition of organic reefs and carbonate mud mounds: Concepts and categories. Earth Science Reviews, 58 (1-2): 163-231.

Stanton R J. 1967. Factors controlling shape and internal facies distribution of carbonate buildups. American Association of Pertroleum Geologists Bulletin, 51: 2462-2467.

Wilson J L. 1975. Carbonate Faeiesin Geologie History. Berlin: Springer-Verlag.

Wilson J L. 1976. Carbonate facies in geologic history. Mineralogical Magazine, 40 (315): 804.

Xiao C T, Li M, Yang W, et al. 2011. Paleoecology of Early Ordovician reefs in the Yichang Area, Hubei: A Correlation of Organic reefs between Early Ordovician and Jurassic. Acta Geologica Sinica, 85 (5): 1003-1015.

Yin A, Harrison T M. 2000. Geologic evolution of the Himalayan-Tibetan Orogen. Earth and Planetary Science Letters, 8: 211-280.

Zeng M, Zhang X, Cao H, et al. 2016. Late Triassic initial subduction of the Bangong-Nujiang Ocean beneath Qiangtang revealed: Stratigraphic and geochronological evidence from Gaize. Basin Research, 28 (1): 147-157.

Zhu D C, Li S M, Cawood P A, et al. 2015. Assembly of the Lhasa and Qiangtang terranes in central Tibet by divergent double subduction.Lithos, 245 (15): 7-17.

Study on Jurassic Reefs and Oil Geology of Northern Tibet (Abstract)

The Suoxian County, Anduo-Baqing area are located on the southern side of the Tanggula Mountain, which belongs to the Qiangtang stratigraphic district. Jurassic deposits of these areas contain biological reefs: The Sangkalayong Formation of Suoxian County, the Buqu Formation of the Baqing area, and the Shamuluo Formation of the Anduo area. The main reef-building organisms are stromatoporoids, hexacorals and bivalves. On the basis of analysis of the individual ecological characteristics of reef-building organisms, according to the nature of reef-building organisms and the internal structure features of the biological reefs, the Jurassic reefs can be divided into three types: Baffling buildup reef (BBR), binding-baffling buildup reef (BBBR) and organic buildup reef. Baffling buildup reef includes cylindrical-dendritic stromatoporoid BBR, dendritic stromatoporoid BBR, cylindrical stromatoporoid baffling buildup reef BBR, and *Liostrea* BBR. Binding-baffling buildup reef contains Cyanobacteria-*Liostrea* BBBR. Organic buildup reef can be divided into cylindrical-massive stromatoporoid baffle-frame buildup reef, cylindrical stromatoporoid-hexacoral baffle-frame buildup reef, columnar stromatoporoid-hexacoral baffle-frame buildup reef and hexacoral frame buildup reef.

Through the study of individual ecology and analysis of organisms involved into the reef-building, eight reef-building communities were recognized: Two of the Sangkalayong Formation of the Suoxian County, three of the Buqu Formation in Baqing, and three of the Shamuluo Formation in Anduo area. Composition, structure, ecological and sedimentological effects of each community are discussed. Analysis of the evolution of reef-building community and sea level changes has been made according to the community in vertical combination and developmental characteristics. Analysis of the reef-building community evolution shows that there were two forms of the community evolution. The first form was the community succession, which developed in the biological reef of the Sangkalayong Formation in Suoxian County. The second form was the community replacement, which mostly developed in the Buqu Formation of the Baqing area and the Shamuluo Formation of the Anduo area.

Analysis of the conditions for the biological reef formation shows that the research area had a tropical climate in the Jurassic period; shoal subfacies is the base of biological reef development; the shape of the basal terrain controls the horizontal extension scale of the reef; unstable changes of relative sea level were the main reason of small thickness and vertical discontinuity of the reefs. The developmental characteristic of biological reef and the reef-building mode are also expounded in this paper. Three modes of reef building are suggested: Frame-making, baffling and bind-baffling. Among these three reef-building modes, frame-making and baffling were observed in reefs of the Sangkalayong Formation in Suoxian County and the Shamuluo Formation in the Dongqiao area; baffling and bind-baffling were observed in reefs of the Buqu Formation in Baqing County. The existence of reef communities is of great significance for further study of the time of merging of the Bangongcuo-Nujiang River suture belt. The authors consider that the time of oceanic crust subduction of the middle-east Bangongcuo-Nujiang River suture zone (i.e., Suoxian and Baqing County region) should be in the early age of the Middle Jurassic or before the deposition of the Sangkalayong Formation of the Middle Jurassic, and the middle part (Dongqiao of Anduo area) whose subduction of the shell should happened at the end of the Middle Jurassic or before the deposition of the Shamuluo Formation in the Late Jurassic. The existence of reef communities of the Middle Jurassic showed that the study area may belong to a part of shallow continental shelf of the remaining back-arc basin after the Bangongcuo-Nujiang River oceanic crust subduction.

Key words: organic reefs; palaeoecology; reef-building modes; Jurassic; northern Tibet

1 Introduction

Outside of Tibet, Jurassic organic reefs developed extensively in the Tethys region which extends from Sumatra, the Middle East, Caucasus to the Western Europe region in the west and in Japan in the east. The detailed research on these reefs has been done in the past. In contrast, the reports and researches on the reefs in China are rare and of low level. In recent years, the author and his team discovered many Jurassic reefs in the middle-eastern part of Tibet. These reefs occur in the Middle Jurassic of Maru in Baqing County, the east Suoxian County, and in the Upper Jurassic of Dongqiao in the Ando County (Fig. 1). The stratum containing reefs gradually becomes younger (from the Middle Jurassic to the Late Jurassic) from the east to the west. The reefs show not only high diversity of construction and rich fossil content, but they also occur within Jurassic deposits which are a target for oil and gas exploration in northern Tibet. This discovery not only begins the research on Jurassic reefs of northern Tibet and enriches the types of the Jurassic reefs in China, but also is of great significance for studying of the geotectonic evolution history of this area.

Suoxian County, Baqing and Ando areas of North Tibet are situated on the southern side of the Tanggula Mountains and belong to the Qiangtang stratigraphic district (Tab. 1). The Sangkalayong Formation (originally known as Liuwan Formation) of Suoxian County contains brachiopods such as *Holcothyris elliprica*, *Futchiyris lingular*, stromatoporoids *Parastromatopora memoria naumarmi*, *P.* sp., and a coral *Schizosmilia rollier*, etc. Among them, *Holcothyris* is an index fossil for the Middle Jurassic which is limited to middle-late part of the Middle Jurassic (Bathonian-Callovian). Index fossils of the Middle Jurassic such as *Burmirhynchia cuneata*, *B. trilobata*, *Holcothyris golmudensis* and *H. fleas* are developed in the Buqu Formation of Baqing Area. Stromatoporoids *Cladocoropsis mirabilis*, *C. nanoxi*, *Parastromatopora compacta*, *Milleporium remesi* are distributed in Shamuluo Formation, of which *Cladocoropsis mirabilis* scattered widely in the Upper Jurassic Oxfordian to Kimmeridgian of Greece, Yugoslavia, Algeria, Europe, Japan, and Arabia, in addition, *Cladocoropsis nanoxi* and *Parastromatopora compacta* were also found in the Upper Jurassic (Oxfordian to Kimmeridgian) of Yugoslavia.

Jurassic sediments in the research area display shallow marine facies in the north and deep marine facies in the south (Fig.1). Tidal flat deposits dominate from Yanshiping to Tanggula Mountain, whereas the middle area, including Dongqiao, Qiongdamari, Suoxian, Baqing, displays characteristics of the open platform facies which mainly develops carbonate sediments. The southern part of Dongqiao-Suoxian belongs to the front-platform slope facies. The lower Sangkalayong Formation in Suoxian County corresponds to the tidal flat facies of clastic rocks deposition and the middle-upper part is a result of the open platform carbonate deposition as well as the Buqu Formation in Baqing belongs also to the open platform facies of grainstone and biogenic limestone deposition. The bottom Shamuluo group in the Anduo area represents tidal flat facies of clastic rocks deposition whereas the middle-upper part is a series of open platform facies of carbonate deposits.

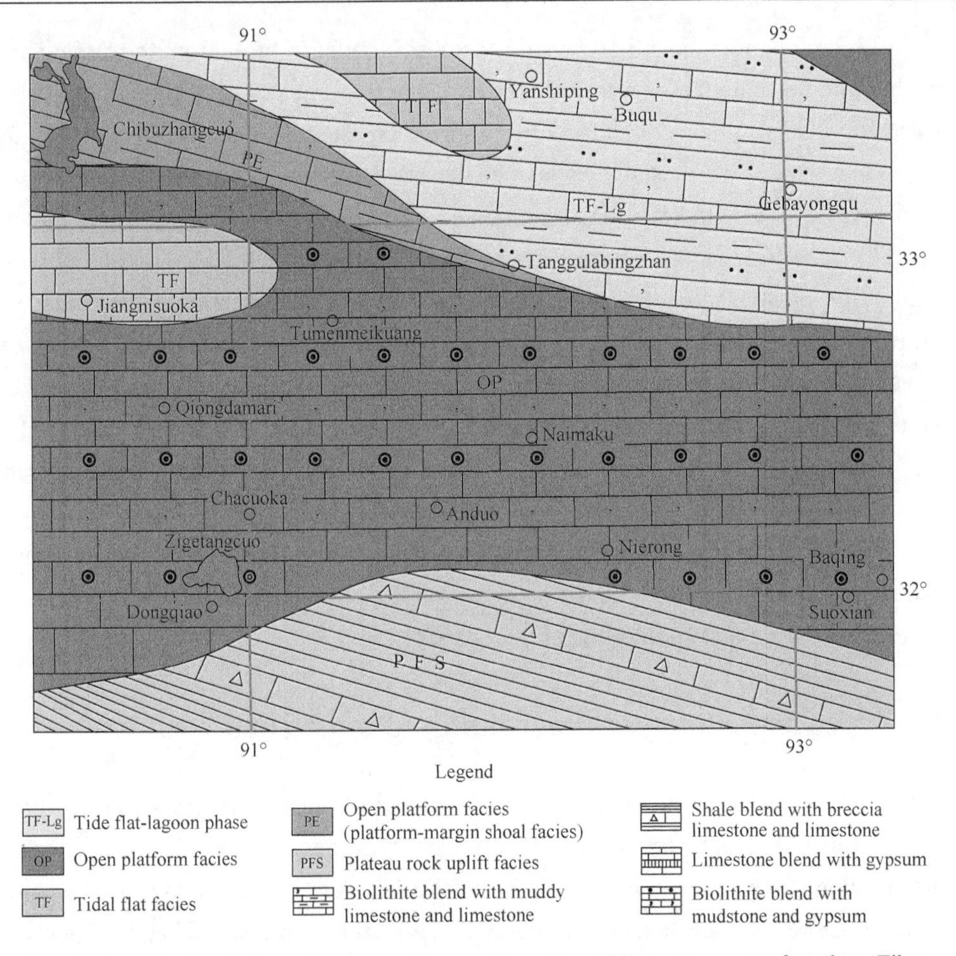

Fig. 1 Jurassic lithofacies paleogeographic map from the middle-eastern area of northern Tibet

Tab. 1 Jurassic regional stratigraphic table in northern Tibet

Stratigraphic division Stratigraphic system			Gangdisi-Nianqingtanggula Dtr.		Qiangtang-Changdu Dtr.
			Biru-Luolong-Bange	Mugagangri	Mid Qiangtang-Leiwuqi-Zuogong
Jurassic	Upper	Tithonian	Lagongtang Fm.	Shamuluo Fm.	Xueshan Fm.
		Kimmeridgian			
		Oxfordian			Suowa Fm.
	Middle	Callovian	Sangkalayong Fm.	Dongqiaoshelv Rock Group	Xiali Fm.
		Bathonian			Buqu Fm.
		Bajocian-Aalenian	Mali Fm.		Quemocuo Fm.
	Lower				Quse Fm.

The Jurassic reefs found in the study area are similar to those from the Ordovician in the middle Yangtze region, which are characterized by great quantity, wide distribution, small thickness and small size (Fig. 2). The thickness of the reefs mainly ranges within 2—7.5 m and they extend horizontally for about 80—100 m in the profile as well as 10 km along the range. The reefs, mostly appearing moundy, bread-like and bedded, are interfingering with other deposits in the lateral and possess features of obvious zoning. Bivalve reefs in the Middle Jurassic of this area are discovered for the first time in China which fills the blank of the reefs in the northern Tibet and enrich the type of the Jurassic reefs in China. This discovery has not only an important reference value for the tectonics research of the Tethys region, but also important practical significance for oil and gas exploration and evaluation at present and in the future in northern Tibet.

Types and ecological characteristics of reef-building organisms as well as types, characteristics, palaeoecology and formation conditions of organic reefs in the Jurassic of northern Tibet are the aim of the present paper.

2 Types and ecology of reef-building organisms

The reef-building organisms include mainly stromatoporoids, hexacorals and bivalves, among which stromatoporoids can be divided into three types of growth forms. Stromatoporoids and hexacorals occur in the Middle Jurassic of Suoxian County and Upper Jurassic of Anduo, bivalves were found in the Middle Jurassic of Baqing County.

2.1 Stromatoporoids

These are the main reef-building organisms in the Shamuluo Formation of the Upper Jurassic of Anduo County and secondary reef-building organisms of the Sangkalayong Formation of the Middle Jurassic of Suoxian County. Stromatoporoids are neritic sessile animals regarded as being related to sponges. They display a complex morphology including astrorhizae, pillars, vesicular tissue, coenosteum, central cylinder, zooecium, and a typical bedded structure. Their colony soft tissue lies in zooecia and can secrete calcareous skeleton. They lived attached to a substrate and fed filtering water for microorganisms. Shallow marine environments with aerated clear water and normal salinity correspond to the ecological claims of stromatoporoids where they can produce a large number of reefs.

Although the environment where the stromatoporoids lived is similar in general, micro-environments sometimes can be different. Various growth forms can indicatc these special living conditions. The dendritic stromatoporoids such as *Cladocoropsis* are not adapted to live in the high energetic environment but the calm normal shallow sea in this region, while the cylindrical and massive-shaped ones are better adapted to a bit higher energetic, warm, clear and normal neritic environment because their coenosteums are so solid that can produce wave-resistant framework. This conclusion can be confirmed by abundant biogenic debris and other granular or even sparry calcite inside of coenosteum.

Three growth forms of stromatoporoids in the Jurassic reefs of northern Tibet can be distinguished according to their different macroscopic shape, namely dendritic, cylindrical and massive forms.

Dendritic stromatoporoids

This growth form of stromatoporoids has a dendritic coenosteum in a macroscopic view and occurs only in the Shamuluo Formation of Anduo County (Pl. Ⅱ-1—6). As a representative, *Cladocoropsis* has a tiny dendritic coenosteum and is mainly characterized by vertical elements that grow upward and outward in a plate-like shape. Vertical sclerites are often connected by the horizontal protrusions. Most cross-sections of branches are round or oval with diameters of 3—5 mm and the length of 0.5—6 cm, usually 1.5—4 cm. The majority of them are vertical or lean in the layer of which ecological effect is to baffle or to trap sediment to form baffling buildup reefs.

Cylindrical stromatoporoids

Stromatoporoids of this growth form occur mainly in the Shamuluo Formation of Dongqiao, Anduo County and Sangkalayong Formation of Suoxian County, represented by *Milleporidium cylindricalum* (Pl. Ⅱ-11; Pl. Ⅲ-3—5) and *Parastromatopora menoria-naumanni* (Pl. Ⅰ-1,2; Pl. Ⅲ-6,7). They can be divided into two types according to their different shape. Skeleton of the first type has a network structure containing axial region and peripheral region. The distribution of the vertical elements is due to outward and radial growth. The tabula is well-developed, cross-section of tabula is round or oval with the diameters of 1—1.5 cm and the length of 5—8 cm, represented by *Parastromatopora memoria naumanni*. The coenosteum of the second stromatoporoid is columnar-shaped or barrel-shaped. There is always a central cavity in centre of the rod. Its coenosteums is mainly characterized by vertical elements and grow radially from centre to around or parallel to each other. Cross-section of the tabula is round or ellipsoid, 10—14 mm in diameter. The central cavity is usually filled by marl, whereas bioclasts and calcisparite can occur, as for example in *Milleporidium cylindricalum*. These two growth forms of stromatoporoids are previously known from Japan where they are important reef-building organisms in the Early Jurassic.

Massive stromatoporoids

This growth form of stromatoporoids was only found in the Shamuluo Formation of Dongqiao, Anduo County. Their macroscopic shapes are massive, ballshaped or discoid, etc. The main representatives of them are *Milleporella*(Pl. II -8), *Xizangstromatopora* (Pl. II -7, 9, 10, 12) and *Parastromatopora* etc. (Pl.III-6,7). Some of them are dendritic or slabby developing vertical elements, and sometimes connected with the horizontal elements which are lamina-like but discontinuous. The condominium is wide and straight. The astrorhizae didn't develop, as in *Milleporella* and so on. Some coenosteums are based on the vertical elements and transferred to irregular condominium with many tabulae or circular condominium.

2.2 Hexacorals

Hexacorals occur in the Sangkalayong Formation of Suoxian County and in the Shamuluo Formation of Dongqiao of the Anduo County, which are represented by *Schizosmila* (Pl. I -3—5) and *Actinastrea* (Pl. III-8), respectively. *Schizosmila* developed complex fasciculate-like form consisting of separate cylindrical fascicles. Cross-sections of fascicles are round or ellipsoid, 3—7 mm in diameter. *Actinastrea* developed massive complex growth form. Separate branches are polygonal, pentagonal and hexagonal, having diameters of 2.5—3 mm. These growth forms produced wave-resistant framework by baffling and trapping sediment and forming so organic buildup reefs.

The hexacorals are typical benthonic sessile colonial animals. They feed on zooplankton using their tentacles with cnidocytes. Moreover, the most hexacorals are known to have endosymbiotic algae, therefore, they indicate shallow and clear water conditions. Hexacorals tend to occur in similar environments as stromatoporoids, namely in a warm, normal marine epeiric sea with good circulation, adequate oxygen supply and abundant sunlight.

2.3 Bivalves

Bivalves as main reef-building organisms can only be found in the Baqu Formation of

Maru, Baqing County, characterized by abundant monomer oyster-shaped *Liostrea*. Their shells are divided into the strongly bulged left valve (Pl. Ⅰ-6-8) and the flat right valve. *Liostrea*. lived fixed with their left valves to a substrate, whereas the right valves acted as the cover. These bivalves preferred firm substrates, filtering water for feeding. Muddy water can affect mussels, therefore they protect themselves by closing the valves.

Although *Liostrea* is adapted to the neritic environment with different turbidity and salinity, these mussels flourished in normal marine warm environment with adequate oxygen supply, sufficient sunlight and good circulation.

3 Types of reefs and their characteristic

According to the reefs in palaeogeography, development environment, growth form and architectural approach to a comprehensive classification, we divided reef into three-classification: The first grade biological reef classification, the second biological reef classification, the third biological reef classification. The first biological reef classification is to be divided many types according to the geographical location of reef growth. Different location determines the size of its causes, so it plays a decisive role. Other classification should be subordinate to the first biological reef classification. In the first classification, the reef can be divided into fringing reef, platform inner reef, platform margin reef, slope reef and basin reef. In the second grade biological reef classification, according to the scope of the reef, the external shape and size of the area is divided into layer reef, patch reef, block reef, barrier reef, pinnacle reef, circular reef. In the third grade biological reef classification, framework reef, barrier reef, bonding reef, plaster reef could be divided into according to the reef way.

In accordance with the classification scheme proposed in this paper, the first classification of local Jurassic reefs including fringing reef, units within the reef and platform margin reef; the second classification including layer of reef, block reef, patch reefs and barrier reef; the third classification could be subdivided into framework reefs, barrier product reef, bonding reef and so on. Specific division as follows.

(1) Fringing reef. Layer reef: *Cyanobacteria-Liostrea* bond-barrier layer reef, *Liostrea* barrier layer reef.

(2) platform reef. ①Block reef: *Milleporidium-Cladocoropsis* block reef, *Milleporidium-Milleporella* barrier-skeleton block reef, *Milleporidium-Actinatraea* barrier-skeleton block reef; ②Patch reef: *Cladocoropsis* barrier patch reef, *Milleporidium*

styliferum barrier patch reef.

(3) Platform margin reef. Barrier reef: *Schizosmilia-Parastromatopora* barrier-skeleton barrier reef, *Schizosmilia* skeleton barrier reef. Above all, there are nine kinds of reef types. As in the study area was at the end of latitudes, the warm and humid environment is the basis of the formation of reefs. Therefore, various types of reefs have great amount of development. The reef base of biological reef composed of sparry calcarenite or nuclear-shaped limestone. It indicates that the reefs in the region is no exception that the development is on the basis of hard-ground.

According to the third biological reef classification, framework reef, barrier reef, bonding reef, plaster reef could be divided into according to the reef way. The main reefs of the Jurassic in research area can be divided into three types based on the composition and ecological and sedimentological effect of reef-building organisms in this area, namely baffling buildup reefs, bonding-baffling buildup reefs and organic buildup reefs.

3.1　Baffling buildup reef

This type of reef can be divided into cylindrical and dendritic stromatoporoid baffling buildup reef, dendritic stromatoporoid baffling buildup reef, cylindrical stromatoporoid baffling buildup reef and *Liostrea* baffling buildup reef.

(1) Cylindrical and dendritic stromatoporoid baffling buildup reef.

The reef preserved in the Shamuluo Formation of upper Jurassic, Dongqiao of Anduo County is 2.5—3.0 m in thickness, 50 m in visible width. They are moundy or bread-like in shape. Reef base and reef cap are both made up of oncolitic limestone. Both reef-building organisms are mainly composed by dendritic stromatoporoids *Cladocoropsis*, accounting for 40%—60% in the whole rock, secondarily by cylindrical stromatoporoids *Milleporidium cylindricalum*, accounting for 10%—15%, accompanied by a small number of massive stromatoporoids. They are mostly preserved *in situ*, and what they baffle or capture are mainly plaster (Pl. III-3—5).

(2) Dendritic stromatoporoid baffling buildup reef.

This kind of reef preserved in the Samuluo Formation of the Upper Jurassic, Dongqiao of Anduo County is 3—3.5 m in thickness (Pl. III-1, 2; Figs. 2, 3), 60 m in visible width, extending length about 10 km in the region. Both reef-base and reef cap are sparite sandy limestone shows that reef development is limited by seawater shallowing. They are moundy or bread-like in shape. The dendritic stromatoporoid *Cladocoropsis* is the main reef-building organism, accounting sometimes 40%—60% of the reef volume. They are mostly preserved in place to baffle or catch marl.

(3) Cylindrical stromatoporoid-massive stromatoporoid barrier rock-long reefs. This reef preserved in the Shamuluo Formation of the Upper Jurassic, Dongqiao of Anduo County is 1.5—2.0 m in thickness, 50 m in visible width (Pl. Ⅲ-6; Fig. 2-Ⅳ), extending to 10 km in the region. Reef is bed-like in shape, reef-base is made up of sparrenite and reef cap micritic limestone. The main reef-building organisms are primarily cylindrical stromatoporoids and secondary dendritic stromatoporoids. The cylindrical ones account for 40%—60% and dendritic stromatoporoids account for 10%. The baffling matter caught by reef-building organisms are mainly marl and a small number of bioclasts.

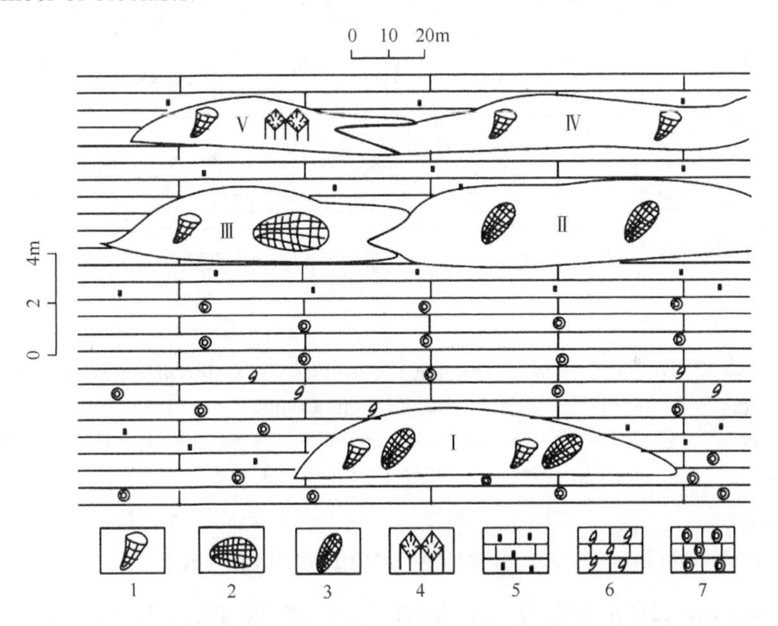

Fig. 2 Distribution features of the Upper Jurassic reef in Dongqiao, Anduo County
1. cylindrical stromatoporoids; 2. massive stromatoporoids; 3. dendritic stromatoporoids; 4. hexacorals; 5. calcarenite; 6. bioclastic limestone; 7. oncolitic limestone

(4) *Liostrea* baffling buildup reef.

This kind of reefs is only seen in the Baqu Formation of the Middle Jurassic at Maru area of Baqing County and represents bed-like or bedded bioconstructions (Pl. Ⅰ-6,7; Fig. 3-A). The reef is 5—8 m in thickness, with a cumulative thickness of 15—20 m in the section. The reef rock that can be traced about 10 km in the region is 100 m in visible width and is very distinguished from the normal sedimentary rock. *Liostrea birmanica* represents the main reef-building organism which accounts for 70%—80% and is preserved *in situ* with the left bulgy valve shell down, the right flat valve shell up. Its main ecological and sedimentological effect is due to growing attached on the substrate in order to baffle and trap sediment producing wave-resistant construction. Other organisms rare in the reefs such as *Camptoncctes riches*, *Protocardia stricklandia* etc. The main filling in reefs is marl, accounting for about 20%—30%. The phenomenon of oil cutting often can be seen in reefs. Both reef base and reef cap are calcarenite reflecting the reefs declination caused by water shallowing.

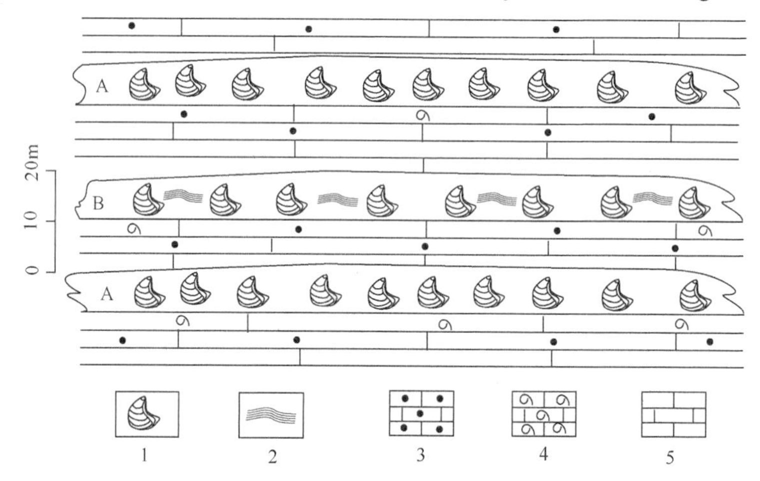

Fig. 3　Reef distribution of the Buqu Formation from the Middle Jurassic in the Maru area of Baqing County

1. *Liostrea*; 2. Cyanobacteria; 3. calcarenite; 4. bioclastic limestone; 5. micrite; A. *Liostrea* baffling buildup reef; B. Cyanobacteria-*Liostrea* bounding-baffling buildup reef

3.2 Cyanobacteria-*Liostrea* Bonding-baffling buildup reef

These reefs are distributed in the middle part of the Baqu Formation, which are bed-like (Fig. 3-B; Pl. Ⅰ-8) or bedded in shape. Each reef is 4—6 m in thickness. The lateral stratigraphic pitchout hasn't be seen in the section, about 100 m in width, extending about 10 km in the region. Both reef base and reef cap are sparite bioclastic calcarenite. The majority of reef-building organisms are *Liostrea sublamellosa* and *L. eduliformis* which account for 60%—70%, accompanied by cyanobacteria accounting for 10%—15%. Cyanobacteria produced laminated sheets which alternate with *Liostrea*. Together they form binding-barrier frameworks in which marl is trapped and bounded. *Liostrea* are preserved *in situ* with the bulgy shell down and the flat shell up. There are some other organisms living in the reefs, such as *Camptonectes lens*,

Protocardia hepingxiangensis, *Pseudotrapezium cordiforme* and *Pholadomya socialis qinghaiensis*, etc. The main fillings are marl accounting for 15%—25% volume of the construction.

3.3 Organic buildup reef

This reef type can be divided into cylindrical stromatoporoid-massive stromatoporoid frame built reef, cylindrical stromatoporoid-hexacoral frame built reef, hexacoral frame built reef, and cylindrical stromatoporoid-hexacoral frame built reef.

Cylindrical stromatoporoid-massive stromatoporoid baffling buildup reef

The reefs preserved in the Shamuluo Formation of the Upper Jurassic, Dongqiao area, of Anduo County, are 2.5—3.0 m in thickness, 30—40 m in visible width in the section, extending to 10 km in the region. They are bread-like or bed-like in shape (Fig. 2-III). The main reef-building organisms are massive stromatoporoids, and secondarily cylindrical stromatoporoids and dendritic stromatoporoids. The massive one composes the framework of the reefs, accounting for 25%—35%. The cylindrical one accounting for 15%—20% and the dendritic one accounting for 10%—15% build up the barrier organisms of the reefs which are mainly used to barricade or catch marl and a small number of cuttings and bioclast. Both the reef base and reef cap are calcarenite, which reflects the reefs declination are caused by shallowing of the seawater.

Cylindrical stromatoporoid-hexacoral framebuilt reef

This kind of reefs occur in the Sangkalayong Formation of the Middle Jurassic in Suoxian County and in the Shamuluo Formation (Upper Jurassic) of Dongqiao, Anduo County (Fig. 4-A). The reefs are moundy or bread-like in shape and 1.5—2.0 m in thickness, 30 m in visible exposed width of the section, extending to 10 km in the region. The main reef-building organisms are hexacorals and cylindrical stromatoporoids. The former preserved in place composes the framework of the reefs, accounting for about 20%—30%, which are characterized by *Schizosmilia rollier* in Suoxian County and *Actinastrea* in Dongqiao area of Anduo County. The latter preserved in vertical status are baffling organisms, accounting for 15%—20%, which are characterized by *Parastromatopora memoria naumanni* in Suoxian County and *Milleporidium cylincum* in Dongqiao area of Anduo County. The reef base consists of calcarenite, while the reef cap is developed by micritic limestone, reflecting the reefs decline caused by basin deepening.

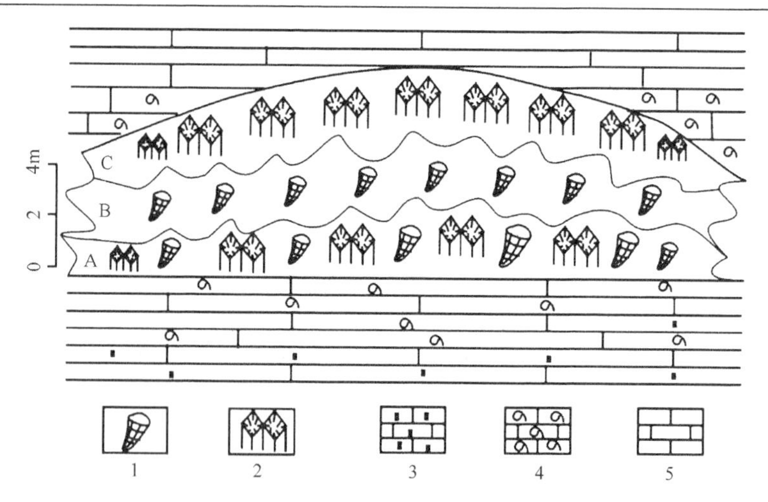

Fig. 4　Reef distribution of Sangkalayong Formation from the Middle Jurassic in the east of the Suoxian County

1. cylindric stromatoporoids; 2. hexacorals; 3. calcarenite; 4. bioclastic limestone; 5. micrite; A. *Schizosmilia-Parastromatopora* baffling-frame built reef; B. *Parastromatopora* baffling buildup reef; C. *Schizosmilia* frame built reef

Hexacoral frame-built reef

This kind of reefs preserved in Sangkalayong Formation (Fig. 4-C) of the Middle Jurassic in Suoxian County are bread-like or moundy in shape. They are 2—2.5 m in thickness, about 20 m in visible exposed width of the section, tracing to 5—10 km in the region. The reef-building organisms are fasciculated and include hexacoral *Schizosmilia rollieri*, accounting for 35%—40%. They are arranged radially from the centre to the periphery in a macroscopic view. The diameter of the radial ring is 25—30 cm. They are preserved *in situ* composing the framework of the reef. The associated organisms are rare, while a small number of bivalves can be seen. The main fillings between the reef frameworks are marl with small amount of bioclasts.

A calcarenite reef base and reef cap consisting of micritic limestone suggest that the reefs decline was caused by basin deepening. That the reef base is calcarenite and the reef cap is micritic limestone shows the reefs decline was caused by water deepening.

The reef-building communities and their evolution

The reef-building community is the most typical embodiment of the communities because majority of organisms are sessile organisms which have their own biological position. Each community has a relatively clear boundary as well as the dead reef-building organisms community are mostly preserved at the original growth place, therefore, the study of reef communities has important paleoecological significance. The study of the reef-building community can not only be used for the analysis of ancient environment but also provides an important basis for the research on the paleoclimate, paleogeography and ancient tectonics in the study area. According to reef-building organisms growth stage and the combination characteristics of reefs, eight communities are outlined in this paper, two of them from the Liuwan Formation of Suoxian County, three from the Buqu Formation (Tab. 2) in Baqing County, and three from the Shamuluo Formation (Upper Jurassic), Dongqiao area of Anduo County (Tab. 3).

Tab. 2 Bathonian Reefs-Bearing communities of middle Jurassic and their evolution series of Suoxian-Baqing Area

Series	Stage	Reef-building communities and their evolution in Baqing		Reef-building communities and their evolution in Suoxian	
Middle Jurassic	Bathonian	*Liostrea*	Replacement	*Schizosmilia*	Succession
		Cyanobacteria-*Liostrea*	Replacement	*Parastromatopora*	Succession
		Liostrea		*Schizosmilia —Parastromatopora*	

4 The reef-building communities and their evolution

4.1 Classification of reef-building communities

(1) *Schizosmilia-Parastromatopora* community.

The community occurs in the upper Sangkalayong Formation (Fig. 4-A) of the Middle Jurassic in Suoxian County and occurs inside of the bioclastic limestone, with the reef base below it whereas *Parastromatopora* community above it, and the boundary between the two communities is relatively distinct.

Composition: This community mainly includes hexacorals *Schizosmilia rollieri*, *S.* sp., etc and cylindrical stromatoporoids *Parastromatopora memoria naumanni*, *P. compacta*, and *P.* sp.

Structure and function: *Schizosmilia* dominates in this community taking 60% to 70% of the reef composition. The majority of them are preserved *in situ* and represent frame organisms of the reefs, whereas the minority occur in form of bioclasts. Due to their life mode fixed on the seabed, colonies of *Schizosmilia* baffled and trapped sediment and produced so a stable, long-lasting ecological environment being a major reef constructor in this community. *Parastromatopora memoria naumanni* is not only a typical element of the community, but also a subdominant element, accounting for 20%—30%, playing similar ecological role as *Schizosmilia*. Massive stromatoporoid

Milleporella pruvosti takes a small quantity in the community. Brachiopod *Tubithyris globata* and bivalves *Lopha solitaria*, *Chlamys baimaensis* are the main types of organisms which live in the reef.

Ecological environmental analysis: In this community, 100% of organisms lived attached on the seabed, among them hexacorals *Schizosmilia* and stromatoporoids *Parastromatopora* were directly attached to the seabed. Brachiopods *Tubithyris* were also attached to the seafloor with their necks, whereas *Lopha* were fixed on the substrate by their shells with *Chlamys* occasionally attached with their byssuses. These sessile organisms lived filtering water for nutrition. Because the hexacoral *Schizosmilia* has a complex plexiform body, so it can resist to strong water movement, whereas it is difficult for *Parastromatopora* to resist against the strong water movement because of its cylinder diameter of 1—1.5 cm. Due to the above mentioned factors, the community reflects a normal shallow water environment which should be warm, clean, rich oxygen, with abundant light and good circulation in 10—20 m depth.

(2) *Parastromatopora* community.

The community mainly distributed in the upper Sangkalayong Formation (Fig. 4-B) of the Middle Jurassic in Suoxian County. The boundary between the top and base of reef-building community is distinct. *Schizosmilia-Parastromatopora* community or corresponding reef is underlain by *Schizosmilia* community or its framebuilt reef, and overlies by itself the *Parastromatopora* community.

Composition: The community is mainly composed of columnar stromatoporoids such as *Parastromatopora memoria naumarmi*, *P. compacta*, *P.* sp. etc., as well as secondarily brachiopods *Tubithyris globata*, *T. whathyensis*, *Kutchithyris pingqua* etc.

Structure and function: *Parastromatopora memoria naumarmi* is a dominant organism in this community accounting for 80%, accompanied by *P. compacta*. as a secondarily element. The majority of reef-building organisms kept vertical position, whereas the fewer lay on the seabed. Due to their sessile life mode, these organisms baffled and trapped sediment, and created a stable ecological environment. Compared with the former community, the frame of this one is relatively smaller.

Ecological environmental analysis: Organisms of this community belong to the typical benthic periphyton, nearly accounting for 100%. Furthermore, the community is characterized by presence of abundant columnar stromatoporoids *Parastromatopora*. The majority of them kept vertical position whereas the fewer lay freely.

This community produced relatively small construction, whereupon *Parastromatopora* developed smaller branches 1—1.5 cm in diameter, so that its ability to resist wave energy was reduced. Therefore, living conditions with medium to low energy are suggested for this community. *Parastromatopora* community occupied an ecological environment in warm, clear water with rich oxygen contents and abundant light in the 15—25 m depth.

(3) *Schizosmilia* community.

The community mainly occurs in the upper Sangkalayong Formation (Fig. 4-C) of the Middle Jurassic in Suoxian County. The boundary between the top and base is clear, under which there are *Parastromatopora* community or their own baffling reefs and there is reef cap on this community which is composed of gray thin or medium-bedded micritic limestone.

Composition: This community mainly includes hexacorals *Schizosmilia rollieri*, *S.* sp., etc., as well as brachiopods *Holcothyris elliptiyris* and *Kutchiyris lingularis*.

Structure and function: *Schizosmilia* dominates this community with 50%—60%, the majority of them are preserved *in situ* and represent frame organisms of the reefs. Due to their life mode attached to the seafloor, colonies of *Schizosmilia* baffled and trapped sediment and produced so a stable ecological environment being a major reef constructor in this community. Additionally, *Holcothyris elliptiyris* and *Kutchiyris lingularis* occur in the reef accounting for 20%—30% and represent sessile organisms as well.

Ecological environmental analysis: This community is represented by 100% benthic sessile organisms. Hexacorals *Schizosmilia* were directly attached to the seabed, whereas brachiopods *Holcothyris* and *Kutchiyris* were attached to the seafloor with their pedicels. The latter are large and have thick shells indicating the relatively shallow water. These sessile organisms depended on flowing water which brings nutrition. Hexacorals *Schizosmilia* developed complex fasciculate colonies of circular shape 25—30 cm in diameter. Such colonies can resist high water energy, therefore a shallow marine environment can be suggested for this community. Taking in account the above mentioned factors, the community reflects normal shallow marine environment with warm and clear water, abundant light and sufficient oxygen contents in about 10—15 m depth.

(4) *Liostrea* community.

The *Liostrea* community is mainly distributed in the lower and upper part of the Buqu Formation of the Yan Shiping group near Maru town of Baqing County. The boundary between it and surrounding sedimentary rock is distinct under which the reef base is composed by bioclastic limestone, and the reef cap is composed by micritic limestone (Fig. 3-A).

Composition: This community mainly is composed of Liostrea birmanica,

Camptonectes (*Camptonectes*) *riches*, *Protocardia stricklandia*, *P. cf. stricklandia* etc.

Structure and function: The bivalve *Liostrea* is the dominant and typical element of this community accounting for 80%—90%.

Structure and function: This animal lived fixed by its left shell to the seabed, preserved with the right left attached, being the constructor of the community which provides a stable eco-environment. *Camptonectes* (*Camptonectes*) *riches* is rare (4%) and has obvious byssus notch showing that it lived attached on the hard ground or on *Liostrea*. *Protocardia* (6%—10%) also inhabited the reef characterized by vagile mode of life.

Ecological environmental analysis: This community is characterized by benthic sessile animals which make up 90%—95% of the total fauna. The dominant organism *Liostrea* reached medium size and had thick shells. These features indicate that these animals existed in high energy conditions, which display a shallow water environment with warm clear water at depth of 15—25 m with significant circulation.

(5) Cyanobacteria-*Liostrea* community.

The community is found in the middle part of the Buqu Formation (Fig. 3-B) of the Yan Shiping group near Maru town, Baqing County. The boundary between the community and surrounding sedimentary rock is distinct. The reef base below the community is composed by bioclastic and calcarenite limestone, whereas the reef cap on the top of the community is composed by micritic limestone.

Composition: The community consists of *Liostrea sublamellose*, *L. eduliformis*, *Camptonectes* (*Camptonectes*) *lens*, *Protocardia hepingxiangensis*, *Pseudetrapezium cordiforme*, *Pholadomya socialis qinghaiensi,* cyanobacteria, etc.

Structure and function: *Liostrea* dominates in this community (70%—80%) growing sessile attached by the left valve to the substrate and providing a stable ecological environment. Cyanobacteria are the secondarily characteristic element of the community (15%—20%) which contributed to the reef construction by bounding of marl. Vagile benthos is represented by *Pholadomya* (2%).

Ecological environmental analysis: The majority of organisms in this community represent sessile benthos (70%—85%). *Liostrea* is absolutely dominant and can resist stronger water power, whereas cyanobacteria need sufficient sunlight in the water. So this community occurred in the intertidal zone with warm clear water in about 5—15 m, characterized by high oxygen contents and good circulation.

(6) *Milleporidium-Cladocoropsis* community.

This community occurs in the Shamuluo Formation of the Upper Jurassic in Dongqiao

(Fig. 2- I) with distinct top and bottom boundaries. Both reef base and reef cap are composed of oncolitic limestone and bioclastic limestone.

Composition: This community includes dendritic stromatoporoids *Cladocoropsis mirabilis*, cylindrical stromatoporoids *Milleporidium cylindrium*, massive stromatoporoids *Milleporella pruvosti*, bivalvia *Ceratomya* sp. etc.

Structure and function: *Cladocoropsis* dominates by 60% to 70% in the community, the majority of them often preserved *in situ*, whereas the minority occur as bioclasts in surrounding deposits. They represent the major constructor of the community and create a stable environment, living attached to substrate and baffling and trapping sediment. *Millepridium cylindricalum* is not only the typical element of the community, but also sub-dominant element, accounting for 20%—30%, having similar ecological claims as *Cladocoropsis*. Massive stromatoporoids *Milleporella pruvosti* are the minor element in the community. Bivalve *Ceratomya* are burrowing infaunal destroying the reef by their activity.

Ecological environmental analysis: The majority of organisms of this community are sessile benthos (90%), while others are burrowing infaunal (10%). Among them, dendritic and cylindrical stromatoporoids grow attached to the seafloor and feed by filtering of surrounding water. Because of smaller size and elongated shape, the ability of dendritic stromatoporoids to resist strong water power is low. Therefore, it is suggested that this community reflects normal shallow water environment which should be warm, with clear water, sufficient oxygen supply, abundant light and good circulation in 10—20 m depth.

(7) *Cladocoropsis-Milleporidium-Milleporella* community.

The community is characterized by abundant *Cladocoropsis, Milleporidium* and *Milleporella.* According to their different distribution and sub-environment, this community is divided into two sub-communities, namely *Cladocoropsis* and *Milleporidium—Milleporella* subcommunities (Tab. 3).

Tab. 3 Late Jurassic Reefs-Bearing Communities and their evolution series of Dongqiao Area

<table>
<tr><th>Series</th><th>Formation</th><th>Community</th><th colspan="2">Subcommunity</th><th>Evolution Form</th></tr>
<tr><td rowspan="3">Upper Jurassic</td><td rowspan="3">Shamuluo Formation</td><td>Milleporidium-Actinatraea</td><td>Milleporidium-Actinatraea</td><td>Milleporidium styliferum</td><td rowspan="3">Replacement
Replacement</td></tr>
<tr><td>Cladocoropsis-Milleporidium-Milleporella</td><td>Milleporidium-Milleporella</td><td>Cladocoropsis</td></tr>
<tr><td>Milleporidium-Cladocoropsis</td><td colspan="2"></td></tr>
</table>

Cladocoropsis subcommunity

The subcommunity developed in the middle-upper Shamuluo Formation of the Upper Jurassic at Dongqiao (Fig. 2-Ⅱ) is adjacent to *Milleporidium-Milleporella* subcommunity. It has distinct boundary at top and bottom defined by reef base and cap both composed of calcarenite.

Composition: This subcommunity was mainly composed of dendritic stromatoporoids *Cladocoropsis* including two species namely *Cladocoropsis mirabilis* and *C. naoxi* while cylindrical and massive stromatoporoids are rare.

Structure and function: *Cladocoropsis* accounting for 95% is a dominant element in this subcommunity. The majority of reef-building organisms are in situ preservation, with few occurring as bioclasts in surrounding reef limestone. They were major reef constructors living attached to the seafloor, baffling and trapping sediment and creating a stable environment.

Ecological environmental analysis: This subcommunity is dominated by nearly 100% of benthic sessile organisms, characteristically by abundant dendritic stromatoporoids *Cladocoropsis*. Because the small branches of these forms seem to be less adapted to the strong wave activity, it is suggested that this community reflects quiet conditions in a shallow warm environment with clear water, sufficient oxygen contents, abundant light and good circulation in 15—25 m depth.

Milleporidium-Milleporella subcommunity

The subcommunity found in the middle-upper Shamuluo Formation of the Upper Jurassic at Dongqiao (Fig. 2-Ⅲ) is adjacent to *Cladocoropsis* subcommunity, its boundaries of top and bottom are distinct, and reef cap and base are both composed of calcarenite.

Composition: The biological composition of this subcommunity is represented mainly by cylindrical and massive stromatoporoids, and secondly the dendritic ones. Among them, the cylindrical stromatoporoids include *Milleporidium styliferum*, *M. kabrdinense*, *M. cylindricalum*, massive ones contain *Milleporella*, *Xizangstromatopora*, *Parastromatopora* etc., the dendritic ones are represented by *Cladocoropsis mirabilis*, *C. nanoxi* etc.

Structure and function: Massive stromatoporoids are the dominant elements of the community (35%—45%) being preserved *in situ* in the upright position. They are fused together on the original basement to resist water and form wave-resistant framework providing a protected environment for the community. Cylindrical stromatoporoids are the typical element of the community (25%—30%), whereas the dendritic ones represent 15% to 25% of the community composition. Both groups of stromatoporoids produced wave-resistant framework by their skeletons and baffling and trapping sediment.

Ecological environmental analysis: Organisms of this community are typical sessile benthos (nearly 100%), dominated by massive stromatoporoids, followed by the cylindrical and dendritic ones which are mostly preserved *in situ* in the upright position but rarely inclined. Among them, the massive stromatoporoids are well adapted against strong wave activity because of their large size, followed by the cylindrical and dendritic ones.

Ecological environment of the subcommunity is suggested to be normal shallow with medium-low energy which should be characterized by warm, clear water with sufficient oxygen contents, abundant light and better circulation in about 10—20 m depth.

(8) *Milleporidium-Actinatraea* community.

The community is characterized by abundant *Milleporidium* and *Actinatraea*, from them the former one dominates. According to their different distribution and subenvironment, this community can be divided into two subcommunities, namely *Milleporidium styliferum* and *Milleporidium-Actinatraea* subcommunities.

Milleporidium styliferum **subcommunity**

This subcommunity developed in the upper Shamuluo Formation of the Upper Jurassic at Dongqiao (Fig. 2-Ⅳ) is adjacent to *Milleporidium-Actinatraea* subcommunity on the lateral, its top and bottom boundaries are distinct. Reef base is composed of calcarenite, while the reef cap is composed of cryptite.

Composition: The subcommunity is mainly composed of cylindrical stromatoporoids such as dominant *Milleporidium styliferum* and subordinated *M. kabrdinense*.

Structure and function: *Milleporidium styliferum* is the dominant and typical element of the subcommunity (65%) followed by *M. kabrdinense* occurring mainly in situ and positioned mostly upright or supine. They lived attached to the seafloor baffling and trapping sediment and forming wave-resistant framework.

Ecological environmental analysis: Nearly 100% of the subcommunity are represented by sessile benthic organisms. The community is characterized by abundant cylindrical stromatoporoids *Milleporidium* which are mostly upright but slightly inclined. Therefore, they are adapted to the ecological environment with the strong energy, suggesting normal shallow marine environment with warm, clear water, sufficient oxygen contents, abundant light and better circulation in about 5—15 m depth.

***Milleporidium-Actinatraea* subcommunity**

The subcommunity developed in the upper Shamuluo Formation of the Upper Jurassic at Dongqiao (Fig. 2-Ⅴ) is adjacent to *Milleporidium-styliferum* subcommunity on the side, having distinct boundaries of top and bottom. The reef base is composed of calcarenite, while the reef cap is composed of cryptite.

Composition: This subcommunity is composed of cylindrical stromatoporoids such as *Milleporidium styliferum, M. kabrdinense, M. cylindricalum*, and hexacorals represented mainly by *Actinastraea* sp.

Structure and function: *Actinastraea* is the dominant element of the community (40%—45%) which developed massive colony form and was preserved *in situ.* These corals lived attached to the seafloor and developed wave-resistant framework by baffling and trapping of sediment and producing a stable long-lasting environment for the subcommunity. *Milleporidium* is a subdominant element (35%—45%) which contributed by their skeletons and baffling activity to the development of the wave-resistant framework.

Ecological environmental analysis: This subcommunity represents typical sessile benthic association (100%). The community is characterized by abundant cylindrical stromatoporoids *Milleporidium* and corals *Actinastraea* which are both benthic sessile organisms, mostly preserved *in situ* positioned upright or slightly supine, and well adapted to the strong wave activity. This subcommunity occurred in a normal shallow water environment with warm and clear water, sufficient oxygen contents, abundant light and good circulation in 5—15 m depth.

4.2 The evolution of reef-building community

There is a close relationship between the community evolution form and the reef development. Two evolution forms can be identified, namely succession and replacement. The former phenomenon often occurs in conditions of gradient environmental change, which facilitates continuous growth and development of the organic reefs, whereas the replacement phenomenon chiefly occurs in conditions of an environmental catastrophe, which caused biological reef development of termination, or replacement of reef type, and show biological reef stages of evolution.

4.2.1 The evolution of the Middle Jurassic reef-building community

Reef-building community evolution has been mainly recognized in Suoxian County and in the Baqing area.

(1) The evolution of reef-building community in the Suoxian County area. The reefs in the Suoxian County area are mainly found in the Sangkalayong Formation which can be divided into two members. The lower member is composed of clastic rock and carbonate mixed deposits, and the upper one is represented by grain limestone, micritic limestone and biological baffling limestone. These two members display sea level change cycles. The reefs in the upper member of the Sangkalayong Formation show reef evolution which can be divided into three stage: Foundation, development and decline. The reef base was formed in the foundation stage and is composed of sparry calcarenite and bioclastic limestone. During the reef development stage, evolution of the reef-building community was continuous (Tab. 2), as evident by a series of succession reflecting that the reef development chiefly kept pace with sea level changes.

After the deposition of the lower Sangkalayong Formation, the second round of sea level change started in this area as well as the reef development got into the early growth stage at the same time. Because the sea level rose significantly stopping detritus going into the basin reef limestone deposition started in the study area. In this area located in tropical or subtropical area and sea level rises, the reef-building organisms such as hexacorals and columnar stromatoporoids grew prosperously to form the first reef-building community, namely *Schizosmilia-Parastromatopora* community. Reef-building organisms *Schizosmilia* and *Schizosmilia* grew prosperously forming a baffling wave-resistant framework and finished the early stage of reef development in this area, then formed a *Schizosmilia-Parastromatopora* baffling framework reef.

Sea level gradually rose and then the water energy continuously become lower. Intensive growth of columnar stromatoporoids led to formation of the reef-building *Parastromatopora* community. So the process of the succession from the *Schizosmilia-Parastromatopora* community to the *Parastromatopora* community was completed. In menatime, the middle stage of reef development in this area was finished, and then *Parastromatopora* baffling buildup reef was formed. Due to gradual sea level decline and so shallowing water and increasing energy the columnar stromatoporoids *Parastromatopora* gradually disappeared because they were less adapted to the strong wave energy. Hexacoral *Schizosmilia* which seems to be better adapted to high energy environments became widespread, the late stage of the reef development was finalized and the *Schizosmilia* baffling framework reef was formed. Then, because of the rapid sea level rise, the reef growth speed was not adequate with sea level rising rate, the reef development went into the period of decline.

(2)The evolution of reef-building community in the Baqing County area.

The reefs in the Baqing County are chiefly found in the Buqu Formation which is composed of grain limestone, micritic limestone and bivalve baffling rocks. The reef evolution can be divided into three stage in this area: The foundation stage, developmental stage and decline stage. The reef base produced in the foundation stage is similar to that in Suoxian County region. But the reef-building community evolution has no continuity (Tab. 2), namely, there is no succession series but a replacement of the community, reflecting the non-synchronization of the reef development and sea level changes.

After the Quemocuo Formation was deposited, the Buqu Formation got into developmental stage in this area which includes three sea level change cycles. Each sea level change cycle took place with a reef deposition event which led to reef-building community development and reproduction. At the late stage of the sea level rise, bivalve *Liostrea* become widely distributed and formed *Liostrea* reef-building community which baffled marl to form wave-resistant framework. Because of the continuing sea level rise reef growth stopped and then the first development entered the decline stage. After that, the second round of sea level changes started in the Buqu Formation, meanwhile, the second event of reef breeding occurred. During the sea level rise a set of micritic limestone and bivalve baffling limestones were formed in the study area. Due to locating at the tropical or subtropical geographical position, the reef-building organisms such as *Liostrea*, cyanobacteria became widely distributed to form the second community in this area, the Cyanobacteria-*Liostrea* community. Because of an intensive growth of *Liostrea* and development of cyanobacteria, bind-baffling marl wave-resistant framework and Cyanobacteria-*Liostrea* bind-baffling framework reefs were formed. Later, further rise of the sea level, the reef growth terminated and the second reef development stage entered his stage of decay.

In the same way, the third reef-building event took place to form *Liostrea* baffling buildup reefs. Because the three reef-building events all developed independently and there are remarkable environment changes among them, the relationships between reef-building community of the Buqu Formation are different from those of the Sangkalayong Formation, represented by a replacement relationship.

4.2.2 The evolution of Late Jurassic reef-building community

The evolution of the Late Jurassic reef-building community is mainly evident in the Shamuluo Formation. At the end of the middle age of the Late Middle Jurassic, due to the collision of the Lasa terrane and Eurasia, resulting in the closure of the middle Tethys Ocean, significant decrease of sea level, exposure of the whole northern region of Biru basins to the surface, erosion and weathering to form and angle unconformity between the Shamuluo Formation of the Upper Jurassic and the ultrabasics of the Upper Jurassic of the study area. The expansion of new Tethys ocean basin reached the maximum represented by the Yarlung Zangbo River suture zone led to a sea level rise, sea water intrusion from the south to the north at the end of the Late Jurassic. In the Namucuo region of the southwest Biru basin, the rapid sea level rise inhibited terrigenous material moving to the basin in order to develop deposition of the open platform represented by micrite limestone in the lower part of the Shamuluo Formation. As the increase of sediment accommodation space could not catch up the sediment accumulation rate in the Dongqiao area of the North Qiantang Basin and due to its vicinity to the edge of the ancient land, large amounts of terrestrial detritus came into the basin and formed tidal flat clastic deposits represented by the lower part of the Shamuluo Formation.

When sea level rise reached its maximum, the increase of sediment accommodation space slowed down and nearly equalled the rate of sediment accumulation to form HST keep up the carbonate system represented by a set of reef limestone and biocalcarenite of the upper Shamuluo Formation, the northern Dongqiao district of the Qiangtang Basin. As the area is located at tropical or subtropical position, reef-building organisms such as stromatoporoids grew intensively, and the first reef-building community *Milleporidium-Cladocoropsis* grew on the original basement and formed wave-resistant framework. Continuously, the increase of sediment accommodation space could not catch up the rate of the sediment accumulation, which resulted in shallowing of the basin and increase of energy, and consequently, in the decline of reef communities *Milleporidium-Cladocoropsis*, and in development of a set of calcisparite oncolitic limestone and calcarenite. A set of calcareous sandstone developed, reflecting the gradual sea level decline process at the end of a high sea level stage. With the second sub-sea level rising, water became clearer with better circulation to develop the second reef-building community, namely *Cladocoropsis-Milleporidium- Milleporella* community replacing the first one. Slight disparities in the horizontal distribution and character of the communities could display varying seabed topography which determined biotopes with different water depth and energy. Division of the *Cladocoropsis-Milleporidium-Milleporella* community into two subcommunities is a result of such inhomogeneity. *Cladocoropsis* subcommunity dominated by forms with small branches occurred in deeper biotopes with weaker water energy, whereas *Milleporidium-Milleporella* subcommunity occurred in shallower areas with stronger wave activity.

Over time, the increase of sediment accommodation space could not catch up the sediment accumulation rate what resulted in continuous shallowing of the basin and increase of wave energy. These changes caused a decline of *Cladocoropsis- Milleporidium-Milleporella* reef communities and a deposition of calcisparite calcarenite, reflecting sea level fall. During the third sea level rise water became clear with good circulation, and the third reef-building communities, namely, *Milleporidium-Actinatraea* community developed to replace the second reef-building communities. Slight disparities in the horizontal of the study area during the third reef-building period reflecting differences in water energy, resulted in a development of two subcommunities horizontally, namely, *Milleporidium styliferum* and *Milleporidium-Actinatraea* subcommunity. Despite differences in their taxonomic composition, both communities developed growth forms attached to the original basement producing wave-resistant and baffling framework. Over time, due to the increase of sediment accommodation space the reef growth could not keep up with the deepening of the basin which induced the decline of reefs.

5 Formation conditions of organic reef

Biological reefs are formed under specific conditions, but they are also regulated and affected by these conditions. Therefore, Jurassic reefs of the study area are not an exception, being mainly controlled by the following factors.

5.1 Geostructure conditions

The Jurassic reefs of the research area are mainly distributed along the Pangong Tso-Nujiang River suture zone and located in the northern area of middle to eastern sections of this zone. So far, different models of evolution of prototype basins in the Pangong Tso-Nujiang River suture zone have been suggested. Huang Jiqing, Luo Jianning and Fei Qi suggested that it belongs to the Mesozoic Tethys oceanic basin.

Tibet Bureau of Geology and Mineral recognized it as the "Skirt Arc Marginal sea" located at the southern margin of "Jimaili intermediate continental plates". Yu Guangming referred it to a back-arc basin for strike-slipping. However, Wu et al. considered it as a volcanic magma fore-arc basin of Shiquan River-Tsochen. The author preferred the view of Yin and Hou that the Pangong Tso-Nujiang River suture zone experienced several stages such as cratonization stage, craton stage, expanding stage of the Nujiang River oceanic basin, subducting stage, closure-collision and post-collision stage. In short, the Pangong Tso-Nujiang River suture zone was a small oceanic basin which was a part of the Mesozoic Tethys Ocean during the Triassic and Jurassic. As for colliding time of the middle to eastern part of the Pangong Tso-Nujiang River suture zone, according to the geological horizon of reef-bearing strata and the stratigraphic contact relationship between reef-bearing strata and their underlaying bed, reserved and the underlying beds in the research area, it considered that the eastern section of the suture zone cohered in the early age of the Middle Jurassic (Sangkalayong Formation sedimentary period), whereas the middle part spliced in the Late Jurassic or early age of the Late Jurassic (before the Shamuluo Formation sedimentary period). The reef growth represents the residual shallow basin facies after the Pangong Tso-Nujiang River suture zone collided.

5.2 Geologic climate conditions

Paleogeographic research indicated the wide distribution of a tropical biota on the Gangdisi plate and Changtang-Changdu plate which are located in the southern and northern side of the Pangong Tso-Nujiang River suture zone during the Jurassic, respectively. For example, in the Early Jurassic, *Gleviceras-Arnioceras* ammonite communities and *Cladophlebis-Ptilophyllum* plant communities developed in the Changtang-Changdu plate; however, *Dorsetensia-Oppellia* ammonite communities, *Burmirhynchia-Holcothyris* brachiopod fauna and *Lopha-Anisocardia* bivalve fauna occur in the Middle Jurassic, whereas *Virgatosphinctes-Perisphinctes* ammonite communities occur in the Late Jurassic. In addition, more dolomite, limestone, and purple clastic deposits were developed in the Jurassic Changtang-Changdu plate; the coal and gypsum sediment were discovered from the Early to Middle Jurassic; the coal line was also found in the Late Jurassic. The characteristics above suggest that the research area was located in the tropics which creates good conditions for the reef development.

5.3 Lithofacies palaeogeographical conditions and its affection on organic reefs development

(1) The existence of shoal facies is foundation of reef development.

In the study area, all Jurassic reefs grew above the shoal regardless of what kind of sedimentary facies the reefs developed in. The reef base is often composed of calcisparite calcarenite, calcisparite bioclastic limestones or calcisparite oncolitic limestone in which cross bedding developed. The reef bases of reefs in the Dongqiao area are characterized by calcisparite calcarenite and calcisparite oncolitic limestone, followed by calcareous sandstone. The reef bases in the Suoxian County are chiefly represented by calcisparite bioclastic limestones, secondarily by calcisparite biocalcarenite. However, the reef bases of the Baqing region are mainly composed of a calcisparite calcarenite, and secondarily of a calcisparite oncolitic limestone. These are the characteristics of the three regions respectively which are the basis of the reefs development.

(2) The lateral extension of reefs were controlled by the shape of sedimentary base.

Lateral continuity and extension scale of reefs are controlled by the shape of their sedimentary bases. There is a close relation between the shoal lateral continuity and the reef extension scale, the better the lateral continuity is, the larger lateral extension scale of the reefs. Therefore, as the basement topography was controlled by the shoal lateral continuity and its extension scale, it ultimately controlled the scale of lateral continuity and extension of reefs. Reefs chiefly with small lateral extension scale and abundant quantity in this area, which may mostly account for the geographical conditions of the time after the Pangong Tso-Nujiang River suture zone Nujiang River suture zone combined. The residual basement topography was not flat for the great influence during the process of combination, what resulted in smaller and more abundant reefs.

(3) The reef thickness and vertical continuity are controlled by relative sea level change.

The results show that there is a close relationship between the relative sea level change and sediment type and structure, whereat the former controls the latter. During the carbonate deposition, when the relative sea level rose faster, due to the increase of sediment accommodation space which was significantly faster than the sediment accumulation rate to form a catch-up carbonate depositional system, in which sediments are mostly represented by micrite. While the rate of relative sea level rise is stable or slightly less than the sediment accumulation rate, the growth rate of sediment accommodation space nearly equals the rate of sediment accumulation to form a keep-up carbonate depositional system, and the sediments have mostly calcisparite grain structure. The conditions for the reef formation are between the two situations described above, when the rate of relative sea level rising slightly higher than that of the sediment accumulation. Only when these conditions remain stable, the reef can grow continuously to achieve a larger thickness. The reef development in the study region was determined by tectonics and lithofacies in the residual basin after the Pangong Tso-Nujiang River suture zone was combined. Discontinuity of reefs and their small thickness can be explained by the instability of relative sea level changes, whereas the decline of reefs occurred mostly due to the faster relative sea level rise resulting in the significantly higher growth rate of sediment accommodation space than the rate of sediment accumulation.

6 Biological reef evolution and reef-building modes

The reef characteristic is different in different periods and the characteristics of different reef types are not all the same. Also the reef-building modes are not same and their differences are embodied in the internal constructing ways of biological reefs.

The foundation stage is the basis of the reef formation. Each type of reef base is composed of sparry calcarenite, bioclastic limestone reflecting that the reefs are all produced on basis of hard ground made up of bioclastic or arenite shoal with high energy. The reef developing stage is the main part of the reef formation period which is characterized by large number of reef-building organisms increased. Due to the existence of different reef types, each developmental stage has their own reef-building modes including reef-building organism secreting of carbonate, plaster capturing, *in situ* accumulation effect, baffling, etc. In Suoxian County, the major reef-building mode is development of frame in the early and late stage of the developmental periods, they respectively formed hexacorals-columnar stromatoporoids frame reefs and hexacorals frame reefs, and other ways such as making frame organisms *in situ* accumulation, secretion and capture existed. During the middle stage, the main ways is baffling, and secondary capturing plaster (columnar stromatoporoids baffling reefs formed). In the Baqing area, the sessile bivalves baffling effect is the major reef-building mode in the early and late period of the reef developmental stages. The reef-building effects of cyanobacteria and algae is due to bond-baffling deposition during the middle stage. In the Shamuluo Formation of the Dongqiao area, the main reef-building mode is due to branch-shaped stromatoporoid baffling effect in the early stage, then by massive stromatoporoids and hexacorals in the middle-late stage. They formed organic framework which embodied in deposit *in situ*, secretion and capturing plaster of the frame building organisms.

Decay stage means the death of the reef, which occurred as suddenly decreasing or even lack of reef-forming organisms. The decline is often caused by two reasons. In the first case, reef-building organisms decrease suddenly because the reef environment becomes shallow and the energy of the water increases, eventually replaced by a shoal environment. In the second case, the reef ecological environment suddenly deepens and environmental factors such as water circulation, temperature, light and oxygen contents become not suitable for survival of the reef-building organisms, so a large number of reef-building organisms get reduced or even disappeared soon. The reef decline in the study area occurred mostly due to the second reason.

7 Oil potential analysis

According to Ding et al. the Qiangtang basin developed three sets of Mesozoic marine limestone and muddy hydrocarbon source rock, i.e. the Xiaochaka Formation of the Upper Triassic, the Buqu Formation of the Middle Jurassic, and the Suowa Formation of the Upper Jurassic which characterized by wide distribution and large thickness. Among them, the mudstone of the delta facies in Xiaochaka Formation is characterized by containing more carbonaceous mudstone. The organic carbon content is 1.3%—24.4%, the average is 9.06%, and the mean value is 2.2% if not considering the carbonaceous mudstone. The hydrocarbon generation potential of the mudstone is 0.62×10^{-3}—28.16×10^{-3}, the average is 9.6×10^{-3}; the chloroform bitumen "*A*" content is 465×10^{-6}—485×10^{-6}, the average is 472×10^{-6}. On the organic matter type parameters, kerogen $\delta^{13}C$ value is –25.30‰ to –25.60‰, the mean value is –25.45‰, sapropelinite and exinite take 39% of organic material, the average is 21%. On the whole, it is also a good source rock bearing the character of II type organic matter. The organic carbon content of the Buqu Formation platform limestone is 0.12%—0.58%, the mean value is 0.23%, the hydrocarbon generation potential is 0.05×10^{-3} and the chloroform bitumen "*A*" content is 36×10^{-6} which make it a secondary source rock.

The limestone of the Suowa Formation bears high organic matter abundance, among them, the organic carbon content generally higher than 0.2%, the maximum is

2.1%, the average value is 1.08%; The hydrocarbon generation potential mainly covers 0.3×10^{-3}—3.0×10^{-3}, the average is 2.24×10^{-3}; the chloroform bitumen "*A*" content ranges from 30×10^{-6} to 3500×10^{-6}, the mean value is approximately 1000×10^{-6}. On the organic type, the mean value of the limestone kerogen carbon isotope ($\delta^{13}C$) is approximately –25.00‰, sapropelinite and exinite take 66%—81% of organic material. Generally, it is a good source rock bearing the character of II type organic matter which is rarely-discovered in other domestic areas.

In conclusion, the Jurassic deposits in the study area have middle-upper source rocks, which represent still favourable reservoir with good perspectives for exploration of oil and gas resources.

8 Conclusions

Following conclusions can be drawn from the research on Jurassic reefs of northern Tibet.

(1) The main reef-building organisms of the Jurassic in study area are stromatoporoids, followed by hexacorals and bivalves. Among them, the stromatoporoids can be divided into three growth forms, namely dendritic, cylindrical, and massive forms, which are mostly preserved in original growth position. The reef-building organisms mentioned above all require shallow sea with warm and clear water, plentiful light, sufficient oxygen contents and good circulation.

(2) On the basis of analysis of the individual ecological characteristics of reef-building organisms, according to the nature of reef-building organisms and the internal structure features of the biological reefs, Jurassic reefs can be divided into three types: Baffling buildup reef (BBR), binding-baffling buildup reef (BBBR), and organic buildup reef. Baffling buildup reefs include cylindrical-dendritic stromatoporoid BBR, dendritic stromatoporoid BBR, cylindrical stromatoporoid BBR, and *Liostrea* BBR. Binding-baffling buildup reef contains cyanobacteria-*Liostrea* BBBR. Organic buildup reef can be divided as cylindrical-massive stromatoporoid baffle-frame buildup reef, cylindrical stromatoporoid-hexacoral baffle-frame buildup reef, columnar stromatoporoid-hexacoral baffle-frame buildup reef and hexacoral frame buildup reef.

(3) Through the study of individual ecology and analysis of associated reef-building organisms, eight reef-building communities are recognized, they include two communities of the Sangkalayong Formation of Suoxian County, three of the Buqu Formation in Baqing, and three of the Shamuluo Formation in the Anduo area.

Composition, structure, sedimentological and ecological effects and ecological environment of each community are discussed. Analysis of the evolution of the reef-building community and sea level changes have been made according to the community development in vertical combination and developmental characteristics. Reef-building community evolution analysis shows that there were two forms of the community evolution. The first form is the community succession, which developed in the biological reef of the Sangkalayong Formation in Suoxian County. The second form is the community replacement, which mostly developed in Buqu Formation of the Baqing area and the Shamuluo Formation of the Anduo area.

(4) Analysis of the conditions of the biological reef formation revealed following factors: The research area had tropical climate in the Jurassic period; shoal subfacies was the basis of biological reef development, whereas the shape of the basal terrain controlled the horizontal extension scale of reef; unstable changes of relative sea level were the main reason of the small thickness and vertical discontinuity of the reefs. The developmental characteristic of biological reef and the reef-building mode are also expounded in this paper. It is supposed that there were three modes of building reefs such as frame-making, baffling and bind-baffling. Among these three reef-building, frame-making, baffling are developed in reefs of the Sangkalayong Formation in Suoxian County and the Shamuluo Formation in the Dongqiao area. Contrary, baffling and bind-baffling modes are seen in reefs of the Buqu Formation in Baqing County.

(5) This paper represents an opinion that the existence of reef communities is of a great significance for further study of the merging time of the Pangong Tso-Nujiang River suture zone. The authors consider that the time of the oceanic crust subduction of the middle-east Pangong Tso-Nujiang River suture zone (ie. Suoxian and Baqing County region) should be in the early age of the Middle Jurassic or before the deposition of the Sangkalayong Formation of the Middle Jurassic, and the middle part (Dongqiao of Anduo area) whose subduction of the shell should happened at the end of the Middle Jurassic or before the deposition of the Shamuluo Formation in the Late Jurassic. The existence of reef communities of the Middle Jurassic showed that the study area may belong to a part of shallow continental shelf of the remaining back-arc basin after the Pangong Tso-Nujiang River oceanic crust subduction.

(6) Qiangtang basin contains three series of hydrocarbon source rock, i.e. the Xiaochaka Formation of the Upper Triassic, thc Buqu Formation of thc Middlc Jurassic, and the Suowa Formation of the Upper Jurassic which are characterized by wide distribution and large thickness, therefore, the study area has good oil source

perspectives.

Acknowledgements

The project was supported by the National Natural Science Foundation of China (No.40972019 and No.41572322), the S&T plan projects of the Hubei Provincial Education Department (No.03Z0105) and Project of scientific research development fund of the Yangtze University. The authors are grateful to Mr. Li Yibin and Yi Xiaowei for their help. Roger Cuffey, Pennsylvania, is thanked for helpful comments to the manuscript.

图 版 说 明

图版 I

1，2. *Parastromatopora memoria naumanni*

横切面，层孔虫障积岩。1.产地：索县城东上坡。层位：中侏罗统桑卡拉佣组。2.显微照片，×3，横切面。

3，4. *Schizosmilia rollieri*

3. 显微照片，×3，横切面。4. *Schizosmilia rollieri* 障积岩。产地：索县城东上坡。层位：中侏罗统桑卡拉佣组。

5. *Schizosmilia rollieri*

野外照片。产地：索县城东上坡。层位：中侏罗统桑卡拉佣组。

6，7. *Liostrea* 障积岩

野外照片。产地：巴青马如乡。层位：中侏罗统布曲组。

8. Cyanobacteria-*Liostrea* 黏结-障积岩

野外照片。产地：巴青马如乡。层位：中侏罗统布曲组。

图版 II

1—5. *Cladocoropsis mirabilis* Felix（奇异枝状体层孔虫）

×6，1～3 为纵切面，4，5 为横切面。产地：安多县东巧区。层位：上侏罗统沙木罗组。

6. *Cladocoropsis nanoxi* Turnsek（纳诺斯枝状体层孔虫）

×6，纵切面。产地：安多县东巧区。层位：上侏罗统沙木罗组。

7、9. *Xizangstromatopora densata* Dong（紧密西藏层孔虫）

×5，纵切面。产地：安多县东巧区。层位：上侏罗统沙木罗组。

8. *Milleporella pruvosti*（Lecompte）（普鲁沃斯特小多孔层孔虫）

×5，纵切面。产地：安多县东巧区。层位：上侏罗统沙木罗组。

10，12. *Xizangstromatopora naquensis* Dong（西藏那曲层孔虫）

×5，纵切面。产地：安多县东巧区。层位：上侏罗统沙木罗组。

11. *Milleporidium lamellatum* Yade et Sugiyama（层状拟多孔层孔虫）

×5，纵切面。产地：安多县东巧区。层位：上侏罗统沙木罗组。

图版Ⅲ

1，2. 枝状体层孔虫，*Cladocoropsis* sp.

1.×3。2.枝状层孔虫障积岩，野外照片。产地：安多县东巧区。层位：上侏罗统沙木罗组。

3—5.筒状层孔虫

3. *Milleporidium* sp.，×6，纵斜切面。4.*Milleporidum kabardinensis* Yavorsky，5. *Milleporidium* sp.，野外照片。产地：安多县东巧区。层位：上侏罗统沙木罗组。

6，7.块状层孔虫

6. *Parastromatopora* sp.，×6，纵斜切面。7. 块状层孔虫障积岩，野外照片。产地：安多县东巧区。层位：上侏罗统沙木罗组。

8. 六射珊瑚 *Actinastraea* 骨架岩

野外照片。 产地：安多县东巧区。层位：上侏罗统沙木罗组。

图版Ⅳ

1. *Milleporidum cylindricum* Yavorsky（筒状拟多孔层孔虫）

×6，纵斜切面，其中腔充填泥晶方解石，含极少量颗粒。产地：安多县东巧区。层位：上侏罗统沙木罗组。

2. *Milleporidium* sp.（拟多孔层孔虫未定种）

×2，纵斜切面。产地：安多县东巧区。层位：上侏罗统沙木罗组。

3. *Milleporidium kabardinensis* Yavorsky（卡巴尔达拟多孔层孔虫）

×6，纵斜切面。产地：安多县东巧区。层位：上侏罗统沙木罗组。

4. *Cladocoropsis grossa* Dong

×3，横斜切面。产地：安多县东巧区。层位：上侏罗统沙木罗组。

5. *Cladocoropsis*（枝状体层孔虫）

×3，枝状层孔虫障积岩。产地：安多县东巧区。层位：上侏罗统沙木罗组。

6，7. *Parastromatopora* sp.（副层孔虫）

×6，纵斜切面。产地：安多县东巧区。层位：上侏罗统沙木罗组。

8. 块状层孔虫-六射珊瑚（*Actinastraea*）骨架岩

野外照片。产地：安多县东巧区。层位：上侏罗统沙木罗组。

图版Ⅴ

1. *Paronaella muller*? Pessagno（姆勒帕劳拿虫）

×165，产地：安多东巧鄂容沟。层位：侏罗系东巧蛇绿岩群。

2—5. *Paronaella* spp.

分别为×165，×146，×165，×146。产地：安多东巧鄂容沟。层位：侏罗系东巧蛇绿岩群。

6. *Pseudoeucyrtis tenuis* (Rucst)(细弱假真弓虫)

×165。产地：安多东巧鄂容沟。层位：侏罗系东巧蛇绿岩群。

7，8. *Spongocapsa palmerae* Pessagno(帕尔美海绵箱形虫)

二者分别为×300，×240。产地：安多东巧鄂容沟。层位：侏罗系东巧蛇绿岩群。

9. *Crucella* sp.(小十字虫属未定种)

×135。产地：安多东巧鄂容沟。层位：侏罗系东巧蛇绿岩群。

10—12. *Orbiculiforma* sp.(桶形虫未定种)

三者分别为分别×95，×180，×370。产地：安多东巧鄂容沟。层位：侏罗系东巧蛇绿岩群。

图版Ⅵ

1. *Virgatosphinctes holdhausi* Uhlig

×0.4，采集号 J_3s-H_{1-1}(114)。产地：青藏公路 114 道班。层位：中—上侏罗统索瓦组。

2. *Aulacosphinctes* cf. *hollandi* Uhlig

×0.6，采集号 J_3s-H_{1-1}(114)。产地：青藏公路 114 道班。层位：中—上侏罗统索瓦组。

3. *Kellawaysites* sp.

×0.5，采集号 J_3s-H_{1-1}(114)。产地：青藏公路 114 道班。层位：中—上侏罗统索瓦组。

4. *Dolikep halites* sp.

×0.4，采集号 J_3s-H_{1-2}(114)。产地：青藏公路 114 道班。层位：中—上侏罗统索瓦组。

5. *Aulacosphinctes hollandi* Uhlig

外模，×0.4，采集号 J_3s-H_{1-3}(114)。产地：青藏公路 114 道班。层位：中—上侏罗统索瓦组。

6. *Aulacosphinctes* sp.

×1，采集号 J_3s-H_{1-3}(114)。产地：青藏公路 114 道班。层位：中—上侏罗统索瓦组。

7. *Haplop hylloceras* sp. ?

×0.3，采集号 J_3s-H_{1-2}(114)。产地：青藏公路 114 道班。层位：中—上侏罗统索瓦组。

8. *Kellawaysites* sp.

×0.4，采集号 J_3s-H_{1-3}(114)。产地：青藏公路 114 道班。层位：中—上侏罗统索瓦组。

9，10. *Pseudotrapezium cordiforme*（Deshayes）

9. ×1，均为左壳。产地：青藏公路 114 道班北 1km。层位：中侏罗统布曲组。

11. *Modiolusglaucus*(Orbigny)

×0.9，左壳。产地：青藏公路 113 道班。层位：中侏罗统雀莫错组。

12. *Lopha zadoensis* Wen

×1，左壳。产地：青藏公路 107 道班。层位：中—上侏罗统索瓦组。

13—15，17. *Modiolus imbricatus*（Sowerby）

13. ×1，14. ×0. 8。产地：青藏公路 114 道班北。层位：中侏罗统布曲组。15. ×0. 9，右壳。产地：青藏公路 113 道班。层位：中侏罗统雀莫错组。

16. *Liostrea* sp.

×0.8，左外模。产地：安多休冬日。层位：中—上侏罗统索瓦组。

17. ×1，右壳。产地：安多休冬日。层位：中—上侏罗统索瓦组。

18. *Liostrea birmanica*（Reed）

×0.3。产地：青藏公路 114 道班北。层位：中侏罗统布曲组。

19. *Undulatula ptychorhynchia* Gu

右壳，×1.5。产地：安多休冬日。层位：中—上侏罗统索瓦组。

20. *Isocypria*（*I.*）*simplex* Arkell

右壳，×2。产地：安多桌栽宁日埃。层位：中侏罗统雀莫错组。

21. *Chlamy levis* Wen

左壳，×1。产地：安多休冬日。层位：中—上侏罗统索瓦。

图版Ⅶ

1. *Liostrea jiang jinensis* Wen

×0.7，左壳。产地：青藏公路 114 道班北。层位：中侏罗统布曲组。

2. *Homomya gibbosa*（Sowerby）

×0.5，右壳。产地：青藏公路 114 道班北。层位：中侏罗统布曲组。

3，7. *Anisocardia*（*A.*）cf. *channoni* Cox

3. ×0.7，7. ×2，右壳。产地：安多桌栽宁日埃。层位：中侏罗统雀莫错组。

4. *Camptonectes lens* Sowerby

×2，右壳。产地：安多桌栽宁日埃。层位：中侏罗统雀莫错组。

5，6. *Camptonectes*（*C.*）*lens*（Sowerby）

5. ×0.7，6. ×0.6，右壳。产地：青藏公路 113 道班。层位：中侏罗统雀莫错组。

8. *Myophorella* ? *amdoensis* Wen

×0.7，*Protocardia* 外模。产地：青藏公路 114 道班北。层位：中侏罗统布曲组。

9. *Melegrinella braamburiensis*（Phillips）

×1.5。产地：安多士门公路二道班。层位：中侏罗统雀莫错组。

10. *Kutchithyris lingularis* Ching，Sun et Ye

×1.2，a、b、c、d 分别为腹视、背视，前视和侧视。产地：青藏公路 114 道班北。层位：中侏罗统布曲组。

图版Ⅷ

1. *Burmirhynchia* cf. *lobata* Ching，Sun et Ye

×1.6，a、b、c、d 分别为腹视、侧视、前视和背视。产地：青藏公路 114 道班。层位：中侏罗统布曲组。

2. *Burmirhynchia trilobata* Ching，Sun et ye

×1，a、b、c、d 分别为腹视、侧视、前视和背视。产地：安多休冬日。层位：中—上侏罗统索瓦组。

3，4. *Burmirhynchia shanensis* Buckman

3. ×1.5，a、b、c、d 分别为腹视、侧视、背视和前视。4. ×1.2，a、b、c、d 分别为腹视、前视、侧视和背视。产地：青藏公路 114 道班北。层位：中侏罗统布曲组。

5. *Burmirhynchia cuneata* Ching, Sun et Ye

×1.4，a、b、c、d 分别为腹视、侧视、前视和背视。产地：青藏公路 114 道班北。层位：中侏罗统布曲组。

6，7. *Burmirhynchia quingquiplicata* Ching, Sun et Ye

6. ×1.3，a、b、c、d 别为腹视、前视、侧视和背视。7. ×1.4，a、b、c、d 分司为腹视、侧视、背视和前视。产地：青藏公路 114 道班北。层位：中侏罗统布曲组。

8. *Burmirhychia asiatica* Buckman

×1.3，a、b 为腹视和侧视。产地：青藏公路 114 道班北。层位：中侏罗统布曲组。

图版Ⅸ

1—3. *Holcothyris tanggulailca* Ching，Sun et Ye

1，2. ×0. 8，a、b、c、d 分别为腹视、背视、前视和侧视。3. ×0.9，a、b、

c、d 分别为腹视、背视、前视、侧视。产地：青藏公路 114 道班北，层位：中侏罗统布曲组。

4，5. *Holcothyris golmudensis* Ching，Sun et Ye

4. ×0. 85，a、b、c、d 分别为腹视、前视、侧视和背视。5. ×1，a、b、c、d 分别为腹视、背视、前视和侧视。产地：青藏公路 114 道班北。层位：中侏罗统布曲组。

6. *Kutchithyris deng qeng ensis* Sun

×0.9，a、b、c、d 分别为腹视、背视、前视和侧视。产地：青藏公路 114 道班北。层位：中侏罗统布曲组。

7. *Kutchithyris lingularis* Ching，Sun et Ye

×1.2，a、b、c、d 分别为腹视、侧视、背视和前视。产地：青藏公路 114 道班北。层位：中侏罗统布曲组。

8. *Avonothyris subpentagona* Ching，Sun et Ye

×1，a、b、c、分别为腹视、背视和侧视。产地：青藏公路 114 道班北，层位：中侏罗统布曲组。

图版X

1. *Ammodiscus* sp.

×160，纵切面。产地：安多休冬日。层位：中侏罗统夏里组。

2. *Trochamminoides* sp.

×160，纵切面。产地：安多休冬日。层位：中侏罗统夏里组。

3，7. *Glomosp irasimplex* Harlton

3. ×80。7. ×180。产地：安多休冬日。层位：中侏罗统夏里组。

4. *Textularia zeag gluta* Finlay

×160。产地：安多休冬日。层位：中—上侏罗统索瓦组。

5. *Glomospira regularis* Lipina

×100。产地：安多桌载宁日埃。层位：中侏罗统雀莫错组。

6. *Glomospira* cf. *simplex* Harlton

×160。产地：安多休冬日。层位：中—上侏罗统索瓦组。

8. *Textularia* cf. *dollfussi* Lalicker

×80。产地：安多休冬日。层位：中—上侏罗统索瓦组。

9. *Nodosaria* sp.

×80。产地：安多休冬日。层位：中侏罗统夏里组。

10. *Textularia* sp.

×80。产地：安多休冬日。层位：中侏罗统夏里组。

11，12，14. *Textularia dollfussi* Lalicker

11，12. ×160，14. ×200。产地：安多休冬日。层位：中—上侏罗统索瓦组。

13. *Textularia* sp.

×80。产地：安多休冬日。层位：中侏罗统夏里组。

15. *Glomospirella* sp.

×250。产地：安多休冬日。层位：中—上侏罗统索瓦组。

16，17. *Rhipidionina elliptica* Ho

×80。产地：安多桌载宁日埃。层位：中侏罗统雀莫错组。

18，19. *Kutchithyris lingularis* Ching，Sun et Ye

18. ×1。19. ×0.85，a、b、c、d 分别为腹视、背视、侧视和前视。产地：青藏公路 113 道班。层位：中侏罗统雀莫错组。

20. *Kutchithyris lingularis* Ching，Sun et Ye

×0.7，a、b、c、d 分别为腹视、前视、背视和侧视。产地：青藏公路 114 道班北。层位：中侏罗统布曲组。

21. *Burmirhynchia asiatica* Buckman

×1.8，a、b、c、d 分别为腹视、背视、前视和侧视。产地：青藏公路 114 道班北。层位：中侏罗统布曲组。

图　　版

图版 I

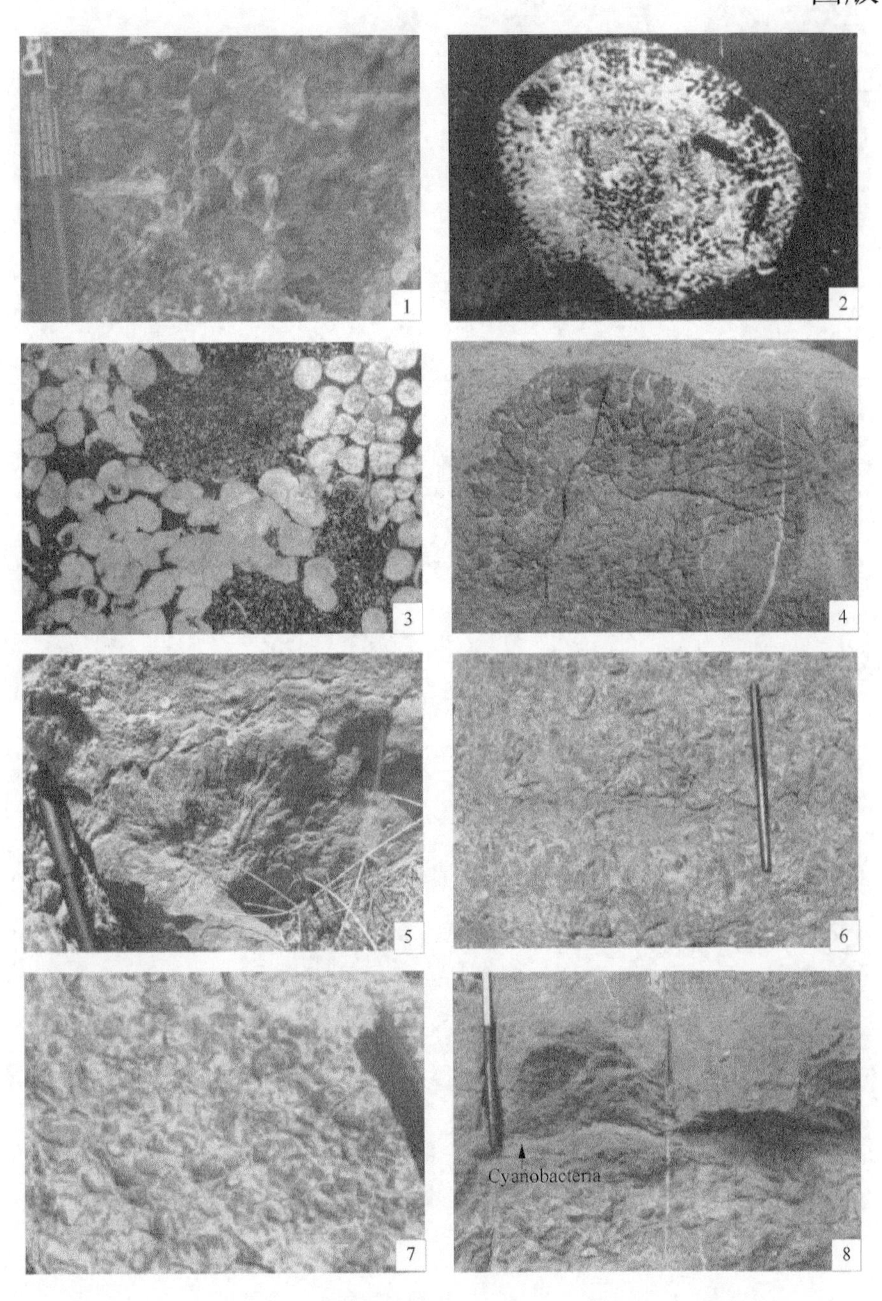

图版 II

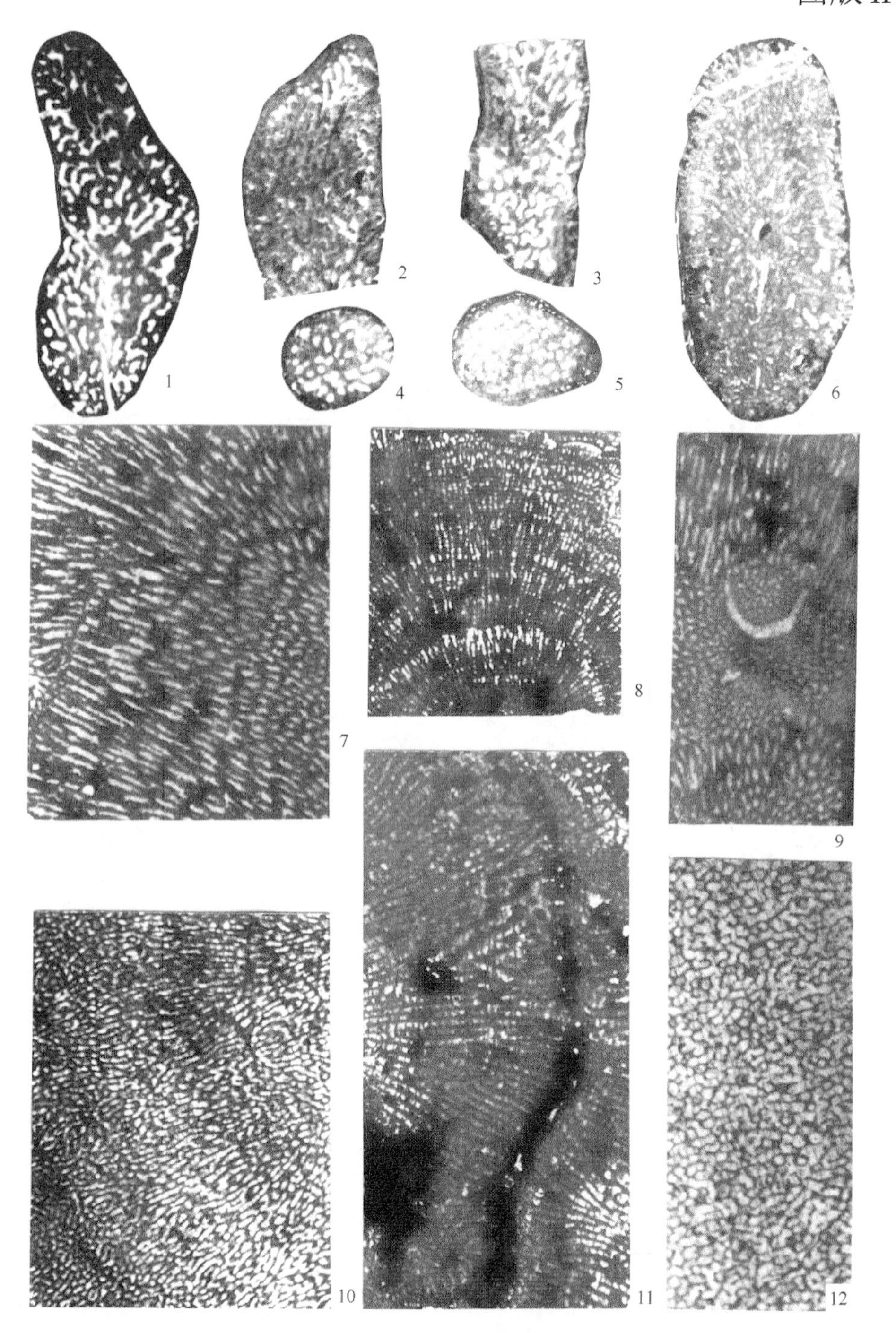

图版III

图版Ⅳ

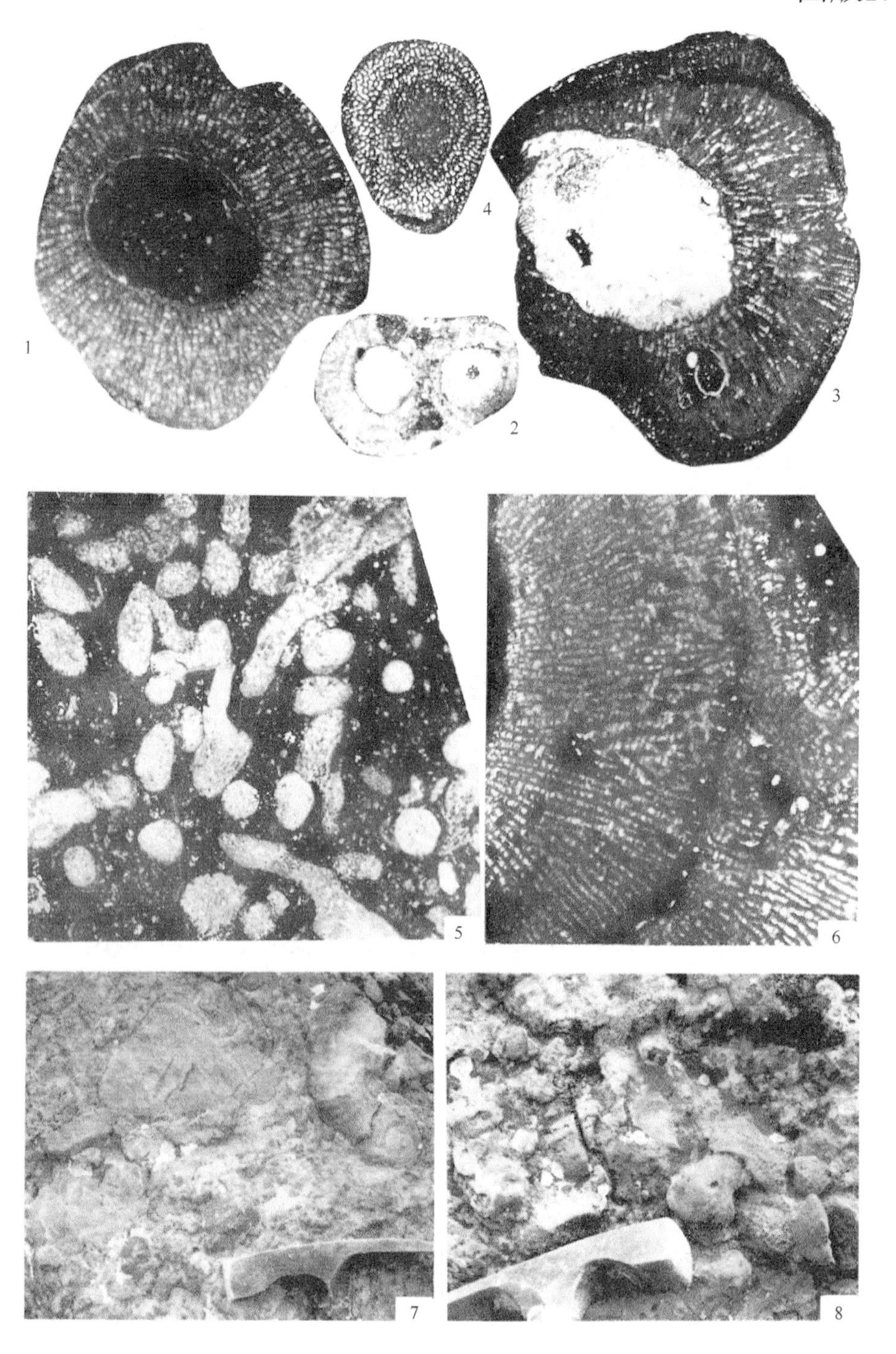

图版V

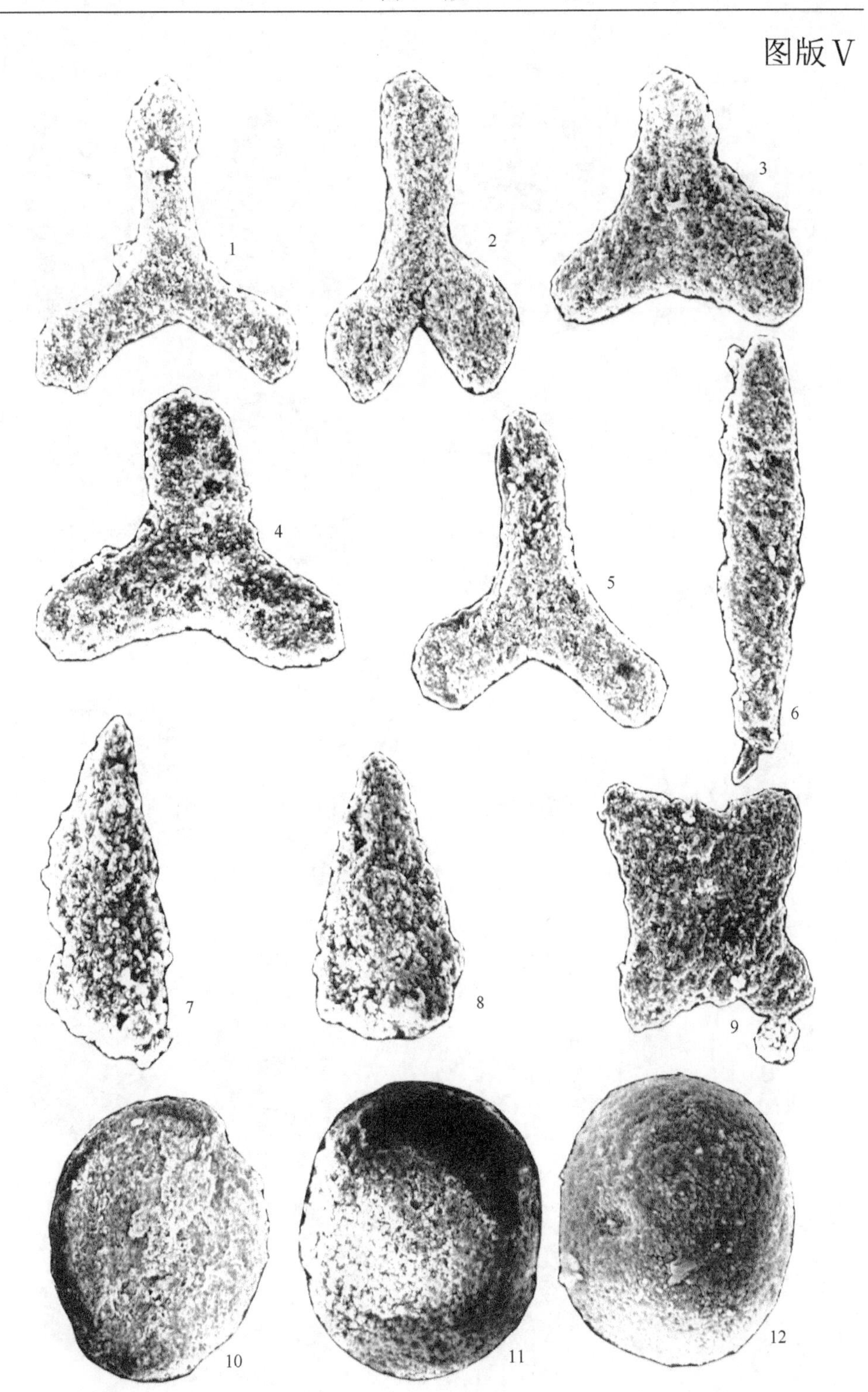

图版Ⅵ

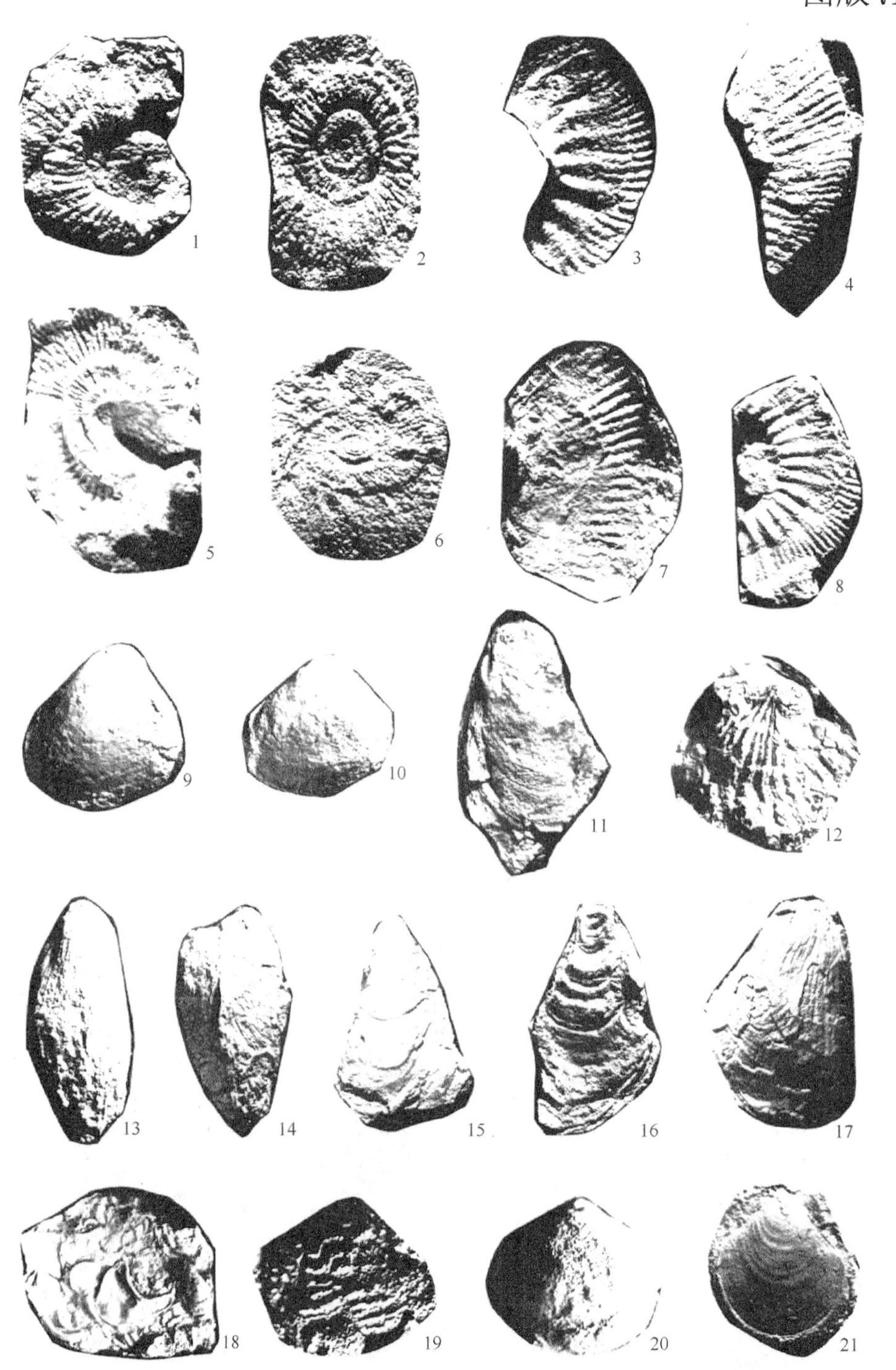

图版Ⅶ

1 2 3

4 5 6 7

8 9

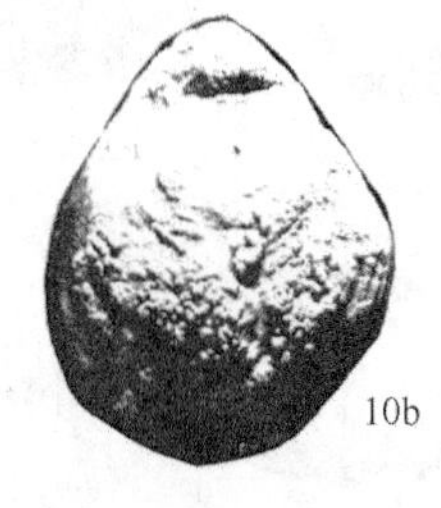

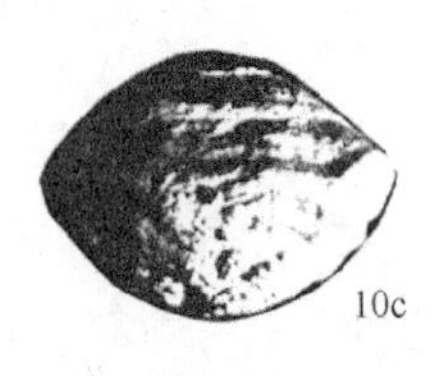

10a 10b 10c 10d

图版Ⅷ

1a
1b
1c
1d
2a
2b
2c
2d
3a
3b
3c
3d
4a
4b
4c
4d
5a
5b
5c
5d
6a
6b
6c
6d
7a
7b
7c
7d
8a
8b

图版Ⅸ

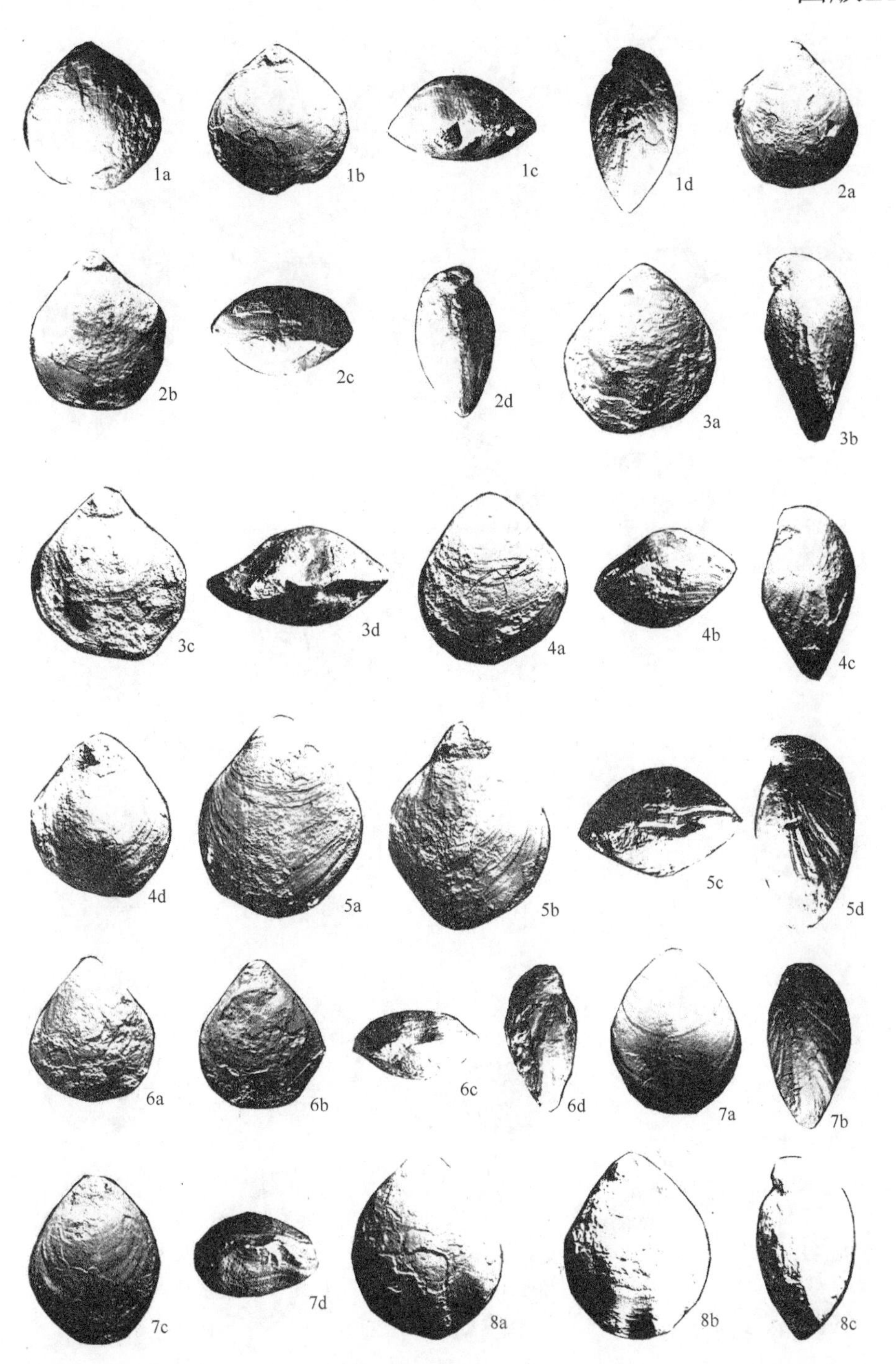
1a
1b
1c
1d
2a
2b
2c
2d
3a
3b
3c
3d
4a
4b
4c
4d
5a
5b
5c
5d
6a
6b
6c
6d
7a
7b
7c
7d
8a
8b
8c

图版 X

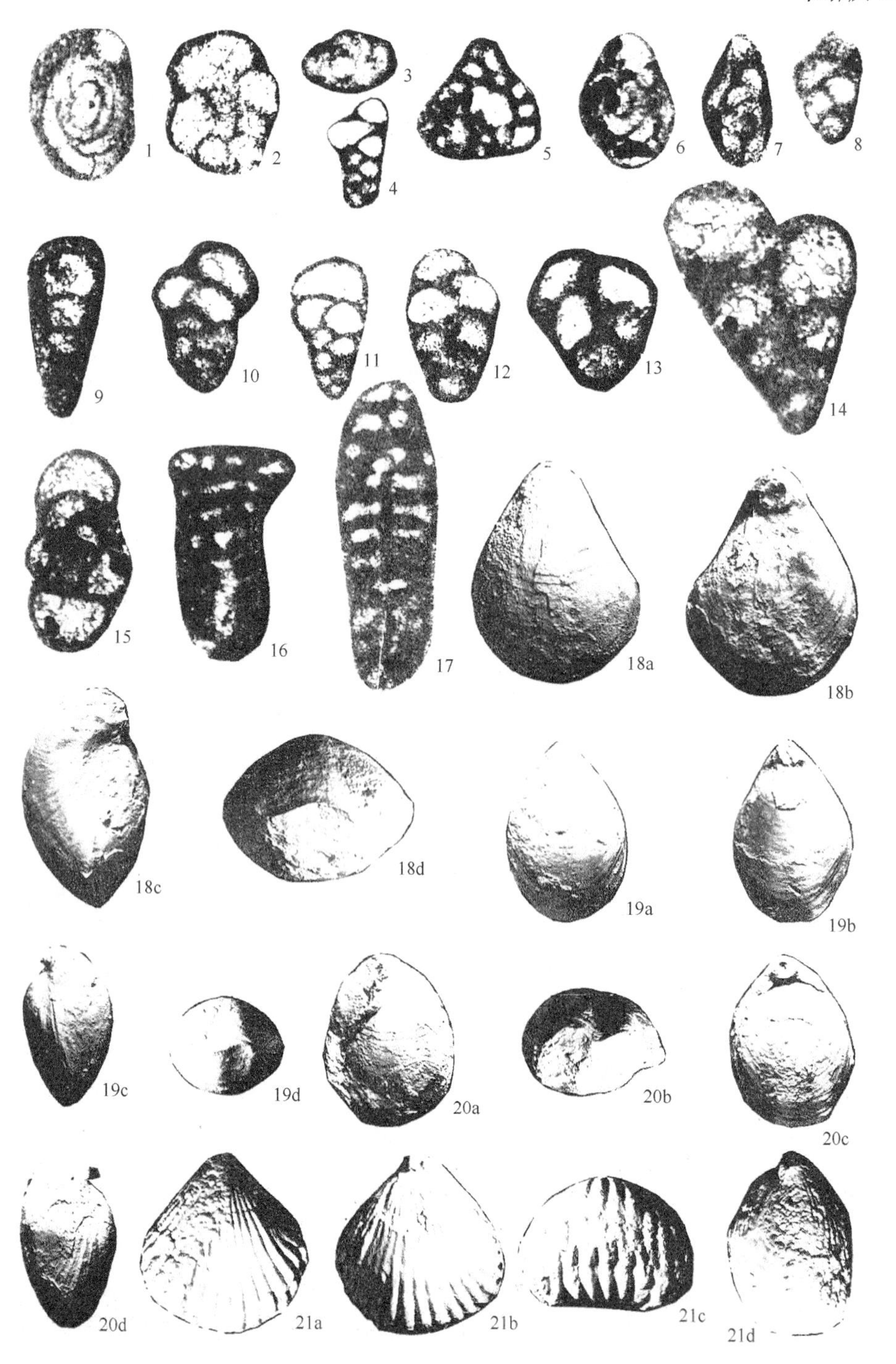
1
2
3
4
5
6
7
8
9
10
11
12
13
14
15
16
17
18a
18b
18c
18d
19a
19b
19c
19d
20a
20b
20c
20d
21a
21b
21c
21d